Henri Martin

Études d'archéologie celtique

Notes de voyages dans les pays celtiques et scandinaves

Elibron Classics
www.elibron.com

Elibron Classics series.

ISBN 978-0-543-68391-5 (paperback)
ISBN 978-0-543-68390-8 (hardcover)

This Elibron Classics Replica Edition is an unabridged facsimile of the edition published in 1872 by Didier et Cie, Paris.

ÉTUDES

D'ARCHÉOLOGIE

CELTIQUE

NOTES DE VOYAGES

DANS LES PAYS CELTIQUES ET SCANDINAVES

PAR

HENRI MARTIN

Membre de l'Institut

PARIS

LIBRAIRIE ACADÉMIQUE

DIDIER ET Ce, LIBRAIRES-ÉDITEURS

35, QUAI DES AUGUSTINS

ÉTUDES
D'ARCHÉOLOGIE
CELTIQUE

Paris. — Typ. Pillet fils aîné, 5, rue des Grands-Augustins.

ÉTUDES

D'ARCHÉOLOGIE

CELTIQUE

NOTES DE VOYAGES

DANS LES PAYS CELTIQUES ET SCANDINAVES

PAR

HENRI MARTIN

Membre de l'Institut

PARIS

LIBRAIRIE ACADÉMIQUE

DIDIER ET Ce, LIBRAIRES-ÉDITEURS

35, QUAI DES AUGUSTINS

1872

AVIS AU LECTEUR

Nous réunissons dans ce volume une série d'esquisses et d'études écrites, pour la plupart, sous l'impression immédiate des choses et des hommes, et que relie entre elles, à défaut de lien méthodique ou didactique, l'unité de la pensée et du but. L'auteur poursuit depuis longtemps la recherche de ce qu'il est possible de retrouver du vieil Occident, du vieux monde celtique, où sont nos principales origines. S'il y a là bien des obscurités qu'on ne peut espérer de voir jamais dissipées, il subsiste toutefois plus de traditions écrites qu'on ne l'avait cru, traditions où il importe de tâcher de distinguer les éléments anciens et les éléments adventices, et il persiste aussi maintes traditions orales et locales qu'il est intéressant de recueillir avant qu'elles aient achevé de disparaître.

La critique historique et archéologique a fait d'immenses progrès; elle possède aujourd'hui, pour tout le technique et ce qu'on peut appeler le matériel de la science, des méthodes d'une sûreté et d'une solidité que ne soupçonnaient même pas nos devanciers; elle est souveraine quant aux faits et quant aux caractères extérieurs des textes; mais il est désirable qu'elle n'oublie pas que, sous les choses, il y a l'esprit des choses; que tel fait traditionnel imaginaire peut recouvrir une vérité idéale, et qu'à côté des textes écrits et immobiles, il y a un texte animé qui pense et qui parle, qui est l'homme.

L'homme des vieilles races et des langues primitives, tel qu'il se conserve en quelques coins de l'Occident, reste un vivant commentaire des livres sur lesquels on dispute; c'est là qu'il faut avoir des yeux pour voir et des oreilles pour entendre, et une intelligence sympathique pour comprendre. Si vous abordez, avec la critique négative et le *positivisme* moderne, ces populations qui ont gardé le tour d'esprit, d'imagination et de sentiment des anciens, tout se referme; vous ne voyez rien, et vous niez tout. C'est ce qui arrive à maints savants anglais vis-à-vis des Gallois et des Irlandais. On ne saurait mieux faire ressortir ce point de vue essentiel que ne l'a fait récemment un jeune écrivain de mérite, M. Emile Chasles, dans d'excellents articles sur le génie de l'ancienne Gaule. C'est là un début, dans les questions d'origines, qui assure aux écrivains qui s'efforcent d'éclairer nos antiquités nationales un brillant et pénétrant auxiliaire.

Nous regrettons de n'avoir pas été en mesure de joindre à notre rapide revue du Pays de Galles, de l'Irlande et de la Bretagne un tour dans les montagnes d'Ecosse, que nous n'avons qu'effleurées à peine lors d'un voyage à Edimbourg. Nous avons, du moins, pu chercher un point de comparaison d'un haut intérêt à nos vieux pays celtiques dans les régions scandinaves, où se maintient, dans sa pureté, le type primitif de notre race aryenne, et où la science a réuni des collections archéologiques qui sont le modèle et l'admiration de l'Europe savante.

A côté de notes qui expriment, sans autre ordre que le mouvement même du voyage, nos impressions et nos observations sur les lieux, sur les hommes, sur les monuments, à côté de deux études d'archéologie et d'anthropologie un peu plus méthodiques que ces itinéraires, nous présentons au lecteur quelques-uns des plus caractéristiques d'entre les documents secrets des bardes gallois. Les polémiques dont ces documents sont le fréquent sujet nous ont décidé à devancer la publication plus étendue que nous projetons d'en faire quelque jour, lorsque les travaux d'un autre ordre dans lesquels nous sommes engagé nous en laisseront le loisir; nous essayerons alors d'offrir aux lecteurs qui s'intéressent à ces matières un ensemble de documents et d'études sur la philosophie et les traditions des bardes, avec la biographie du personnage intéressant et singulier qui nous a gardé ces monuments de la vieille Cambrie, Jolo Morganwg. En attendant, les quelques pièces que nous reproduisons ici pourront déjà donner une certaine idée des croyances traditionnelles conservées par l'école de Glamorgan.

L'Avis au lecteur qui précède avait été écrit durant l'été de 1870, avant les catastrophes qui suspendirent l'impression de notre œuvre, comme tout travail intellectuel et toute pensée qui n'avaient point pour objet les calamités de la patrie. Nous n'avons rien à changer à ces quelques lignes, aujourd'hui qu'il importe que l'esprit français reprenne son activité dans toutes les directions scientifiques aussi bien que morales et politiques. Nous ajouterons seulement que l'étude des traditions propres à notre race gauloise nous paraît croître en intérêt par suite de la cruelle lutte internationale engagée entre l'Allemagne et la France. Il y a plus aujourd'hui qu'une curiosité d'érudition, il y a un véritable appui moral à retrouver dans ces documents celtiques inspirés par un esprit si radicalement opposé à la philosophie allemande du XIXe siècle, qui a envahi la France avant les armées allemandes. Comme dans les légendes antiques, nos devanciers se lèvent, du fond du monument de pierre, pour nous venir en aide.

ÉTUDES
D'ARCHÉOLOGIE
CELTIQUE

I

LES RACES BRUNES

ET LES RACES BLONDES

(1861)

I

Dans les premières pages de notre *Histoire de France*[1], nous avions, après tant d'autres, adopté, sans distinctions ni réserves, la tradition qui fait des anciens Gaulois une race blonde, tradition qui est ou paraît fondée sur le témoignage unanime des auteurs classi-

1. Tome Ier, p. 4, 4e édit. 1855.

ques, et qui a régné longtemps, à peu près sans conteste, depuis Pierre Ramus et Samuel Bochart[1] jusqu'à nos plus récents historiens.

Plus tard, cependant, des observations en contradiction avec cette donnée, et venant à l'appui d'opinions émises dans des temps rapprochés de nous, ont commencé à éveiller des doutes dans notre esprit; nous avons étudié la question sur un nouveau terrain, et les doutes, peu à peu éclaircis, nous ont conduit à une opinion nouvelle. Le problème a plus de portée qu'on ne le supposerait au premier abord, car il touche au fond même des origines européennes, et sa solution pourrait aider peut-être à résoudre les questions relatives à nos parentés ethnographiques et aux divers génies nationaux de l'Occident.

Tandis que nous faisions effort pour nous éclairer sur ce point, M. le docteur Périer, dans un remarquable travail, publié, en avril-juin 1857, dans le *Bulletin de la Société de Géographie*[2], résumait les observations, les vues, les systèmes émis sur le même sujet par un grand nombre d'érudits modernes. En combattant la donnée que nous avions acceptée, il nous rendait le service de nous aider à embrasser dans leur ensemble les éléments du débat, et il arrivait à des conclusions conformes, à certains égards, opposées sous d'autres rapports, à celles où nous étions amené.

1. *P. Rami... de Moribus veterum Gallorum*; Paris, 1559. — S. Bochart, *Geograph. sacr., part. pr.*, liv. VIII, c. VI.

2. *Fragments ethnologiques; études sur les vestiges des peuples gaëlique et cymrique, etc.; sur la couleur de la chevelure des Celtes ou Gaulois; sur les liens de famille entre les Gaëls et les Cymris*, par J. A. N. Périer, médecin principal à l'hôpital impérial des Invalides, etc. — (Extrait d'un travail inédit *sur les climats et les races humaines.*)

Avant donc d'énoncer nos propres vues, il nous semble nécessaire d'analyser les opinions proposées par d'autres écrivains depuis le réveil des études celtiques, c'est-à-dire depuis la seconde moitié du siècle dernier, jusqu'à M. Périer.

La réaction contre les données empruntées aux anciens quant à la chevelure blonde ou rousse des Gaulois est provenue de l'observation des faits actuels. Le témoignage de la réalité vivante a protesté contre celui des livres. On a reconnu que les yeux bleus et les cheveux blonds le cédaient en nombre parmi nous aux yeux bruns et aux cheveux bruns[1] (nous ne disons pas noirs); on a fait plus; on a constaté, dans les contrées demeurées purement celtiques de langue et de traditions, l'existence de populations brunes, et, dans la première impression causée par la constatation de ce désaccord avec les Grecs et les Latins, on a même exagéré l'étendue de ce fait incontestable; plus d'un érudit a gratifié de cheveux et d'yeux noirs tous les Celtes des îles Britanniques et de notre Bretagne, ce qui est certes plus qu'exagéré[2].

De la contradiction singulière qui se produisait entre la tradition antique et le fait contemporain est résultée une confusion extrême; les interprétations les plus diverses se sont entre-heurtées et mêlées. Exami-

1. Les yeux bleus ou gris-bleu, toutefois, sont restés beaucoup plus communs que les cheveux blonds, et dominent dans tout l'Ouest. Ils le disputent de près aux yeux bruns dans l'ensemble, sans compter les *vairs* (variés).

2. Pinkerton, *Recherches sur l'origine et les divers établissements des Scythes ou Goths*, traduction française, Paris, an XII. — Bodichon, *Études sur l'Algérie et l'Afrique*, Alger, 1847. — T. Price, *An Essay on the physiogn. and physiol. of the present inhabit. of Britain, London*, 1829, etc., etc.

nées avec attention, elle se réduisent à trois systèmes que voici :

1° Le témoignage des anciens doit être accepté ; les Gaulois étaient blonds, mais les Gaulois n'étaient que la moindre partie des habitants des Gaules, probablement une caste guerrière et conquérante ; les populations brunes de la France et des îles Britanniques, et spécialement celles qui parlent encore les langues celtiques, descendent d'une race non celtique. Les Ibères (Euskes, Ligures) ont couvert primitivement non pas seulement le midi de la Gaule, comme on l'admet généralement, mais toute la Gaule et les îles Britanniques. Les Écossais, Irlandais, Gallois, Bretons, sont des Ibères celtisés, et non des Gaulois[1].

2° Le témoignage des anciens doit être accepté. Les Gaulois étaient blonds ; les Français et les Celtes d'Écosse, de Bretagne, etc., sont d'origine gauloise ; les pères étaient blonds, les fils ne le sont plus. Suivant quelques écrivains, la vie plus active, plus intense de la civilisation moderne, le changement des mœurs, les modifications du climat, le déboisement, etc.[2] ; suivant d'autres, le mélange avec les populations brunes du

1. Bodichon, *Études*, etc. — Docteur Ware, *des Titres des races Kymriq. et Gaëliq. à être considérées comme aborigènes*, etc. ; trad. de l'anglais, dans les *Nouv. Ann. des voyages* ; ann. 1846, t. III, p. 121. — Mullié, *Fastes de la France*, in-8° ; Paris, 1845. — Mannert, *Prüfung der Untersuchungen über die Urbewohner Hispaniens*, etc., p. 163, 178, in-4°, Berlin, 1821. — D'Omalius d'Halloy, *des Races humaines*, Paris, 1845. — Moke, *la Belgique ancienne*, etc., Paris, 1855.

2. Prichard, *Research into the physic. hist. of mankind*, vol. III, part. 1re, p. 192, 196. — S. Niebuhr, *Hist. rom.*, trad. par Golbéry, t. IV, p. 293. — Legrand, *Voy. en Auvergne*, t. I, lett. 1 ; Paris, an III. — De Salles, *Histoire générale des races humaines*, p. 257, Paris, 1841. — Price, *An Essay*, etc., p. 483. — J. Michelet, *Hist. de France*, t. I, p. 485.

Midi[1], ont amené l'abaissement de la taille et la couleur plus foncée des yeux et des cheveux. Quelques-uns prétendent que les montagnards sont restés blonds, tandis que les habitants des plaines et des côtes ont bruni.

3° Le témoignage des anciens doit être rejeté, ou du moins expliqué dans un sens fort restreint. Les premiers Gaulois, les Gaëls, les Celtes, ont toujours été bruns ; ces grands et blonds Gaulois dont parlent les anciens sont les Cymrys, Cimbres ou Cimmériens, auxquels se rattachent les Bretons et les Belges. Frappés, comme il arrive habituellement, des différences plus que des ressemblances, les écrivains classiques ne signalent que le type physique de la branche gauloise la plus éloignée des méridionaux, et ne tiennent pas compte de l'autre branche, bien que la plus ancienne et la plus étendue. Il y a donc des Gaulois bruns et des Gaulois blonds.

Telle est la donnée à laquelle s'est arrêté un ingénieux esprit, un actif et habile observateur, qui a fait beaucoup pour la connaissance des origines celtiques, et qui a été enlevé prématurément à la science, M. William Edwards. Il avait ouvert une voie féconde en appelant sur ce terrain la physiologie au secours de la linguistique, et en cultivant avec un succès égal ces deux sciences ; personne n'a plus contribué à tirer les études celtiques du domaine des vagues hypothèses et des rêves. Ce fut à la suite de nombreux voyages dans la plus grande partie des régions occupées par les descendants des Gaulois qu'il essaya de fixer les caractères

1. D'Omalius d'Halloy, *des Races humaines*, p. 7-13. — Moke, *la Belgique*, etc., p. 61.

physiques des deux grands rameaux de cette race, rameaux dont la différence historique était en même temps constatée et fixée par M. Amédée Thierry à l'aide de tous les monuments écrits et de toutes les traditions[1].

M. le docteur Périer, dans le travail que nous citons plus haut, se rattache au système formulé par M. Edwards, toutefois avec une grave réserve sur un point important. M. Edwards, pas plus que M. Amédée Thierry, ne mettait en doute la proche parenté des Cymrys avec les Gaëls ou Celtes ; M. Périer conteste cette parenté, et veut relier les Cymrys à la race germanique. Il n'y a pour lui que des Gaulois bruns ; tout ce qui est blond est Germain.

Parmi tant d'explications plus ou moins spécieuses d'un fait général et complexe qui exige la constatation de tant de faits particuliers, il était difficile de se défendre de bien des perplexités. La vieille donnée de la Gaule purement blonde n'était vraiment pas susceptible de défense ; mais que valaient les hypothèses qu'on y substituait ?

Une race ibérique de laquelle descendraient la plupart d'entre nous, et spécialement ceux des nôtres qui ont gardé les dialectes celtiques ? — Ceci n'implique-t-il pas contradiction ? — Comment concevoir ces quatre groupes de prétendus *Ibères :* Écossais, Irlandais, Gallois, Bretons, qui tous, au lieu de garder, comme les Basques, la langue de leurs aïeux, auraient adopté les

1. W. Edwards, *Fragm. d'un Mém. sur les Gaëls*, dans les *Mém. de la Société ethnol.*, t. II, part. 1re, p. 18; Paris, 1841-1845. — *De l'Influence récip. des races sur le caract. nation.*, ibid., p. 6-10. — *Des caract. physiolog. des races humaines*, ibid., p. 58, 85. — Amédée Thierry, *Hist. des Gaulois*, passim.

dialectes étrangers de leurs conquérants gaulois, et les auraient conservés contre le latin, contre le français, contre l'anglais, avec cette opiniâtreté qu'on ne met, et encore bien rarement, qu'à la conservation des traditions propres et primitives qui sont comme l'âme des ancêtres! Si le fond primitif des Gaules était ibérien, on trouverait d'ailleurs sous la couche celtique une couche ibérienne de vieux noms géographiques; or, cette couche recouvre bien encore le pays entre la Garonne et les Pyrénées, elle est mêlée à la couche celtique au midi des Cévennes et de la Durance, ainsi qu'en Ligurie et en Piémont; mais elle disparaît entièrement au nord de ces contrées; tout y est celtique, sauf peut-être un bien petit nombre de lieux, au nord, mais à peu de distance de la Garonne. Ajoutons que le type physique des Celtes bruns diffère beaucoup de celui des Ibères; que les bruns aux yeux bleus ou gris d'Irlande, de Galles et de Bretagne, presque généralement blonds dans l'enfance, puis châtains, avant de devenir tout à fait bruns, différents entre eux de traits, sinon de couleur[1], ne ressemblent en rien, ni de couleur ni de traits, aux *noirs* d'Espagne[2].

Nous ne sommes point des Ibères; sommes-nous des Gaulois *dénaturés* par les modifications de mœurs et de climat? des fils de blonds devenus bruns?

Qu'une vie intellectuelle et industrielle plus active, qu'un plus grand développement du système nerveux

1. L'Irlandais a les formes plus douces, le visage plus arrondi; le Breton a le visage plus osseux, plus anguleux, et souvent le nez long et saillant, ou même tout à fait aquilin.

2. Nous avons depuis acquis la certitude que des *bruns-noirs* d'Espagne, du type ligurien, sont parfois blonds dans la première enfance. — Est-ce un signe de race mélangée?

change la couleur et brunisse les tons, c'est là une hypothèse qui ne repose sur aucun ordre de preuves[1]. Quant au climat, ses modifications, quoique réelles, ne semblent pas avoir été assez considérables pour produire de pareils effets. La supposition que les montagnards seraient demeurés blonds, tandis que les hommes des plaines seraient devenus bruns, n'est pas confirmée par l'observation des faits; il y a des populations blondes dans les plaines, par exemple les Wallons; il y a dans les montagnes des populations mêlées, ou même en majorité brunes, les Limousins, les Comtois, les Auvergnats, vieux Gaulois fixés de temps immémorial sur leurs roches volcaniques.

Enfin, l'idée d'une transformation par voie de mélange et de croisement entre une masse blonde de Gaulois et une minorité brune d'Ibères et de Latins infiltrée en Gaule, qui l'aurait emporté sur le type de la majorité, serait très-peu conforme aux données actuelles de la physiologie, qui n'admet pas qu'un peu de sang étranger puisse ainsi dénaturer une race d'hommes, et qui a reconnu la tendance de la nature à ramener les formes primitives, à les dégager des mélanges accidentels, et à faire prévaloir l'influence des mères, conservatrices du type des races.

Nous avons donc assez rapidement passé outre aux deux premiers systèmes : reste le troisième, celui de MM. Edwards et Périer, qui fait les premiers Gaulois (Gaëls, Celtes) bruns, et les Cymrys blonds, que les Cymrys soient d'origine gauloise ou germanique.

1. De *preuves*, non; mais ces enfants blonds qui deviennent bruns en grandissant ne sont-ils pas un *indice*, une trace du passé? — Écrit en 1870.

Cette troisième hypothèse nous a plus sérieusement arrêté que les deux autres, et il nous a paru démontré qu'en effet, parmi les populations réunies par les anciens sous le nom de Gaulois, il y en avait de brunes et de blondes; mais les premières correspondaient-elles exclusivement aux Gaëls et Celtes, les autres aux Cymrys?

Ici se sont élevées des difficultés qui nous ont paru d'abord insolubles. Il nous semblait bien difficile d'admettre que les Gaulois blonds des historiens grecs et latins eussent été exclusivement des Cymrys; les grandes masses de l'invasion de Bellovèse, qui ont conquis la haute Italie sur les Étrusques[1], étaient gaëliques, et, si les Sénons, les premiers Gaulois auxquels les Romains aient eu affaire, étaient Cymrys[2], les montagnards des Alpes, les fameux *Gœsates* ou soldats armés du double dard, qui jouaient dans ces temps reculés le rôle que jouèrent les Suisses au quinzième siècle, et que les Romains connaissaient si bien, appartenaient certainement à la plus vieille souche gaëlique.

Il y a donc toute apparence que les Romains ont vu des Gaëls ou Celtes blonds; il existe d'ailleurs encore aujourd'hui bien des familles blondes ou rousses parmi les Irlandais et les montagnards d'Écosse; d'une autre part, les Cymrys actuels ne sont blonds ni en totalité, ni même en majorité, comme le pensent MM. Edwards et Périer. Pour ne pas sortir de France, qu'on aille voir, un samedi, les gens des montagnes Noires descendre sur le marché de Quimper; ces beaux hommes de Cor-

1. Ou plutôt reconquis; car les Étrusques l'avaient conquise sur d'autres Gaulois, sur les Ombriens.

2. C'est contesté par M. de Belloguet.

nouailles sont pour la plupart bruns ou châtain foncé, et il en est ainsi dans la majeure partie de la basse Bretagne. Il nous semble voir encore un jour, aux environs de Rosporden ou de Quimperlé, un bouvier kernevote courant après ses bœufs dans la bruyère, avec ses larges culottes plissées (*laxis braccis*), ses longs cheveux qui lui flottaient jusqu'au milieu du dos, ses grands traits osseux et son grand nez d'aigle; c'était le Cymry, le Cimbre modèle que décrit M. Edwards, à une exception près : ses cheveux étaient noirs comme l'aile d'un corbeau. Les bruns et châtain foncé sont aussi en majorité chez les Cymrys de la Grande-Bretagne, quoiqu'il y ait chez eux des groupes assez considérables de blonds et de roux, surtout dans l'ancien Gwynedd (North-Wales).

Le principe de MM. Edwards et Périer n'est donc pas suffisamment établi, quant à la séparation des couleurs entre les races gaëlique et cymryque.

En ce qui concerne l'opinion de M. Périer, assez répandue en Allemagne et en Belgique, sur l'origine germanique des Cymrys, et particulièrement des Belges, qui auraient adopté la langue gauloise sans être Gaulois, nous avons à objecter :

1° Qu'il faut écarter les Cymrys qui se donnent seuls aujourd'hui ce nom, c'est-à-dire les Gallois, et, avec eux, leurs frères les Bretons, puisqu'ils ne sont pas blonds pour la plupart, et n'ont pas le moindre rapport physique ni moral avec les Allemands;

2° Que les Wallons, Belges de langue française, qui sont blonds en majorité, et qui descendent des Belges de César, ne ressemblent nullement aux Teutons, aux Allemands; qu'ils ont le visage long, de grands traits, une coloration vive, au lieu de la tête courte et carrée et du visage pâle des *Teutschs* du Rhin et de Hollande;

3° Que non-seulement les Belges de la Gaule, mais les Cimbres de la Baltique et les Cimmériens de la mer Noire (Cimmériens (Κιμμεριοι), Cimbres (*Cimbri*) et Cymrys (*Kymry*) ne sont qu'un seul et même nom sous trois formes grecque, latine et celtique) parlaient des dialectes celtiques, comme l'attestent les quelques mots de leurs langues cités par les auteurs classiques et le témoignage de Tacite sur une tribu de ces peuples, les *Œstii* (Estoniens), qu'il dit avoir à peu près la même langue que les Bretons;

4° Que toutes les grandes autorités les plus rapprochées du temps de Marius, Cicéron, Salluste, Tite-Live, etc., qualifient les Cimbres de Gaulois;

5° Enfin, que les institutions celtiques les plus opposées au génie de l'Allemagne sont précisément celles des Cymrys; que ce sont eux, indubitablement, d'après tous leurs monuments et toutes leurs traditions, qui ont donné au druidisme sa forme systématique et sa grande hiérarchie; que c'est chez eux que s'est conservé l'ordre des bardes avec tout un ensemble d'idées philosophiques, religieuses, politiques, très-étrangères aux Germains.

On peut ajouter qu'au temps de Plutarque[1], les Germains qualifiaient les brigands de *Cimbres*, et qu'il n'est guère d'usage de donner de pareilles épithètes à sa propre race.

1. Plutarque, *Vie de Marius*. — Le nom même de *brigands* est celui d'une très-ancienne race celtique ou celtisée, les *Brigantes*, dispersés dans les montagnes de pays très-divers.

L'origine germanique des Cymrys, qu'il s'agisse de ceux de la mer Noire, de la Baltique ou des Gaules, est donc tout à fait inadmissible.

Ce point décidé pour nous, nous continuions à flotter sur le fond même de la question, c'est-à-dire sur l'origine et l'attribution historique des races blondes et brunes, lorsqu'en examinant sans pensée préconçue, sans parti pris, les populations d'une région peu explorée, semble-t-il, de M. Edwards dans ses pérégrinations ethnographiques, un fait très-considérable, qui ne lui avait point apparu nettement, s'est manifesté à nos regards.

Quand on parle, dans nos provinces du Nord, du type provençal ou du type italien, entre lesquels on ne fait guère de différence, du type méridional, comme on dit en terme plus général, on se représente un visage brun et bistré, couronné d'épais cheveux couleur d'encre, et percé d'yeux qui luisent comme du jais ou des diamants noirs ; on est fort disposé à croire que c'est le soleil de Marseille ou de Gênes qui a créé notre *méridional*, comme le soleil de Guinée a créé le nègre.

Si l'on parcourt la Provence et les contrées de l'Italie les plus voisines de la Provence, on le retrouve en abondance, ce type si connu ; mais on s'aperçoit bien vite qu'il n'est pas seul, qu'il n'est pas même véritablement dominant. Il n'y a pas seulement en Provence cette exception admirable et inexpliquée que tout le monde connaît sous le nom de type arlésien, la plus belle race peut-être de l'Europe, et qui occupe le canton du Rhône où s'élèvent Arles, Tarascon, Beaucaire, Saint-Remi, Orgon et quelques autres petites villes et bourgades. Ce type est différent des types celtiques connus, sans aucun rapport avec le type latin, plus voisin du grec sans être grec, et se trouve exclusivement en dehors de la zone maritime autrefois colonisée par les Grecs; la couleur des cheveux et des yeux ni le teint n'est point ce qui le caractérise, mais bien la pureté des lignes du visage et du corps et la noblesse sans égale du port et du geste; nous n'essayerons pas d'en pénétrer la mystérieuse origine.

Cette exception toute locale brille par la beauté et non par le nombre; mais ce qui n'est pas une exception, ce qui balance à peu près numériquement la race brune, et ce que les gens du Nord ne remarquent guère, parce que cela ne diffère point de ce qu'ils voient chez eux à toute heure, c'est une race d'hommes de taille plus élevée que les bruns, avec le visage coloré, les yeux bleus ou gris, les cheveux châtains et souvent même blonds, et la barbe rousse ou blonde; la moitié de la Provence est ainsi faite; et si, de Provence, nous passons en Ligurie, nous retrouvons les deux mêmes types à peu près dans la même proportion; nous retrouvons le type blond ou semi-blond jusque dans l'antique Étrurie, seulement, là, mêlé avec un élément brun, voisin mais différent du premier, et encore avec d'autres éléments divers. Le même phénomène se reproduit à l'ouest de la Provence, si l'on marche par le Languedoc vers l'Espagne; les blonds ou du moins châtain clair et les bruns sont juxtaposés, et se balancent plus ou moins sur toute la côte jusqu'à Valence et par delà; il en est de même dans diverses parties du nord de l'Espagne.

Le climat n'est donc pour rien dans ce mystère des

types ethniques ; qu'est-ce donc que ces hommes du Sud qui ont gardé en partie les couleurs censées être celles du Nord jusque sous ces chaudes latitudes, tandis que des Gaulois plus ou moins bruns occupent les montagnes de nos régions tempérées et reparaissent jusque dans les brumes des monts Grampians et du centre et du Connaught ?

Ces hommes blonds ou châtains ne peuvent être des Germains ; jamais les Germains n'ont colonisé en masse ces contrées, et, d'ailleurs, ces yeux d'un bleu brillant, ces teints animés, ces traits arrondis même dans les visages longs n'ont aucune analogie avec la physionomie germanique. Ce ne sont pas non plus des Cymrys ; la dissemblance est bien moindre, sans doute, mais les Cymrys, qui ont dominé dans une partie de la Lombardie et le long de l'Adriatique, et, de l'autre côté des Alpes, en Languedoc, n'ont occupé ni la Provence, ni le Piémont, ni la Ligurie, ni la Toscane.

Grandes étaient nos perplexités, lorsque nous revint en mémoire la parole du poëte qui a jeté sur nos aïeux des traits de si vive lumière, ce Lucain qui, entre tous les anciens, a le mieux senti le génie celtique, et dont la lyre latine nous a transmis comme un sublime écho de la harpe des bardes d'avant la conquête :

Profugique a gente vetusta
Gallorum, Celtæ miscentes nomen Iberis [1].

Émigrés d'entre la vieille race des Gaulois, les Celtes ont mêlé leur nom aux Ibères.

1. Lucan. *Pharsal.*, liv. IV, V, 9. — Nous employons, d'après les anciens, le nom d'Ibères comme nom de race ; mais il est douteux que les Espagnols primitifs se soient donné à eux-mêmes ce nom, qui paraît être d'origine celtique et signifier riverains de l'Èbre. Les débris de l'Espagne

Le nom mixte de *Celt-Ibères* était porté par une confédération de tribus qui occupaient une assez vaste région dans l'intérieur de l'Espagne; mais le fait d'où était sorti ce nom s'étendait bien au-delà de cette région. Les traditions ethnographiques nous apprennent que les Celtes et les Ibères s'étaient associés ou juxtaposés sur la côte espagnole et française de la Méditerranée; que les Celtes avaient colonisé l'ouest de l'Espagne, et que d'autres Celtes, vers la même époque très-antique, avaient occupé la haute Italie et la contrée appelée plus tard Étrurie.

Plus de doute! nous avions sous les yeux les deux races les plus anciennes de l'Occident, les fils des Ibères et ceux de ces premiers Gaulois auxquels appartenait en propre le nom de Celtes, étendu depuis par l'usage à toute la famille gauloise. Les Celtes blonds ou châtains et les bruns Ibères sont là depuis trente-trois siècles, associés, mêlés, jamais confondus; l'identité du climat, la vie commune, les mariages innombrables n'ont pas fusionné dans un type nouveau les deux types antiques; à travers les croisements qui produisent chaque jour des métis, chacun des deux types triomphe tour à tour, à la suite des unions mixtes, et retourne incessamment à son origine, ou, tout au moins, s'en rapproche.

En Provence et dans les Alpes, la tradition nous apprend que nous voyons les Celtes proprement dits, avec quelques Celtes Ombriens, mêlés à la race ibérienne des Ligures. En Étrurie, jusqu'au Tibre, les Celtes Ombriens se mêlent 1° aux fils des Étrusques, si reconnaissables à leur grand nez recourbé et à leur

antique qui ont gardé la langue primitive ne se qualifient que d'Euskes (Basques).

menton saillant[1]; 2° à la race italique proprement dite, que nous appelons latine, plus rapprochée des Ibères que des Gaulois, mais différant des Ibères par une tête plus large et plus fortement équilibrée. Dans l'Ombrie actuelle, faible reste de l'immense Ombrie des âges primitifs, les Celtes Ombriens sont mêlés aux Latins[2]. En Ligurie, la tradition ne nous dit rien de clair sur la présence des Celtes; mais nos yeux nous disent qu'ils sont là près des Ligures, à peu près dans la même proportion qu'en Provence. En Languedoc enfin, l'histoire nous enseigne que l'élément blond a, du moins en grande partie, une autre origine; les fameux Volkes étaient Cymrys, et peut-être pourrait-on reconnaître aussi entre les Volkes et les Ligures quelque faible débris des Goths.

Dans les deux grandes époques de l'art italien, les deux types celtique et latin ont fourni tour à tour l'idéal des peintres et des poëtes; les blondes filles des Celtes ont inspiré l'art du moyen âge, l'art toscan de Giotto à Ghirlandajo; la race brune des Latins a régné avec l'art de la Renaissance; la Laure est celte, la Fornarina est romaine.

Voici donc les conclusions auxquelles nous amène l'observation des faits actuels comparés avec les témoignages de l'antiquité.

Les Celtes proprement dits, ou Gaulois méridionaux,

1. Une étude plus étendue des monuments étrusques nous a fait reconnaître que ce type n'avait pas la supériorité numérique dans la vieille Étrurie : le visage et surtout le nez étaient plus courts chez la majorité : c'est que les Étrusques n'étaient qu'une tribu conquérante, relativement peu nombreuse.

2. Le type latin, chose remarquable, domine à Spolète, la clef militaire de la contrée, signe d'une ancienne conquête, ou, si l'on veut, d'une réaction de la race italique sur la race celtique.

sont blonds ou châtain clair; au-dessus d'eux, vers le nord, s'étendent des masses de Gaëls bruns ou châtain foncé, mêlés de groupes de population blonde appartenant probablement aux Celtes; le même phénomène, le même mélange apparaît en Irlande et en Écosse. A l'ouest, les Cymrys de Bretagne et de Galles sont bruns en majorité[1]; au nord, les Belges sont blonds. Les Cimbres de Marius ou Cymrys de la Baltique étaient probablement une branche beaucoup plus voisine des Belges que des Bretons et des Cymrys insulaires, et leurs analogues se retrouvent aujourd'hui chez les Wallons ou Belges de race pure, les Flamands étant un mélange de Belges et de Germains où domine l'élément germanique.

Les Gaulois bruns ou blonds se ressemblent entre eux plus qu'ils ne ressemblent, les blonds aux Germains, les bruns aux Latins ou aux Ibères.

Les types étant restés à peu près ce qu'ils étaient depuis les temps historiques[2], les deux variétés brune et blonde existaient sans doute dès l'arrivée des Gaulois en Occident, aux âges antéhistoriques.

Les Gaulois, à leur arrivée en Occident, si peu avancée que fût leur civilisation, étaient déjà une nation plutôt qu'une simple race; c'était déjà une association d'éléments divers, quoique voisins, qui s'étaient réunis dans une même langue ou, du moins, dans un même groupe de dialectes et dans un même ordre d'idées, de sentiments et de coutumes, si rudimentaires que pussent être idées et usages.

1. Blonds toutefois dans l'enfance, ne l'oublions pas.
2. Sauf un abaissement de taille qu'on peut chercher à expliquer par le changement de la manière de vivre.

Le vieil Occident nous présente donc une race blonde, les Germains; deux races brunes, les Ibères et les Latins; une race mixte, les Gaulois.

L'Europe orientale nous offre aussi une race mixte, les Grecs; eux aussi sont mêlés des deux types, et, dans l'antiquité homérique, le blond semble considéré comme le plus beau et le plus noble; la Vénus grecque a des cheveux d'or; les héros favoris d'Homère sont blonds. Pourtant les boucles *ambroisiennes* de la chevelure de *Zeus*, du Grand Jupiter, sont noires.

L'humeur sympathique, l'esprit ouvert, la sociabilité du Gaulois comme du Grec peuvent en partie provenir de cette variété d'éléments qui leur est commune, tandis que l'Ibère, là où il n'est pas mêlé au Celte, et le Germain, là où il n'est pas mêlé au Celte ou au Slave, sont concentrés, repliés sur eux-mêmes et peu sociables.

Les Grecs et les Gaulois semblent être les deux races humaines qui se sont le plus approchées du type général de l'homme, tel que nous pouvons le concevoir[1].

1. L'Italie pourrait réclamer; mais l'Italie n'est point une race, c'est une nation mélangée dans laquelle les éléments gaulois et grec réclament chacun une grande part. — Remarquons, à ce propos, que les nations composées de races diverses, comme l'Italie et l'Angleterre, n'en ont pas moins une *physionomie* propre, qui est tout autre chose que le *type*, et qui résulte des habitudes, du climat, des sentiments communs, de mille causes presque indéfinissables, mais dont le résultat éclate à tous les yeux; *l'air de famille* existe entre hommes qui diffèrent essentiellement de traits, de couleur et de taille.

II

Nous avons laissé l'étude qui précède à peu près telle que nous l'avions écrite en 1861. Dans ces dernières années, les travaux sur les origines ont pris une extension toujours croissante; l'archéologie a multiplié ses découvertes; l'anthropologie, ses observations; mouvement vaste et fécond auquel la Société anthropologique de Paris a si largement contribué. Les antiquités primitives de l'Occident ont reculé tellement au-delà de l'histoire, que leurs premiers âges se confondent maintenant avec la paléontologie. On a retrouvé les vestiges, désormais incontestables, de races primitives bien antérieures aux Gaulois, et dont certaines peuvent avoir entièrement disparu. Parallèlement à ces recherches tout à fait primordiales, un esprit hardiment investigateur, un chercheur infatigable, M. Roget de Belloguet, en fouillant à fond les origines gauloises, a repris, approfondi et développé le thème dont nous avons parlé, sur le peuple considéré comme immédiatement antérieur aux Gaulois, le peuple ibère. Il a distingué des Basques ou Euskes, descendant des Ibères proprement dits, la race plus brune des Ligures, qu'il considère comme plus ancienne, et comme ayant couvert tout l'Occident avant les Gaulois. Il rapporte aux Ligures le grand fond d'éléments bruns qui existe en Occident, et qui aurait modifié la race blonde des conquérants gaulois. Les Gaëls bruns ne sont pour lui que des Ligures celtisés, probablement de même origine que les Berbères ou Kabyles d'Afrique. Il va jusqu'à hasarder l'opinion que le nom de Gaëls, anciennement *Gaidheal*, est le même que celui de Gétules.

Nous sommes porté maintenant à accorder à M. de Belloguet que la population brune, qu'il qualifie de Ligures, s'est étendue beaucoup plus haut en Occident que nous ne l'avions pensé d'abord, sans y former toutefois, au nord de la Garonne, de société civilisée ni agricole. Néamoins la question des causes qui ont tant réduit l'élément blond pur en Occident, si ce n'est dans le nord scandinave, nous paraît beaucoup moins simple qu'à M. de Belloguet. Les Gaulois, si l'on entend par là les Celtes purs, ne sont pas arrivés seuls en Occident : ils entraînaient avec eux très-certainement d'autres tribus aryennes et peut-être même des bandes touraniennes. Il est probable que ce peuple antique des Brigantes, qu'on trouve dispersé depuis les Hautes-Alpes jusqu'en Espagne et jusque dans les îles Britanniques, n'était pas primitivement celte, quoiqu'il fût certainement aryen; et, quant aux Vénètes, celtisés dans les deux Bretagnes et plus ou moins, en Italie, ils étaient sans nul doute les frères de ceux qui sont devenus, sur la Baltique, les aïeux des Slaves, et spécialement des Polonais. Il est à croire que ces populations aryennes, et probablement d'autres dont nous avons perdu la trace, étaient dès lors moins blondes que les Celtes purs.

En cherchant bien dans les couches les plus profondes de notre vieille géographie, on pourrait peut-être trouver chez nous plus de noms slaves et lithuaniens, comme l'affirment les slavisants, que de noms basques ou parents du basque.

Autre question fort obscure. N'y avait-il en Occident, avant les Gaulois, que des Ibéro-Ligures, ou bien y avait-il, au nord des Ligures, des groupes de populations touraniennes (ouraliennes ou finnoises)? Un système hardi a prétendu identifier, à l'origine, Touraniens et Ibéro-Ligures. La Société d'anthropologie a été le théâtre de débats prolongés et de haut intérêt sur ce problème, entre MM. Pruner-Bey et Broca. Nous indiquons la question sans nous y engager, si ce n'est par l'observation que les caractères moraux et sociaux des Ibéro-Ligures, tels que nous les présentent les anciens, sont radicalement différents de ceux des peuples touraniens, et qu'il faudrait, pour accepter la thèse de leur identité première, accorder au temps et au climat la puissance de transformer fondamentalement le génie des races.

En résumé, les vrais bruns, les petits hommes aux cheveux noirs crépus, aux yeux noirs profonds, au teint mat et obscur, ne sont pas plus communs aujourd'hui parmi nous que les blonds purs à très-haute taille. Ce qui reste extrêmement commun, ce sont les châtains à barbe blonde ou rousse, aux yeux bleus, gris, parfois vairs, et au teint coloré; ce sont ceux qu'on peut appeler des blonds mitigés, et il nous semble qu'ils ont le plus souvent le visage plus ou moins allongé.

Un autre type non moins répandu parmi nous, est ce qu'on peut nommer la tête en boule, et il nous semble que les yeux et les cheveux bruns dominent assez communément parmi ceux-ci. A ces têtes courtes et rondes de France correspondent en Allemagne les têtes courtes et carrées. Nous citions tout à l'heure l'opinion qui veut identifier les Ligures et les Touraniens; dans une étude curieuse et savante sur la Bretagne[1], M. le docteur Guibert qualifiait récemment de touranien le type des petits Bretons bruns et trapus à tête ronde, le type que l'on appelle breton chez nous, le type de Bertrand Du Guesclin. Nous pensons aussi que le type de la vraie race bretonne est plutôt l'autre, celui des hommes plus grands, au long visage et au grand nez; mais l'œil grand-ouvert, le regard franc et direct du petit Breton, à part bien d'autres réserves, nous paraît marquer en général une différence essentielle entre lui et le Touranien, dont l'œil un peu couvert et le regard oblique dénote son caractère d'intermédiaire entre l'Arya et le Mongol. M. le docteur Guibert adopte l'identité du Touranien et de l'Ibéro-Ligure. Cela nous semble bien hasardé.

Ajoutons que si l'on admet, avec M. de Belloguet, que les vrais Celtes étaient exclusivement les hommes au long visage, pour essayer de déterminer l'origine des hommes à tête courte et ronde parmi nous, il ne faut pas chercher seulement chez les Touraniens, ni chez les Ibéro-Ligures. Nous parlions d'éléments slaves et peut-être lithuaniens mêlés aux Celtes; les Slaves ne nous paraissent pas du tout avoir en général la tête longue, et le blond ne domine point chez eux. Nous ignorons quel était le type des Brigantes[2].

M. de Belloguet ne veut admettre aucune parenté entre les Cymrys de Galles et les Cimbres de Marius.

1. *Ethnologie armoricaine* (extrait des *Mémoires du Congrès celtique international de Saint-Brieuc*); Saint-Brieuc, 1868.

2. Il serait sans doute un peu téméraire d'essayer de décomposer le nom de ceux-ci en *Briges-Antes :* Phrygiens-Antes? Les Antes sont un des peuples dont descendent les Slaves.

La différence du type physique ne nous paraîtrait pas une raison suffisante, parce que les Cimbres étaient sans doute de race pure, et que les Cymrys-Gallois sont mêlés, au sud, de Silures, qui sembleraient avoir été des Ligures, et, au nord, de Vénètes (famille slave), sans compter ce qui a pu subsister en Cambrie d'éléments gaëliques de la branche irlandaise.

Suivant M. de Belloguet, les caractères distinctifs qui ont subsisté des anciennes races consisteraient bien moins aujourd'hui dans la couleur des cheveux, des yeux ou de la peau, que dans les traits et la conformation particulière de la tête et des membres (*Ethnogénie gauloise*, 2e partie, p. 4). L'opinion des anthropologistes incline assez généralement dans le même sens; toutefois, on ne peut admettre là qu'une prédominance. La persistance du retour des cheveux blonds dans l'enfance des châtains et de beaucoup de bruns, mérite grande attention.

Une dernière observation sur le problème de l'identité des Touraniens et des Ibéro-Ligures, qui diffèrent non-seulement, comme nous le disions plus haut, par les caractères moraux et sociaux, mais par les traits et la physionomie. Lors même qu'on en viendrait à accepter cette identité *primitive*, il faudrait repousser la qualification de Touraniens appliquée soit aux populations que les Celtes ont rencontrées en Occident, soit aux descendants de ces populations. En supposant que les hommes de l'Oural et ceux des Pyrénées fussent sortis d'une même souche primordiale, ils étaient devenus des peuples profondément différents, qu'il est impossible de confondre sous un même nom; il y a un abîme entre l'Ouralien ou Touranien et le Ligure : nous pouvons admettre, comme terrain de discussion historique, que l'on qualifie de Ligure celtisé le Breton ou l'Irlandais de type brun ; nous ne saurions admettre pour lui, en aucun cas, la qualification de Touranien, qui se rapporte non à un type primitif anthropologique supposé commun, mais à une famille historique de peuples qui a ses caractères particuliers.

II

LE PAYS DE GALLES

NOTES DE VOYAGE

(1861)

Le *British Museum*. — Stone Henge et Salisbury. — La route de South Wales. — Merthyr Tydfyl.

Après avoir passé quelques jours dans une des belles et tranquilles campagnes des environs de Londres, je rentrai dans la grande ville afin de revoir, avant de partir pour l'Ouest, la partie des collections archéologiques du *British Museum* qui se rapportait à l'objet de mes études, c'est-à-dire aux époques reculées où les antiquités de la France se confondent dans un même type avec celles des îles Britanniques. Je pus constater à quel point la galerie celtique du *British Museum* s'était enrichie depuis quelques années. Nous trouvons en France, dans des fouilles dirigées avec une intelligence et un zèle toujours croissants, de nombreux et précieux débris; l'inépuisable Bretagne, l'*Alesia* de Franche-Comté (soit dit sans avoir la présomption de trancher d'un mot en passant une bien grosse question), d'autres points encore du territoire nous ont fourni, dans ces derniers temps, beaucoup de documents de pierre et de métal; mais, si nos *tumuli* laissent échapper maints restes de nos pères, nos fleuves n'ont jusqu'à présent rien rejeté de comparable aux magnifiques armes offensives et défensives récemment dérobées au lit de la Tamise [1]; ces boucliers revêtus de bronze, aux élégants rinceaux, aux bosses incrustées de corail, ces glaives aux lames de bronze brillantes comme de l'or, ces poignards d'un dessin riche et bizarre, nous font voir maintenant en nature ce que nous ne connaissions guère que par le ciseau des sculpteurs gréco-romains qui ont représenté des scènes des guerres gauloises.

L'aspect d'une si belle collection nationale dans un pays dépourvu de centralisation reporte forcément la pensée de l'archéologue français sur ce Louvre dont les galeries cosmopolites s'ouvrent aux antiquités du monde entier, excepté à celles de nos pères [2], de même

1. La Seine, depuis, s'est piquée d'honneur : le Musée du Louvre possède aujourd'hui un splendide casque d'or trouvé près de la côte des Deux-Amants, et que son ornementisme nous fait croire gaulois. — V. la *Revue archéologique* d'avril 1862. — Le *British Museum* a continué de s'enrichir; mais la France n'est plus en arrière (1870).

2. Les quelques raretés celtiques de haute valeur qui se rencontrent au musée des Thermes et de Cluni ne comblent point la lacune du Louvre

que nos établissements de haut enseignement ont des chaires de toutes langues, même de javanais et de mantchou, ce que nous approuvons fort, mais pas une chaire de celtique. Après avoir répandu notre curiosité sur tout l'univers, nous finirons sans doute par la reporter sur nous-mêmes, et il faut dire qu'à cet égard la province, comme nous l'indiquions tout à l'heure, n'a point attendu Paris. Les musées celtiques, gallo-romains et gallo-francs s'y sont formés de toutes parts.

Notre numismatique nationale n'a pas les mêmes plaintes à élever que les autres branches de l'archéologie; l'important médaillier celtique que conservait et qu'avait décrit le regrettable M. Duchalais est bien placé au centre des études, à la Bibliothèque, et contient des pièces de haut intérêt. On y regrette toutefois l'absence de quelques types aussi rares que curieux en partie enlevés à la France, par exemple la médaille autrefois gravée dans le recueil de Caylus, et qui représente sur la face le sanglier, l'étoile et le serpent, et sur le revers une femme aux longs cheveux tenant un croissant à la main. Le *British Museum* en possède deux exemplaires, dont l'un a été acheté à Amiens. Cette médaille réunit trois des principaux symboles druidiques. Le *British Museum* en a dans sa riche collection un certain nombre de cette catégorie, la plus rare de toutes, dans laquelle ne se trouve aucune imitation d'emblèmes grecs ou romains. Le plus souvent, les étoiles, les croissants, les roues, les

et ne constituent pas une galerie spéciale. On assure que cette lacune va disparaître, et qu'un musée gaulois et gallo-romain ne tardera point à être fondé. — Ecrit en 1861. Le musée de Saint-Germain a réalisé nos espérances.

sangliers et les serpents druidiques se mêlent au cheval macédonien, à l'Apollon Belenus, etc.; chose toute simple, puisque les Gaulois, qui primitivement n'employaient pour monnaie que des espèces d'anneaux et de rouelles de métal non figuré [1], ont emprunté aux Grecs l'art monétaire.

J'avais examiné tout à loisir le médaillier celtique du *British Museum*, grâce à l'obligeance de messieurs les conservateurs, et recueilli là des renseignements précieux; je pris la route de Galles par le sud-ouest, afin de visiter, chemin faisant, un monument se rattachant aux mêmes souvenirs que mes vieilles médailles, mais sans doute d'un âge plus reculé encore, les fameuses pierres de Stone Henge, la plus considérable ruine druidique qui subsiste, après les *alignements* de Carnac.

J'allais chercher l'antiquité druidique; je rencontrai sur mon passage le moyen âge et l'art chrétien de la plus belle époque, dans les meilleures conditions de conservation et dans le cadre le plus heureusement dessiné. A côté de la bruyante, pullulante et sombre Angleterre des grandes cités manufacturières, on trouve encore, dans l'intérieur des provinces, une tranquille, mais nullement triste Angleterre des vieux bourgs, des petites villes oubliées par le géant de l'industrie moderne, et qui, assise dans la verdure, au bord des eaux paisibles, à l'ombre des vieux remparts et des vieux clochers, présente une image du passé que le continent n'offrirait peut-être nulle part aujourd'hui.

Telle est cette charmante Salisbury qui devait me

1. Écrit en 1861. L'emploi des rouelles comme monnaies est aujourd'hui contesté, probablement avec raison.

conduire à Stone-Henge, et qui valait à elle seule le voyage, avec sa splendide cathédrale du XIIIe siècle, élégant et puissant édifice d'une régularité presque symétrique, flanqué d'ormes aussi majestueux que ses tours, et qui le disputeraient aux plus grands chênes de Fontainebleau. L'enceinte du cloître, ses portes, ses maisons du XVe siècle, bâties pour les chanoines et pour tout ce qui vivait sous l'aile de la cathédrale, tout est debout, jusqu'à la juridiction du prévôt, qui fait encore, au nom du chapitre, la police de tout ce qu'enferment les murs du cloître. On ne renouvelle que les habitants et les fleurs, partout mariées à cette pittoresque architecture.

Je passai sans transition à un plus sévère spectacle. Pendant quelques milles au-delà de Salisbury, la campagne prolonge l'impression de la ville : des prairies, des bosquets, la vallée serpentante de la petite rivière, de jolis cottages, parfois recouverts de ces chaumes rustiques que l'artiste regrette en France et que l'Angleterre ne proscrit pas impitoyablement comme nous; le paysage entier est frais et souriant; puis le chemin tourne et monte, on gravit sur le plateau : plus d'habitations, plus d'arbres, plus de culture; à peine une herbe courte et maigre donne-t-elle au sol une teinte d'un vert pâle et grisâtre : on a le désert devant soi. Au centre du vaste plateau désolé, on aperçoit de toutes parts la grande ruine. Peu de monuments antiques, dans notre Occident si peuplé, si remué, si incessamment transformé, ont la fortune d'une telle solitude et d'un tel silence; rien n'a changé depuis deux mille ans dans ces landes du Wiltshire, qui n'ont pour habitants que des oiseaux et des lièvres.

Le *Korol* ou danse des géants [1], comme l'appellent les légendes celtiques, car *Stone Henge* n'est que le nom anglo-saxon, peut sans peine être rétabli par la pensée dans son état primitif; la moitié environ des blocs qui le composaient sont encore debout; les autres gisent à terre, pareils à des géants abattus, et la forme générale du monument est facile à reconnaître. Comme les antiquaires anglais du siècle dernier l'ont fort bien démontré [2], il consistait dans un portique circulaire de trois cents pieds anglais de tour (environ quatre-vingt-huit mètres); à l'intérieur de ce premier cercle, un second cercle formé de *menhirs* ou simples pierres levées; à l'intérieur du second cercle, un ovoïde composé de trilithes séparés les uns des autres, d'une dimension énorme, et beaucoup plus élevés que le portique continu de la première enceinte; les trilithes, à leur tour, renfermaient un second ovoïde formé de *menhirs*. Cela faisait quatre enceintes de blocs granitiques, inscrites les unes dans les autres, le tout environné d'une douve circulaire qu'indique encore le relèvement des terres. A trente pas se détache un *menhir* isolé, rappelant les obélisques qui précèdent les temples égyptiens [3]. Si, d'entre les piles à demi écroulées, on promène son regard à l'horizon, on voit que, dans un rayon de deux milles, un autre cercle immense entoure la ruine. Ce sont de vastes *tumulus*, plus ou moins distants entre eux, mais tous à

1. *Korol*, danse en cercle. On l'appelle aussi *Côr-Gawr*, Grand Cercle ou Cercle des Géants.

2. Voir le bel ouvrage de Higgins.

3. Cette disposition se retrouve dans le fameux *cromlech* du Cumberland, appelé *la longue Meg et ses Filles*, et dans beaucoup de cercles druidiques.

peu près à même distance du monument central. La destination de cet étrange ensemble paraît moins difficile à expliquer que celle des monuments de Carnac; je ne puis y voir qu'un sanctuaire entouré d'une nécropole [1]. Le cercle de pierres, chez les Celtes et chez d'autres peuples de l'antiquité, indique toujours un lieu saint, quoique non exclusivement consacré aux cérémonies religieuses; il est l'emblème de l'univers et de l'être universel, et l'on peut présumer que les enceintes ovoïdes symbolisent l'*œuf du monde*, l'œuf du serpent cosmogonique qui jouait un si grand rôle dans la mythologie des druides. L'étude des antiquités orientales a dévoilé l'origine et le sens de ces rites et de cette symbolique que le druidisme avait empruntés, dans les âges les plus reculés, aux plus anciennes religions et aux plus anciennes civilisations de l'Asie; nous apercevons maintenant ce qui se cachait sous les fables populaires que nous raconte Pline l'Ancien. On a beaucoup raillé les vieux antiquaires anglais sur leur rêve d'un culte du dragon qui aurait couvert de ses monuments le monde primitif; leur imagination les a entraînés à plus d'une illusion, mais ils avaient vu vrai, ou plutôt deviné vrai sur le fond, et je ne suis pas seul à leur devoir amende honorable.

Une dernière remarque avant de quitter Stone Henge, c'est que les piliers et les linteaux du portique extérieur et des trilithes se tiennent par des tenons et des mortaises; la pierre n'est donc pas là entièrement à l'état brut; ce n'est pas la seule, mais c'est la plus notable exception connue à ce qui paraît avoir été un

1. Il est probable que Carnac avait le même caractère.

principe chez les Celtes comme chez les Hébreux primitifs, à savoir de n'employer dans les monuments religieux que la pierre à l'état de nature.

Je retournai prendre à Salisbury la route de South-Wales, par Bath et Bristol. Les campagnes anglaises, agréables au promeneur qui erre à pied dans leurs prés d'un vert si doux et sous leurs grands arbres d'un vert si sombre, finissent par devenir monotones pour le voyageur par l'absence d'imprévu et d'accidents pittoresques. A partir de Bath, ville d'eaux et de plaisance, heureusement répandue sur et entre de belles collines, on commence à pressentir une autre région, la région de l'ouest; le paysage prend plus de grandeur et de variété. Bientôt paraît Bristol, cité marchande qui a eu le bon esprit, en entrant dans le mouvement moderne, de ne pas jeter bas ses vieilles églises qui ressemblent à des forteresses, ses vieux monuments civils qui remontent aux premiers rois normands, ni même les vieilles maisons du moyen âge qui remplissent encore ses quartiers les plus commerçants.

Je m'embarquai à Bristol sur l'Avon, qui n'est pas, pour le dire en passant, celui de Stratford et de Shakspeare. La rivière s'ouvre passage entre d'imposants rochers de grès rouge qui rappellent les bords du Rhin; puis les rives s'abaissent et s'écartent, et l'Avon agrandi vous jette dans un bras de mer de trois lieues de large, qui fuit à l'ouest en s'élargissant encore jusqu'à ce qu'il se confonde avec l'Océan. C'est l'embouchure de la Saverne et le canal de Bristol. A votre gauche se déploient les côtes du Somerset, du Devonshire et de la Cornouaille; en face, celles du pays de Galles. Vous ne tardez pas à apercevoir la forêt de mâts toujours pressés dans la rade de Cardiff, ou plutôt *Caerdydd*, le premier port des deux provinces galloises et le second de toute la Grande-Bretagne, après Newcastle, pour le commerce de la houille. Le steamer vous descend bientôt sur le quai de la ville galloise. Vous êtes en Glamorgan. C'est une belle entrée dans la terre des Cymrys.

Ce n'est pas dans les ports de mer qu'il faut chercher les traits originaux de la physionomie d'une contrée, et, au premier coup d'œil, on ne se reconnaîtrait guère à Cardiff pour être en Galles, si l'on ne voyait sur les enseignes les noms les plus poétiques de la tradition, qui sont là les noms de tout le monde, accommodés aux conditions les moins héroïques, comme, par exemple, Morgan, marchand de chandelles, ou Taliesin, quincaillier. Mais j'eus promptement la preuve que le pays cymrique gardait du passé autre chose que ses vieux noms. Au coin d'une rue, j'aperçus une longue affiche portant le signe traditionnel des bardes gallois, les Trois Rayons, et leur devise : *Y Gwir yn erbyn y Byd :* « La vérité contre le monde. » C'était l'annonce et le programme d'un *grand Eisteddfod national* ou assemblée générale bardique, qui devait se tenir trois jours durant, suivant les anciennes coutumes, dans la ville d'Aberdare.

Je savais que ces assemblées, malgré tous les changements des temps et des mœurs, n'étaient jamais tombées complétement en désuétude, et qu'elles s'étaient renouvelées plus fréquemment de nos jours; mais j'ignorais tout à fait qu'elles fussent convoquées en ce moment même. Bien que la situation d'esprit qui m'amenait en Galles me disposât peu à me mêler aux hommes, mes devoirs d'historien français et ma sympathie fraternelle pour un peuple si fidèle aux souvenirs de nos communs ancêtres ne me permettaient pas de manquer à cette réunion de la plus ancienne et de la plus authentique *franc-maçonnerie* qu'il y ait en Occident.

Le but qui m'appelait en Glamorgan n'était point d'ailleurs sans rapport avec l'objet de la réunion populaire annoncée : j'y venais chercher quelques notions sur la vie et les travaux d'un des hommes qui ont le plus fait pour réveiller l'esprit public des Gallois et pour rassembler et sauver leurs documents nationaux, Edward Williams, ou, comme on l'appelle dans le pays, le barde Iolo, car les bardes changent de nom, comme font certains de leurs anciens rivaux, les moines. Iolo a été l'éditeur de ces *Triades* bardiques que M. Adolphe Pictet a traduites en français, et dont j'ai indiqué la substance, il y a quelques années, aux lecteurs du *Siècle* [1].

Merthyr Tydfyl, la ville où s'était établie la famille d'Iolo et où j'avais le plus de chances de recueillir ses souvenirs, n'est qu'à trois milles d'Aberdare, où était convoquée l'assemblée. J'avais quelque temps devant moi; je me rendis de Cardiff à Merthyr, en remontant la pittoresque vallée du Taf. Peu de railways s'enfoncent dans une contrée aussi âprement accidentée; ici, l'on est en pleine Cambrie, en pleine montagne, bien loin des plateaux faiblement ondulés de l'Angleterre. La constitution géologique de cette partie du massif gallois en fait un des plus singuliers

1. Ecrit en 1861.

pays du monde. A mesure que j'avançais, je regardais avec surprise les collines qui bordaient la route, n'en comprenant point d'abord la bizarre physionomie; c'étaient des collines de charbon, ou du moins de résidus de charbons, des montagnes de scories.

Les innombrables cheminées des hauts fourneaux répandus par groupes énormes dans toute la contrée m'apprirent que j'étais dans la région des *iron works*, des « œuvres de fer », région bien nommée, car nulle part au monde plus de fer ne passe par la fournaise. Le charbon et le fer descendent incessamment par masses gigantesques des flancs de toutes les hauteurs dans les gouffres toujours enflammés des ateliers; le fer ressort coulé en rails innombrables, et les résidus de la houille sont renvoyés à la montagne dans des vagons hissés jusqu'aux sommets par des machines qui les déversent tout embrasés sur les pentes. Il se forme ainsi de nouveaux mamelons qui, toujours accrus de nouvelles scories, brûlent durant des années jusqu'à ce qu'on les laisse s'éteindre; avec le temps, ils se couvrent de verdure et cachent peu à peu la trace de leur origine en entrant dans le domaine de la végétation et de la vie. Il n'y a jamais de nuit dans ces étranges vallées, qui semblent le domaine d'un éternel incendie; non-seulement les scories brûlantes éclairent la montagne comme des traînées de laves en feu, mais les hauts-fourneaux ne s'éteignent jamais, pas même le dimanche. C'est tout dire dans la Grande-Bretagne.

Le bassin de Merthyr et celui d'Aberdare, les vallées du Taf et du Dare, sont comme le double cratère d'un immense volcan. Il y a là, dans un rayon de quelques milles, une population de 100,000 âmes créée, on peut le dire, par l'industrie de notre siècle. Merthyr, qui a 50,000 habitants, en avait à peine 5,000 il y a un demi-siècle. L'usine de Dowlais, qui appartient à lady Charlotte Guest, l'éditeur du beau recueil des romans populaires gallois (*Mabinogion*), forme à elle seule une ville de 20,000 âmes !

Ces villes sont plutôt de grands villages espacés dans les vallées et sur les collines que de noirs entassements d'habitations compactes comme les cités industrielles des autres provinces; l'aspect de ce pays est extraordinaire; il n'est pas triste; il offre le mélange et le contraste d'une vaste industrie et d'une nature agreste et presque sauvage. Vous êtes au milieu des ateliers, les colonnes de fumée jaillissent de toutes parts autour de vous ; vous grimpez sur le dos d'une colline, vous changez de vallée, vous voilà au milieu des bois, des rochers, des cascades, avec quelque grande ruine du moyen âge sur votre tête, et un large horizon de montagnes devant vous.

II

Mœurs galloises. — Traditions. — Le Menaï. — Le Snowdon. Anglesey.

Le paysage, dans cette partie du South Wales, est âprement contrasté et d'une originalité sévère : l'homme n'a point l'âpreté de la nature; le Gallois a généralement la physionomie agréable et ouverte; sa taille est moyenne, ses traits moyens; le type aux grandes lignes, au nez aquilin, que notre savant ethnographe W. Edwards attribuait aux Cymrys, ne nous a point paru dominer sur la terre cymrique. On voit foisonner des groupes d'enfants porteurs de vraies crinières gauloises, de toutes les nuances intermédiaires entre le blond le plus cendré et le roux le plus ardent. A vingt ans, tout cela est devenu brun ou tout au moins châtain ; mais le teint reste clair et les yeux bleus ou gris. Ce phénomène physiologique se retrouve communément chez leurs frères de la Bretagne française. Çà et là, quelques enfants, qui tranchent singulièrement parmi les autres, ont les yeux et les cheveux d'un noir éclatant, et le teint obscur des populations purement méridionales; ce sont là sans doute quelques débris de ces Silures de la Démétie, dont l'aspect, décrit par les anciens, semblait indiquer une colonie ibérienne.

Le *Cymraëg* (Cymrique), la langue des anciens Bretons, riche en inflexions perdues par l'anglais et par le français, même par notre breton, se conserve avec fidélité, non-seulement dans les campagnes, mais chez la plupart des populations industrielles, malgré le mélange d'un certain nombre d'ouvriers anglais et d'un nombre plus grand d'ouvriers irlandais, qui, moins fidèles à leurs traditions que les Gallois, ont abandonné leur langue gaëlique pour un anglais plus ou moins orthodoxe. Partout où vous entendez des femmes crier et où vous voyez des hommes se battre, vous êtes sûr de trouver des Irlandais, des enfants de « la verte Erin, » braves gens au demeurant, mais dont l'éducation laisse fort à désirer. Le Gallois, lui, n'est plus batailleur; il ne connaît ni le *penbas* [1] de nos Bretons, ni le *shillelagh* [2] irlandais. Une fois soldat, le vieux Celte se retrouve en lui, et les chasseurs, les *riflemen* gallois, ont été en haute estime près de notre armée de Crimée.

Cet apaisement des mœurs galloises doit être sans doute attribué à la gravité protestante, peu compatible avec les habitudes de grands enfants querelleurs, qui sont restées en vigueur par delà le canal Saint-Georges. Le sentiment religieux est très-puissant en Galles, sous toutes les formes du protestantisme indépendant, depuis le méthodisme jusqu'à l'unitarisme. Il n'y a guère de catholiques que les Irlandais, et les adhérents de l'Eglise établie, les anglicans, sont en assez petit nombre, surtout dans les classes populaires. Les belles églises anglicanes, construites au moyen âge, ou rebâties de nos jours dans le meilleur style du moyen âge, sont délaissées par la foule, qui remplit les chapelles dissidentes, espèces de granges informes, mais colossales, dominant de loin les petites maisons agglomérées qu'habitent les ouvriers. Ces grossiers édifices ne flattent pas le regard, mais ils inspirent le respect quand on les sait élevés et entretenus par les contributions volontaires du pauvre. Il y a là une noble réponse à ces hommes du passé qui déclarent toute religion perdue le jour où les églises ne seront plus à la solde de l'Etat.

Les mœurs galloises sont sérieuses, trop sérieuses peut-être à certains égards; la rigidité protestante a effacé d'intéressantes traditions, fait disparaître des

1. Casse-tête; gros bâton.
2. *Idem.*

coutumes innocentes et poétiques. L'honorable député de Merthyr et Aberdare, M. Henry Bruce[1], me disait avoir connu dans son enfance un vieillard qui avait vu, le dimanche après l'office, le *telynor*, le joueur de harpe, s'asseoir sur une pierre antique, à la cime d'une montagne, et les campagnards danser en cercle autour de lui aux sons de l'instrument national. Cet usage a disparu avec beaucoup d'autres. La harpe pourtant n'a point disparu ; elle est restée le divertissement favori du peuple, et nous l'avons entendue plus d'une fois le soir, dans les quartiers des mineurs et des forgerons, avant de l'entendre, dans une occasion plus solennelle, sous les voûtes de *l'Eisteddfod*. Le mouvement anticeltique est d'ailleurs arrêté maintenant parmi les sectes dissidentes. Les choses sont bien changées; l'ancien esprit protestant, l'esprit de Luther, et surtout de Calvin, était absolument incompatible avec le génie celtique, avec le *bardisme;* mais, depuis que la doctrine du libre examen et du libre arbitre a remplacé chez l'immense majorité des protestants le fatalisme de la *prédestination* et du *serf-arbitre*, un heureux rapprochement s'est opéré entre les pasteurs réformés et les héritiers des traditions bardiques. Les ministres du saint Evangile se sont faits les défenseurs de la langue nationale ; tandis que dans les écoles anglicanes on n'enseigne que l'anglais, les écoles dissidentes professent le cymrique. J'eus bientôt lieu de reconnaître que les pasteurs réformés ne se bornaient point à cette intervention très-efficace en faveur de la langue, et que beaucoup pre-

1. Actuellement membre du ministère Gladstone.

naient la part la plus active aux efforts faits pour maintenir et restaurer les plus essentielles des coutumes galloises. Ce qui en reste est aujourd'hui assuré de vivre, quand même la langue perdrait encore quelque terrain sur la côte et dans les centres industriels.

Nous parlions tout à l'heure du sérieux des mœurs galloises; un des traits les plus imposants est la coutume fort répandue, suivant laquelle le chef de famille, le dimanche soir, lit la prière au milieu de la famille, des serviteurs et des hôtes réunis. Nous avons vu la maîtresse de la maison suppléer au besoin le mari absent. Il y a un monde entre cet usage et la prière dite par le chapelain dans les châteaux de l'aristocratie catholique. On ne peut échapper d'une manière durable à la domination domestique du prêtre que là où le chef de famille sait redevenir chef spirituel dans sa maison comme aux anciens jours.

On se tromperait fort cependant si l'on prenait ce sérieux pour de la roideur. Rien de plus ouvert, de plus cordial, de plus sympathique que les manières galloises. Certes, le voyageur français serait injuste de se plaindre de l'accueil qu'il reçoit aujourd'hui parmi les Anglais; le temps est loin où le Français pouvait s'attendre à être injurié en Angleterre, et l'Anglais mystifié en France; Paris et Londres n'ont plus de préjugés réciproques; quant aux provinces anglaises de l'intérieur, les voyageurs français, jusqu'à présent un peu rares encore, y rencontrent le louable sentiment de donner bonne opinion du pays à l'étranger; mais il subsiste naturellement dans la courtoisie et la bienveillance quelque chose de la réserve et de la gravité nationales.

La physionomie du pays de Galles est tout autre chose ; malgré la différence de langue qui élève d'ordinaire une si forte barrière, il ne tient qu'au Français de se croire chez lui au milieu de cette population vive, allègre et accorte, qui a les façons et le mouvement de nos Picards, sinon des Français du Midi, avec un entraînement hospitalier tout à fait antique. J'arrivai en South Wales ne connaissant personne et dans une situation d'esprit qui ne porte pas à se répandre et à connaître ; au bout d'un mois, lorsque je quittai la contrée, j'y connaissais quasi tout le monde ; enveloppé par une hospitalité irrésistible dans son affectueuse simplicité, il me semblait avoir vécu dix ans dans ce pays, où je venais de contracter non pas de simples relations, mais de véritables et, pour ainsi dire, déjà de vieilles amitiés. L'intérêt que je portais à leurs traditions avait suffi pour tout mériter à leurs yeux.

Mes recherches sur ces traditions avaient été fructueuses, grâce à l'extrême obligeance et aux lumières d'un savant à qui j'aime à payer ici une dette de reconnaissance, l'auteur de la *Littérature des Cymrys*, M. Thomas Stephens, un de ces hommes qui, entourés au début des conditions les moins favorables, se créent entièrement eux-mêmes et sont les fils de leur courage et de leur persévérante volonté. Le pays de Galles est fécond en hommes de cette sorte, à laquelle appartiennent les deux grands sauveurs de ses monuments, Owen Myvyr et Iolo Morganwg ; comme aussi chez nous notre Le Gonidec, dont le nom ne doit jamais être séparé de celui de la Villemarqué [1].

1. Le Gonidec a reconstitué, pour ainsi dire, la langue des Bretons, comme La Villemarqué a retrouvé et sauvé leur tradition poétique.

Sans entrer dans des détails scientifiques qui ne seraient point ici à leur place, je dirai seulement que je trouvai le docte écrivain gallois plus douteur, sur certains points des antiquités nationales, que je ne l'eusse présumé, mais aussi, par compensation, plus affirmatif sur l'authenticité, c'est-à-dire sur l'ancienneté des célèbres Triades philosophiques, que je n'y comptais. Le caractère intrinsèque de ce monument, publié par Iolo, m'avait toujours paru repousser l'idée d'une invention récente, de la part d'Iolo ou de tout autre, et justifier l'opinion du savant traducteur français, M. Pictet, de Genève [1]. M. Stephens me fournit un argument indirect de la plus grande portée en mettant sous mes yeux un document, à moi inconnu, portant sur le même fond d'idées et la même langue métaphysique que les Triades, avec une forme toute différente et une différence importante dans la doctrine, fortement empreinte d'un platonisme origéniste [2]; il croyait plus que problable l'existence de quelques autres monuments du même genre.

J'avais désormais la preuve que les Triades étaient, non pas l'œuvre moderne d'un génie individuel, mais l'œuvre collective d'une tradition qui présentait de notables variantes, et je savais, d'après les indications de M. Stephens, où chercher le complément de cette preuve. Je n'étais pas en mesure de faire immédiatement cette recherche; après avoir recueilli sur la personne et les travaux d'Iolo des souvenirs qui trouveront place ailleurs, je résolus d'employer à une rapide

1. V. ci-dessous, VIII, *le Mystère des Bardes.*
2. V. ci-dessous, VIII, *le Mystère des Bardes.*

excursion dans le North Wales le temps qui me restait jusqu'à l'assemblée d'Aberdare.

Le massif gallois n'étant point encore ouvert aux chemins de fer dans ses profondeurs, et la communication directe par *railway* n'étant pas encore établie par l'intérieur de la Cambrie entre le canal de Bristol et l'île d'Anglesey, je dus faire le grand tour par la Marche de Galles, et suivre toute cette route pittoresque de collines et de vertes vallées qui sépare les plaines anglaises des chaînes montueuses de la Cambrie, qualifiées de *Cefns*, c'est-à-dire *d'échines*, *d'épines dorsales*, dans la langue imagée des vieux Celtes ; c'est le même nom que nos *Cévennes*. Par les jolies villes d'Abergavenny, de Church Stretton, de Hereford, de Shrewsbury, de Chirk, de Wrexham, le railway aboutit à Chester, aujourd'hui paisible carrefour de chemins de fer et de canaux, autrefois le belliqueux chef-lieu des Marches galloises et le champ de bataille des barons anglo-normands contre les *brenyns* cambriens. Chester a beaucoup gardé de son aspect du moyen âge, et les tours qui baignent leurs pieds dans la Dee ont vu les exploits si bien contés par Walter Scott [1].

En quittant Chester, on débouche sur le large bras de mer formé par l'embouchure de la Dee, et qu'une presqu'île jetée entre la Dee et la Mersey sépare seule de la puissante cité maritime de l'Ouest, de cette Liverpool où vient affluer une grande partie du commerce du monde. De quelques milles au-dessous de Chester jusqu'au célèbre pont tubulaire du Menaï, le

1. Voir le roman du *Connétable de Chester*.

railway ne cesse de côtoyer la mer d'Irlande. Cette mer, ces presqu'îles, ces rochers, ces embouchures de rivières, ces montagnes qu'on aperçoit ou qu'on traverse, en font une des plus belles routes qu'on puisse imaginer. On rencontre bien des lieux renommés dans la tradition cymrique : ici, les marais de Rhuddlan, théâtre d'une ancienne catastrophe nationale qui a inspiré un des chants les plus pénétrants et les plus mélancoliques de la musique populaire galloise; là, à quelque distance, la vieille ville épiscopale de Saint-Asaph. Plus loin, on coupe par la base les hauteurs imposantes de la presqu'île de Llandudno; on traverse la large embouchure de la rivière de Conway, et l'on débouche entre les tours pittoresques de la ville du même nom; à gauche s'élèvent les chaînes du Caernarvon, que domine la masse du Snowdon, la montagne sainte des bardes; en face, s'étend la baie de Beaumaris, qui se rétrécit peu à peu pour former le détroit de Menaï, si fameux dans l'antiquité celtique: au-delà de la baie et du détroit, *Ynys Fôn*, l'île de *Mona*, l'île sacrée des Bretons, aujourd'hui Anglesey.

La petite ville de Conway, les tours de son enceinte, les tours plus élevées de son château du XIVe siècle, étaient pavoisées de bannières de toutes couleurs; la foule en habits de fête descendait du château, dont le donjon était intérieurement décoré d'étendards et de feuillages, de devises bardiques, d'emblèmes nationaux. L'*Eisteddfod* de la Vénédotie (le North Wales) se fermait en ce moment même à Conway. Je n'avais pas su à temps qu'il précéderait l'assemblée d'Aberdare. Je lus le lendemain dans les journaux de la province un discours chaleureux du président de l'assemblée de

Conway, M. W. Osborne Morgan, membre des communes, où, commentant avec éloquence la devise bardique : *Tra môr, tra Brython* (tant durera la mer, tant durera le Breton), il déclarait qu'on arracherait plutôt le Snowdon de sa base pour le jeter dans l'Océan, qu'on ne déracinerait de la terre des Cymrys la langue de leurs pères.

Je n'eus que le temps d'échanger quelques mots avec un des principaux membres de l'assemblée de Conway, le révérend John Williams Ab Ithel, recteur d'une paroisse des montagnes et barde, coïncidence plus rare dans l'Eglise établie que dans les églises dissidentes, mais non pas pourtant sans d'éminents exemples, comme l'atteste le nom du savant, du judicieux, du patriote Price Carnhuanawc, si regretté de toute la Cambrie et de tous les amis des études celtiques. J'avais appris de M. Stephens que M. Williams Ab Ithel était l'homme qui connaissait le mieux les manuscrits d'Iolo, et qui s'occupait le plus activement des questions qui s'y rapportent. Je me mis en mesure de correspondre avec lui ultérieurement à ce sujet, et je repris ma route vers Bangor et le Menaï, beaux lieux où la pensée du voyageur est disputée entre la douceur d'une nature charmante et fière et la grandeur tragique des souvenirs.

C'est sur ces plages, en avant des collines et des rochers de Bangor, que douze cents moines, tout un peuple de bardes chrétiens, pareil à notre cité monastique des îles de Lérins, marchant sans autres armes que leurs chants sacrés au-devant des Saxons victorieux, furent exterminés jusqu'au dernier par ces barbares. Un vieil air populaire, empreint d'une religieuse et sombre majesté, a consacré la mémoire du massacre de Bangor. Du côté opposé de la ville, vers l'ouest, les deux rives du détroit de Menaï se resserrent tellement, près du Menaï Bridge, que la voix et le geste se distinguent sans peine d'un bord à l'autre; c'est là que, cinq siècles auparavant, d'autres conquérants, les Romains, avaient vu les druides et les druidesses, rangés sur la plage de l'île sainte, lancer à travers le bras de mer les *prières terribles* (*diræ preces*) contre l'armée qui allait envahir leur dernier asile. Les légions, un moment ébranlées par l'effroi des anathèmes, franchirent le détroit, et la plage de Mona fut jonchée des cadavres des pontifes bretons.

De riantes villas, de beaux jardins [1] disposés en amphithéâtre des deux côtés du détroit, occupent maintenant la scène où se sont accomplis ces formidables drames de l'histoire. D'une de ces poétiques habitations du Menaï, où m'avait appelé une amitié bien chère, je découvrais à l'horizon les cimes nébuleuses du Snowdon; il ne m'était pas permis d'approcher de si près cette montagne illustre sans en tenter l'ascension, quelque prévenu que je fusse que l'entreprise était rarement heureuse. Ce n'est pas qu'elle soit dangereuse ni même difficile; mais tous les nuages de la province se donnent rendez-vous sur ce haut faîte, et le voyageur jouit rarement du splendide panorama qu'il s'était promis. Je passai par Caernarvon, afin de visiter le château, très-belle et sévère construction du XIIIe siècle, bâtie par le conquérant Edouard Ier, le

1. Le plus vaste est le parc où le marquis d'Anglesey eut la singulière idée d'ériger une colonne funéraire en l'honneur de sa jambe emportée par un boulet français à Waterloo.

bardicide, comme l'appellent les Gallois, pour tenir en bride la Vénédotie. Ce fut là qu'il éluda le traité par lequel il avait juré de laisser aux Gallois un prince de leur nation. Il amena sa femme accoucher dans le château de Caernarvon, et, montrant par la fenêtre au peuple l'enfant qui venait de naître en Galles : « Le voilà, dit-il, le prince gallois que je vous ai promis ! »

De Caernarvon on gagne le pied du Snowdon, en côtoyant les deux jolis lacs de Llanberris, bordés de rochers d'ardoises pareils au Snowdon lui-même, qui n'est qu'un énorme bloc de schistes ardoisiers. Il n'y a plus d'aigles sur la *montagne des Aigles* (le *Pen-Eryry*, vrai nom cymrique du Snowdon), mais il y a toujours des tempêtes ; autant le Menaï avait gardé en ma faveur sa douceur proverbiale, et m'avait étalé toute la pittoresque beauté de ses heures de soleil et de son clair de lune plus merveilleux encore, autant le Snowdon me fut sévère; j'en fus chassé par un interminable ouragan de vent, de pluie et de grêle, qui précipita des torrents improvisés de tous les sommets des montagnes ; les génies du sauvage Pen-Eryry ne me permirent pas de vérifier l'antique tradition suivant laquelle quiconque passe la nuit, seul, sur la cime, y reçoit *l'awen*, c'est-à-dire l'inspiration bardique.

Je me dédommageai un peu par une course rapide à travers l'île d'Anglesey ; le railway passe en vue d'Aberfraw, l'ancien chef-lieu de l'île sainte et la capitale fédérale des Cymrys, aujourd'hui humble et obscure bourgade. De l'extrémité de l'île d'Anglesey se détache une petite île jointe à la grande par deux chaussées, et appelée par excellence l'Ile-Sainte (*Holy Island*). J'eus là le double spectacle de la civilisation dans le plus imposant développement de sa puissance, et de la nature dans toute sa sauvage grandeur. Une forte escadre de guerre anglaise était à l'ancre dans la baie de Holy Head, le principal port de communication entre la Grande-Bretagne et l'Irlande, attendant la reine Victoria pour lui servir d'escorte d'honneur jusqu'à Dublin. En quittant le port, et en côtoyant durant quelques milles des collines couvertes d'ajoncs dorés et de bruyères roses, j'arrivai à un promontoire dont les roches abruptes et déchirées dominent d'aussi loin le vaste Océan que les plus fiers de nos caps de Bretagne. On l'appelle le cap des Oiseaux, à cause des milliers de goëlands qui l'habitent et qui tournoient incessamment sur la tête du voyageur, avec des cris à donner le vertige; la masse entière du cap semble tourbillonner avec eux et en reçoit un aspect fantastique qui plaît à l'imagination rêveuse des Gallois. Il est défendu de tuer ces oiseaux, et un habitant du pays a eu même la pensée originale de laisser par testament une somme annuelle pour les nourrir.

D'Anglesey, je repris la route du South Wales et d'Aberdare.

III

L'Eisteddfod.

L'assemblée à laquelle j'allais assister n'était pas une réunion bardique ordinaire; elle prenait le titre de *grand Eisteddfod national*; les deux Galles du nord et du sud, le *Gwynedd* et le *Deheubart*, qui tenaient habituellement des assemblées séparées, étaient convoquées ensemble pour la première fois de temps immémorial, dans le but de consolider l'institution bardique et d'en resserrer les liens.

L'Eisteddfod, convoqué un an et un jour à l'avance, « suivant les règles et coutumes des bardes de l'île de Bretagne, » s'ouvrit, le 20 août 1861, à Aberdare, la ville sœur de Merthyr Tydfil, dont elle n'est séparée que par le *Cefn* (la Cévenne, l'*échine*), la longue et haute côte qui s'étend entre les bassins du Taf et du Dare. La poésie et la tradition venaient s'installer au cœur de l'industrie moderne; car Aberdare avait partagé en tout point la destinée de Merthyr, et, comme celle-ci, avait sextuplé sa population en 50 ans, grâce au charbon et aux *iron works* (hauts-fourneaux). Toute cette population en mouvement, les flots de visiteurs versés par les chemins de fer, les bannières, les devises aux fenêtres, les guirlandes sur les façades, le salut cent fois répété des cloches, manifestèrent les sentiments avec lesquels la ville et toute la contrée accueillaient le choix que l'association bardique avait fait d'Aberdare. Parmi les étendards déployés en l'honneur de l'Eisteddfod, apparaissait une bannière aux trois couleurs françaises, que j'avais déjà remarquée à l'assemblée de Conway; c'était celle d'une des sociétés populaires galloises, et peut-être remontait-elle jusqu'au temps où les patriotes gallois, Iolo Morganwg en tête, témoignaient pour la Révolution française une sympathie fort désagréable à M. Pitt.

Le comité organisateur se réunit d'abord dans le local de la société de *tempérance*, qui, pour le dire en passant, est active et puissante en Galles, où des moyens énergiques sont peut-être nécessaires pour combattre un vieux défaut national de nos pères les Gaulois. De là le cortége se rendit, au son des instruments, sur la lande de Hirvaen-Wrgant, hors de la ville; le cercle de pierres, le cercle sacré y avait été formé en plein air, d'après les rites antiques; les bardes entrèrent dans le cercle : le barde président prit place sur une pierre placée au centre, et, tirant l'épée, puis la remettant au fourreau en signe que le rite était de paix et non de guerre, il « fit la proclamation en due forme. »

« La vérité contre le monde!

« En l'an 1861, le soleil approchant de l'équinoxe
« d'automne, à l'heure de midi, le 20e jour d'août,
« après due proclamation d'an et jour, ce *gorsedd*
« (assemblée) est ouvert sur le communal de Hirvaen-
« Wrgant, en Glamorgan, avec appel à tous ceux qui
« peuvent se réunir ici, où ne sera dégaînée contre eux
« arme de guerre, et où sera prononcé jugement sur
« toutes œuvres de l'*awen* (de l'inspiration, de l'esprit)
« soumises au jugement, devant la face du soleil et
« l'œil de la lumière.

« La vérité contre le monde! »

Cette curieuse formule conservait la vive empreinte des temps où l'on ne se hasardait guère à voyager d'un clan à l'autre sans sauf-conduit. C'était bien l'ancienne coutume qui se voyait là en action.

Malheureusement, ce n'était plus le costume antique; le triste et vulgaire habit de nos jours sied mal aux rites poétiques, et, en Galles, les femmes seules ont gardé en partie le costume des Cymrys.

Après cette cérémonie, le cortége eût dû se transporter dans une vaste rotonde en bois et en toile construite près de là, sur la lande, et destinée à contenir 6,000 à 8,000 personnes; mais la rotonde avait été emportée et balayée comme la feuille par ce même ouragan qui m'avait chassé du Snowdon et qui s'était déchaîné d'un bout à l'autre du pays de Galles. Grâce au zèle et à l'activité des habitants d'Aberdare, le mal avait été réparé autant qu'il pouvait l'être; une nouvelle salle d'assemblée avait été improvisée en vingt-quatre heures dans la halle de la ville, un grand amphithéâtre établi et la salle ornée d'une décoration dont les arbres des collines avaient fait en partie les frais; le « bon vieux chêne » y dominait, comme de juste, et enlaçait de ses festons les belles vieilles devises des Cymrys tracées sur des écussons aux vives couleurs : « Dieu et tout bien; — une langue, une patrie, un peuple; — tant durera la mer, tant durera le Breton; — la meilleure arme c'est la science, » et tant d'autres.

L'assemblée était émaillée d'insignes comme la salle de devises. On voyait aux boutonnières les rubans verts et blancs qui figurent le poireau gallois, rival du chardon d'Ecosse et du trèfle d'Irlande, ou la couronne aux trois plumes; de belles dames portaient à la ceinture l'emblème bardique des trois épis de blé mûr. Le nombre trois a gardé en Galles sa valeur symbolique du temps des anciens druides. L'Eisteddfod lui-même devait se tenir en *trois* journées, présidées par trois membres du parlement.

La première des trois journées s'ouvrait en ce moment au son de la *trompette du pays* (*corn-wlad*).

Au premier coup d'œil, il était facile de reconnaître que ce qui se passait là n'avait rien de commun avec ces renaissances factices, œuvres d'artistes et d'antiquaires, où l'on renouvelle une image du passé par goût littéraire ou par un esprit de système issu de l'érudition. Ceci était évidemment traditionnel et spontané tout à la fois. Toutes les classes se pressaient sur les bancs du Market's hall d'Aberdare, depuis les représentants du pays au parlement britannique, les grands manufacturiers et les pasteurs des diverses communions religieuses, jusqu'aux mineurs, aux forgerons et aux paysans. Toutes les classes étaient là réunies, mais les plus fortement engagées dans le mouvement, celles qui y mettaient le plus complétement leur âme, étaient les classes populaires. La pression, dans les choses de nationalité, s'opère là de bas en haut, et le bardisme, institution de poésie savante, complexe, de difficile accès, a son point d'appui dans les profondeurs du peuple.

« Les anciens Bretons, » a dit Augustin Thierry, « vivaient de poésie. » Leurs descendants n'ont pas changé. Le programme de l'Eisteddfod justifiait l'assertion d'un journal gallois, disant que, si les vraies fêtes de l'Angleterre sont les expositions industrielles et agricoles, et montrent dans John Bull le peuple du fait et de la création matérielle, les fêtes de Galles sont les concours de poésie, de musique, d'œuvres de l'intelligence désintéressée, et révèlent un peuple d'imagination et d'idéalité. Ceci est vrai des Gallois, mais un peu sévère pour le voisin, qui n'est point, il faut l'avouer, partagé tout entier entre le comptoir et l'*engraissage.*

Ce qui n'est pas contestable, c'est le trait distinctif du caractère gallois signalé par un des orateurs de l'Eisteddfod : « Aucun peuple, dit-il, ne nous surpasse quant à l'amour désintéressé de l'art, des lettres et de tout bon emploi de l'activité humaine; nous ne les aimons point pour gloire ou richesse, mais pour eux-mêmes et pour le plaisir qu'on en retire. Il n'est pas, jusqu'à ce jour, de hameau en Galles où n'éclate spontanément la voix du poëme original, où ne résonne la mélodie du musicien sans maître. Notre Galles est, par excellence, le pays de la culture de soi-même. »

L'assemblée en donnait les preuves vivantes. Non-seulement des concurrents de toute condition se disputaient les prix annoncés par le programme, mais on voyait des artisans, des laboureurs se lever du milieu de la foule et lire, parfois improviser des vers cymriques en réponse aux orateurs, dans ce beau rhythme octosyllabique que nos trouvères ont jadis emprunté aux bardes du moyen âge.

La préoccupation dominante, ce qui marquait le vrai caractère et le vrai but des eisteddfods, c'était la conservation de la langue comme dépôt de toute tradition et instrument nécessaire de toute pensée originale et nationale. La grande prétention des Gallois est que ce dialecte antique est apte à exprimer toutes les élévations et toutes les délicatesses de la pensée humaine. Ecrivains et orateurs reviennent incessamment sur ce sujet. Les sachets enrubanés qui renfermaient les prix, et que les dames passaient au cou des vainqueurs, portaient la devise : « *Oes y byd i'r iaeth gymraeg.* » (Autant que le monde vive la langue des Cymrys!) — « Quand nous exprimons nos pensées et nos sentiments « en anglais au lieu du gallois, disait un orateur, « c'est comme le clair de lune au lieu de la clarté du « soleil, *comme l'eau au lieu du vin,* » comparaison très-*gauloise.*

Il y eut une explosion d'enthousiasme tout celtique, suivant l'expression d'un des journaux du pays, lorsqu'un barde, obligeant la langue anglaise à rendre témoignage au cymrique, récita des vers anglais où il demandait ce qu'étaient devenus les Egyptiens, les Grecs et les Romains : « Ces grands peuples ont disparu « avec leurs langues et leurs lois; nous, libres enfants « des Bretons, nous parlons encore la langue de Ta- « liesin; nous faisons retentir encore la harpe d'Aneu- « rin ! »

Le lyrisme, parmi ces populations, peut arriver à l'exagération, mais non point à l'emphase, parce qu'elles se montent naturellement à ce ton, et ne connaissent point la déclamation à froid.

Ce parti pris inébranlable du peuple et de l'association bardique qu'il soutient de son énergique sympathie, cette défense obstinée de la langue nationale, n'empêcha point, il est intéressant de le remarquer, l'assemblée de faire bon accueil aux exhortations des présidents des deux premières journées, les deux députés des bourgs et du comté, MM. Henry Bruce et Hussein Vyvyan, qui invitaient leurs compatriotes à unir la connaissance de l'anglais au maintien et à la culture du *cymraeg* (cymrique).

Il y a ici, vis-à-vis de l'Angleterre, réserve, distinction, pour éviter l'absorption; il n'y a point hostilité; on a bien une rancune rétrospective contre la race saxonne, on lance sur elle par tradition la vieille flèche galloise; on n'est pas de l'Angleterre, mais on est de la Grande-Bretagne. C'est très-différent de l'Irlande. L'Irlandais, qui, dans les deux tiers ou les trois quarts de l'Irlande, a oublié la langue de ses pères, attaque et défie l'Angleterre en anglais ; le Gallois se contente de protester en cymryque qu'il restera Cymry. C'est que les fatales haines religieuses ne sont point là, comme de l'autre côté du canal Saint-Georges, pour envenimer les souvenirs saignants des luttes passées. Le plus ardemment gallois, le plus antisaxon de tous les discours prononcés dans l'Eisteddfod a été sans doute l'éloquente harangue du révérend docteur James : l'orateur commença par revendiquer pour la Cambrie la meilleure part des lois de ce roi Alfred que vantent si fort les Anglais[1], et par tonner contre les histoires d'Angleterre où l'on oublie la part fondamentale de l'élément britannique : ceci, non sans quelque raison ; car il n'y a, en vérité, rien qui impatiente plus un ethnographe que la perpétuelle confusion introduite par l'habitude entre la nation anglaise et ce qu'on appelle la race anglo-saxonne, comme autrefois chez nous entre les *Francs* et les *Français*. Après cette vigoureuse sortie, l'orateur termina en rappelant que la reine avait dans ses veines du sang gallois aussi bien que du sang anglais ou écossais. Les protestations de *loyauté*, comme on dit chez nos voisins, s'associent toujours, en Galles, aux protestations de nationalité, et nulle part le malheur qui vient de frapper la reine[2] n'aura excité plus de sympathie que chez ce peuple vibrant et facile à l'émotion.

Des prix nombreux décernés, dans les deux premières journées de l'Eisteddfod, à des ouvrages en vers et

1. Alfred le Grand, suivant l'orateur, aurait consulté sur la confection de ses lois le Gallois Asser de Saint-David, qui traduisit les *lois de Galles du cymrique* en latin, d'où elles passèrent en grande partie dans la législation saxonne.

2. La perte, alors récente, de son mari, le prince Albert.

en prose, nous n'en citerons que deux, l'un pour le fond, l'autre pour la forme; le premier, adjugé à un jeune barde de Denbigh, M. Lewis (Llew Lwyfo), pour la meilleure épopée sur la défense de l'île de Bretagne par Caractacus (Caradawg) contre Jules César; il ne s'agissait de rien moins que d'une œuvre en 8,000 vers cymriques, fort vantée par les connaisseurs. Le second était un *pennillion* (stances) en mémoire d'un *chef-barde* défunt, chant composé dans le plus difficile des *vingt-quatre* mètres dont la connaissance pratique est exigée de tout barde; on voit que cette docte *franc-maçonnerie* n'ouvre pas son sanctuaire au premier venu. Le bardisme a son *art poétique*, dont les règles ont été fixées par ses anciennes assemblées : il a ses *arcanes* (*cyfrinach*) littéraires comme ses *arcanes* philosophiques; les premiers, admis sans conteste; les seconds, objet de grandes discussions.

Les concours de harpe et de chant alternaient avec ceux de littérature. Avec les artistes populaires reparaissait enfin le costume national, la tartane à carreaux rouges et noirs ou à grandes raies rouges et blanches sur fond brun (la *saga virgata* des anciens), et le manteau rouge que les femmes portent encore dans la campagne. L'étrange chapeau d'homme à haute forme, adopté par les Galloises, on ne sait pourquoi, car il n'a rien de celtique, altère malheureusement quelque peu l'harmonie du vieux costume gaulois aux éclatantes couleurs.

Tout cela se passait naïvement et en famille : les *virtuoses* étaient de tout âge; après des artistes qui eussent été distingués partout, je vois encore un bel enfant de quatre ans, en cotte rouge et noire, apporté par sa mère, venir poser ses petites mains sur la harpe, qui ne lui fut point trop rebelle; on lui donna une fleur pour son prix.

Les personnes qui voudraient maintenir la tradition dans toute sa pureté regrettent qu'on ait laissé s'introduire dans les eisteddfods la harpe moderne, la harpe vulgaire, à côté de la *triple harpe* (harpe à trois rangs de cordes), de la vraie *telyn* bardique. Je compris et je partageai ce sentiment, lorsque plusieurs fois, à loisir et avec recueillement, j'eus entendu le soir, dans la haute salle retentissante et solitaire d'un vrai château gallois, la *telyn aux trois voix* vibrer sous la main d'un *telynor* de premier ordre[1], qui vit là, comme aux anciens jours, dans la maison patriarcale du chef. Ce que donne cette *triple voix*, à la gamme plus étendue, aux vibrations plus profondes que la harpe ordinaire, est vraiment merveilleux. Depuis le temps où l'historien du douzième siècle, Giraud le Cambrien, vantait les effets partout produits par la musique galloise et la supériorité partout reconnue des musiciens gallois, l'art s'est prodigieusement développé sur le continent, mais c'est l'Europe qui a gagné, ce n'est pas la Cambrie qui a perdu. De grands harpistes du continent, venus en Galles, ont reconnu la supériorité de la *telyn*, et n'ont eu contre elle qu'une seule objection : « elle est trop difficile; nous n'avons pas le temps de l'apprendre! »

C'est là l'excuse des concessions faites à la harpe moderne; la Cambrie a perdu non en qualité, mais en quantité; elle ne fournit plus assez de *telynors;* elle a

1. Gruffydd, harpiste de lady Llanover, qui s'est fait entendre au congrès celtique de Saint-Brieuc en 1867.

certainement des mesures à prendre pour assurer la conservation de leur magnifique instrument[1].

Les chants et les chanteurs qu'accompagne la *telyn* sont dignes d'elle; le Gallois chante d'instinct comme l'oiseau; aucun peuple n'est mieux doué pour la musique; il a le sentiment de la mélodie comme l'Italien, le sentiment de l'harmonie comme l'Allemand.

Les airs nationaux, communément d'une douceur mélancolique, quelquefois très-vifs et rapides sans être gais, prennent parfois dans leur simplicité un essor d'une ampleur magistrale ou d'une majesté tragique. Durant l'Eisteddfod, après des airs qui me rappelaient ceux de notre Bretagne, je crus tout à coup saisir des réminiscences d'une tout autre origine. « Pourquoi donc, demandai-je à mes voisins, chante-t-on ici du Lulli ou du Rameau? » Je ne reconnaissais pas les airs, mais je croyais reconnaître le style. — « Ce n'est pas de la vieille musique française, me répondit-on, c'est de la bien plus vieille musique galloise. » Il y avait là rapport de génie national et non imitation de part et d'autre.

La vraie salle de concert qui convient au chant gallois, c'est l'horizon des montagnes et la voûte du ciel. Rien ne peut rendre l'impression qu'on éprouve lorsqu'on entend de loin, dans la campagne, se prolonger les notes austères du *chant de mort* (*marwnad*), qu'entonne en chœur toute l'assistance qui suit le corps d'un trépassé, porté sur les épaules de ses parents et de ses amis. Le douloureux mais héroïque hymne funèbre, qui relève au lieu d'accabler les âmes, ne cesse d'accom-

1. Un concours a eu lieu dans ce but à Llanover en 1869.

pagner le mort, de l'instant oùi l quitte son foyer éteint à celui où il descend dans sa dernière demeure terrestre ; les siens n'abandonnent pas un instant ses restes à des mains mercenaires. Notre France n'a pas gardé ces pieuses coutumes ; mais elle témoigne sous une autre forme sa fidélité aux mémoires aimées. Tandis que la morne nudité des cimetières anglais n'offre que l'image de la désolation, la France couvre les siens de verdure et de fleurs sans cesse renouvelées, emblème de l'éternelle renaissance, comme pour protester, en vraie fille des Gaulois, contre l'illusion de la mort.

Les petits peuples restés purement celtiques diffèrent beaucoup de la France par les habitudes extérieures, mais lui ressemblent fort par les instincts et les sentiments ; ce n'est pas seulement notre Bretagne, mais bien la France en général, qui trouve toujours un vieux fond de sympathie chez les trois peuples celtiques d'outre-mer. J'en avais eu la preuve par l'accueil que je reçus dans l'Eisteddfod, où un barde souhaita la bienvenue à l'étranger par un quatrain improvisé dont le sens était :

« Parmi nous vient un brave Français, à l'âme « pleine de fraternité ; le frère de Gaule a le cœur « chaud comme le Breton. »

Je dus répondre, dans la troisième journée, en remerciant l'hospitalité galloise. Je savais que le témoignage de reconnaissance qui toucherait le plus mes hôtes serait de voir le voyageur français venir rendre hommage parmi eux à la mémoire de ces hommes d'infatigable dévouement et d'indomptable persévérance qui ont retrouvé et assuré à la postérité les monuments de leur tradition nationale. Ces hommes, les

Owen Myvyr, les Iolo Morganwg, n'ont pas travaillé seulement pour leurs compatriotes, mais pour le monde, en sauvant ces livres où respire un souffle héroïque de liberté et d'immortalité. Le vrai génie de la France, le génie de Descartes et de Rousseau reconnaît son frère dans l'*awen* (l'inspiration) bardique.

Après cette conviction, j'exprimai à mes hôtes la sincère espérance que non-seulement la France et les petits peuples de langue celtique; mais la France et l'Angleterre se rapprocheraient davantage à mesure qu'elles se connaîtraient mieux elles-mêmes et qu'elles se sentiraient, la première moins romaine, la seconde moins saxonne, en reprenant une conscience plus claire de leur commune origine celtique.

Je n'avais pu malheureusement, comme naguère mon ami la Villemarqué dans un autre *eisteddfod*, parler aux Cymrys en cymrique; mais j'eus la preuve de la faveur que ces idées obtenaient dans l'assemblée, lorsque M. Stephens, un des juges des concours, eut bien voulu traduire immédiatement mes paroles à l'auditoire.

Une curieuse cérémonie termina la troisième et dernière journée de l'Eisteddfod. On avait mis au concours une ode sur la nation des Cymrys; on appelle odes, en Galles, des compositions qui n'ont pas moins de deux mille vers. Le prix fut adjugé à un pasteur d'une des communions indépendantes, le révérend Williams d'Amlwch (North Wales). C'était le grand prix, qui donne le rang le plus élevé entre les bardes et le droit de siéger sur la *chaire* bardique; chacune des régions de la Cambrie avait la sienne. Deux bardes du premier rang vinrent chercher le vainqueur et le firent asseoir sur un fauteuil orné de guirlandes, qui représentait l'antique chaire de Morganwg (nom bardique du Glamorgan), tandis qu'un autre barde étendait sur sa tête l'épée nue, figurant l'ancienne *lance sanglante*, sur laquelle les initiés juraient la guerre éternelle aux envahisseurs germains, aux Saxons.

Dans les assemblées particulières (*gorsedd*) qu'avaient tenues les bardes dans les intervalles des séances publiques [1], ils avaient pris des mesures pour assurer désormais la réunion annuelle des *eisteddfods;* le prochain (1862), à la requête du maire et des notables de Caernarvon, se réunira dans ce chef-lieu du North Wales. Après la clôture de la dernière séance publique, une dernière assemblée des bardes se tint pour la collation des degrés bardiques aux candidats examinés par un comité des deux provinces galloises; mais, auparavant, une résolution avait été prise qui justifiait le but assigné aux Eisteddfods par les journaux du pays, à savoir : « de perpétuer les traditions de leurs anciens chefs, les chants de leurs bardes et les exploits de leurs guerriers, de maintenir leur nationalité et de conserver sans tache la vieille bannière du Dragon rouge. » On avait arrêté l'ouverture d'une souscription pour élever un monument à Llewelyn, fils de Gruffydd, le héros dans lequel se sont personnifiés les souvenirs et les malheurs de leurs aïeux, le dernier des princes nationaux de Galles, celui dont la tête fut exposée sur la Tour de Londres par ordre du conquérant Édouard Ier.

Je n'ajouterai pas à ce récit déjà un peu long celui

1. Réunions présidées par le recteur *anglican* de Neath, le révérend Griffith; il ne faut pas s'exagérer la nuance que nous avons indiquée entre l'Église établie et les églises libres quant au bardisme.

de la dernière partie de mon voyage ; je ne ferai qu'indiquer ici les relations qu'après mes rapports avec les bardes je nouai avec une association d'un autre caractère, bien que s'occupant en partie des mêmes objets, la *Cambrian archæologic Society* : l'expédition à laquelle cette savante société eut la courtoisie de m'admettre, avait pour but d'examiner les principaux monuments et les localités historiques de la plus belle partie du Glamorgan maritime. J'indiquerai ailleurs les résultats du séjour que je fis, après cette excursion archéologique, à ce foyer vraiment vénérable des traditions galloises, où se conservent, avec un soin religieux, les manuscrits accumulés durant soixante années d'efforts par Iolo Morganwg [1].

Cette relation de voyage doit être comme l'introduction de l'étude que j'essayerai un jour d'écrire sur Jolo et sur les monuments que lui doit la postérité.

1. Le château de Llanover. — Entraîné dans d'autres travaux, nous n'avons pas trouvé le temps de rédiger la relation de notre expédition à Swansea, à Neath, à la presqu'île de Gower, etc., avec la *Cambrian archæologic Society*. Nous espérons plus tard publier un volume sur la vie d'Iolo et sur les *Barddas*, ou documents secrets des Bardes, qu'il nous a transmis. Nous donnons, en attendant, quelques-uns de ces documents et quelques éclaircissements sur ce qui s'y rapporte, ci-dessous : VIII, *le Mystère des Bardes*.

III

LES ANTIQUITÉS IRLANDAISES

NOTES DE VOYAGE

(1862)

I

Oxford. — Le pays de Galles. — Ab Ithel.

La France n'a jamais cessé de prendre intérêt à l'Irlande, même depuis qu'elle ne songe plus à l'arracher à l'Angleterre : nous nous sentons liés à ce peuple, et par le sentiment de l'antique affinité de sa race avec la nôtre, et par la figure qu'il a faite dans notre histoire moderne, de Louis XIV à la République et au général Hoche, du siége de Limerick à Edward Fitz-Gérald et aux Irlandais-Unis de 1798 ; son caractère nous est sympathique, ses malheurs nous touchent, ses erreurs nous affligent sans nous irriter. C'est avec compassion, et non avec colère, que nous voyons les pauvres Irlandais catholiques s'enflammer d'un enthousiasme effréné pour cette papauté *temporelle* qui a fait leurs aïeux esclaves de l'Angleterre, et qu'ils aiment parce que les Anglais d'aujourd'hui la haïssent; inconséquents opprimés qui prennent parti pour l'oppression, combattent aux bords du Tibre le principe de nationalité qu'ils invoquent aux bords du canal Saint-Georges, et s'acharnent contre la grande libératrice, la Révolution, tout en copiant avec peu de succès les procédés révolutionnaires [1]. Rien de tout cela ne nous échappe, et pourtant, dans l'éternelle querelle de l'Irlande contre l'Angleterre, si, dans les conditions actuelles de la société britannique, notre raison est bien obligée d'être avec l'Anglais, avec le libéral Anglais, bien entendu, notre cœur est toujours, au fond et malgré tout, avec le pauvre abusé, avec l'Irlandais.

De bons travaux ont été publiés de nos jours sur l'état social de l'Irlande moderne, à partir du livre chaleureux de M. Gustave de Beaumont, jusqu'aux excellentes études toutes récentes de M. Jules de Lasteyrie [2] dans la *Revue des Deux Mondes;* mais peut-être a-t-on un peu négligé parmi nous d'étudier l'Irlande à un autre point de vue, celui des traditions et des antiquités par lesquelles la *verte Erin* tient de si près aux origines de la France. Cette terre si riche en débris du passé le plus lointain a beaucoup à nous

1. Écrit en 1862. Les volontaires irlandais avaient combattu, en 1860, pour le pape contre l'Italie.

2. Nous rappellerons aussi l'intéressant article de M. Liebert dans la *Revue nationale* du 25 octobre 1861.

révéler sur les temps antiques et sur les commencements du moyen âge; de simples notes de voyage, réunies sans prétention de traiter *ex professo* la matière, et recueillies d'une course à travers les monuments et à travers les livres, pourront peut-être fournir à ceux qu'intéressent ces études quelques indications utiles sur des points peu connus d'histoire et d'archéologie, sur des monuments d'un caractère exceptionnel, et sur l'état des publications et des connaissances historiques en Irlande.

Je désirais depuis longtemps visiter l'*Ile d'Occident.* Je voulais voir le riche musée celtique de Dublin, examiner des collections de documents impossibles à trouver à Paris, m'informer où en était l'importante publication, dès longtemps annoncée, des anciennes Lois des Brehons ou juges d'Irlande, lois dont la comparaison avec celles de Galles et les vieilles coutumes d'Écosse et de Bretagne ne peut manquer de jeter bien des lumières sur la Gaule primitive.

Je pris ma route par Oxford et par le pays de Galles. Je me reprochais de ne pas connaître encore la cité universitaire où fleurissent en paix tant de traditions et d'usages qui sont à peine ailleurs des souvenirs. Cité universitaire est trop peu dire : l'Université elle-même est la cité, dont le reste de la ville n'est qu'une dépendance et comme un faubourg. L'Allemagne ne saurait rien montrer de comparable à ces vingt et un colléges, tous pittoresques, quelques-uns grandioses, tous construits dans le style du moyen âge ou tout au moins de la Renaissance, les constructions modernes ayant été rebâties sur le plan des anciennes pour ne point faire tache dans l'ensemble; vaste et calme nid d'études, encadré dans la verdure, entre une rivière charmante, des promenades ombreuses et une campagne riante et tranquille. Les guerres mêmes qui s'élèvent parfois entre les graves *fellows* qui administrent librement les colléges manifestent, plus qu'elles ne troublent, la vie de ces vieilles institutions, et sont en harmonie avec le caractère des lieux. Le puseyïsme, un jour, installe la Madone sur la façade d'un collége ; le pur protestantisme répond à ce *quasi-papisme* en élevant une imposante croix gothique, couverte de sculptures, à la mémoire des *évêques martyrs*, c'est-à-dire de Cranmer et de ses collègues, les évêques protestants brûlés par ordre de la *sanglante Marie*. On fait combattre ainsi le XVIe siècle avec le XIIIe ; cela ne sort pas du style du vieil Oxford.

Grâce à l'obligeance de l'éminent professeur qu'Oxford a enlevé à l'Allemagne [1], l'auteur de la belle *Histoire de la littérature indienne* et des *Lectures sur l'origine du langage*, M. Max Müller, je pus pénétrer dans l'intérieur des principaux établissements universitaires, malgré la saison peu favorable des vacances, et visiter la bibliothèque Bodléienne, qui possède, parmi ses trésors, d'intéressants manuscrits gallois et même des manuscrits corniques, débris d'un dialecte celtique aujourd'hui éteint; le savant docteur Williams, le principal du *Jésus-Collége* (le collége gallois), voulut bien me permettre d'examiner à loisir le fameux *Livre rouge* de Hergest, le plus renommé de tous les manuscrits gal-

1. Oxford, toutefois, il faut bien le dire, ne s'est pas fait suffisamment honneur et profit d'une telle adoption, qui eût dû raviver plus directement, dans l'Université, les études orientales; mais le vieil Oxford se berce trop complaisamment dans son passé et sent trop peu la vie nouvelle.

lois, où se côtoient tant de triades, de chroniques, de chants bardiques, avec les originaux des *Mabinogion*, et même avec des versions galloises de certains de nos romans de Charlemagne, que les Cymrys traduisaient à leur tour, comme nos trouvères avaient tant traduit ou imité les chants de Galles et de Bretagne.

Je quittai Oxford pour aller au château de Llanover, vrai sanctuaire des traditions cymriques, continuer mes études sur les manuscrits de l'homme qui nous a conservé les documents secrets des bardes du moyen âge, Iolo Morganwg ; puis, de la verte vallée de l'Ousk, la rivière de Llanover, qui arrose aussi Caerleon, la ville du roi Arthur, je me dirigeai, par les chemins de fer et la région industrielle de Galles, vers la contrée plus retirée et plus sauvage où le railway n'a pas encore pénétré [1]. J'avais à visiter dans ces montagnes, avant de passer en Irlande, l'homme respectable et dévoué qui, sous le patronage de la Société de publication des manuscrits gallois, avait entrepris de révéler au public les plus intéressants et les plus mystérieux des documents réunis par Iolo, et en avait publié, depuis mon précédent voyage en Galles, la première et la plus importante partie. Je voulais m'entretenir avec lui du projet d'en faire connaître aux lecteurs français la substance et les portions vraiment caractéristiques. Je m'arrêtai, en passant, à Llandovery, dans le collége fondé et soutenu par un patriotisme éclairé pour maintenir la langue nationale parmi le jeune clergé destiné à enseigner les campagnes, et pour lutter ainsi efficacement contre le mauvais vouloir que la *Haute Église*

1. Où il va pénétrer, car les tranchées commencent à s'ouvrir et les ponts à se jeter à travers ces solitudes.

témoigne trop souvent à la langue et aux traditions cymriques. Je traversai des cantons pittoresquement accidentés, aux larges horizons, à la végétation magnifique, qu'enflamment, dans cette saison [1], les graines rouge de feu d'innombrables sorbiers ; tantôt apparaissent des plages silencieuses et de hautes falaises, tantôt des vallées profondes et de grandes collines qui deviennent peu à peu de vraies montagnes ; contrées beaucoup plus variées que l'intérieur du South Wales, avec ses *cefns* ou longues côtes, de longueur à peu près égale, qui séparent de longues vallées. Tout ce pays qui s'étend d'Aberytswith à Dolgelly, à Barmouth, à Harlech, et qui a pour centre la poétique montagne de Cader-Ydrys, est véritablement la plus belle partie de la principauté. Une vapeur transparente, qui n'est pas le brouillard de l'Angleterre, y voile parfois, sans les cacher, les lignes harmonieuses de cette région élevée, et revêt le paysage d'une douceur singulière.

Après avoir tourné la large et splendide baie que forme l'embouchure de la Mawddach, je m'arrêtai au petit port de Barmouth ou Abermaw, d'où je devais me rendre au modeste rectorat qu'occupait à quelques milles sur la côte M. Williams Ab Ithel. Une triste nouvelle m'y attendait : « le renommé barde cymry, » comme on l'appelait dans le pays, ne pouvait plus me voir ni m'entendre : la nuit qui venait de s'écouler avait été pour lui la dernière. Il avait succombé, depuis quelques heures, à une cruelle maladie qui, dans les derniers mois, l'avait forcé de suspendre ses travaux. Il était mort avec le regret du bon ouvrier qui meurt

1. Août.

avant d'avoir achevé sa journée et qui laisse interrompue l'œuvre que nul n'achèvera peut-être. Tout incomplète qu'elle soit, la publication qu'il avait commencée n'en résout pas moins des questions d'un haut intérêt; la promesse qu'il a reçue, lui vivant, de faire connaître cette publication à la France, lui sera tenue après qu'il a quitté ce monde[1].

L'impression de ce douloureux événement me fit quitter un peu plus tôt le pays de Galles; je m'embarquai pour l'Irlande, qui avait, elle aussi, depuis peu de semaines, perdu deux de ses savants les plus distingués, O'Donovan et O'Curry. Il n'y a pas beaucoup de mois encore qu'en Allemagne, Zeuss les avait précédés; les études celtiques ont été durement frappées dans ces derniers temps.

II

Dublin. — Trinity-College et les documents irlandais.

Peu de pays offrent au premier regard du voyageur un aspect plus agréable et plus imposant que l'Irlande, quand on arrive à toute vapeur d'Holyhead dans la magnifique baie de Dublin. A droite, d'abord, le grand promontoire de Howth avec sa sentinelle avancée, le rocher appelé très-poétiquement et très-justement l'*OEil d'Irlande;* à gauche, le port et la jolie ville

1. Nous commençons à la remplir par les documents publiés dans la *Revue archéologique* de novembre-décembre 1868 et janvier 1869, et reproduits ci-dessous : VIII, *le Mystère des Bardes*.

fraîche et neuve de Kingstown, couronnée par l'amphithéâtre des montagnes de Killiney, de Bray, de Wicklow; entre deux, la vaste baie harmonieusement arrondie, et, au fond, les prodigieuses jetées de Dublin, les mâts, les toits et les fumées de la capitale irlandaise, jusqu'au cœur de laquelle pénètrent les flottes entières du commerce par la belle rivière de Liffey. Il n'est guère de plus splendide promenade que celle qu'on peut faire en entrant dans Dublin avec la Liffey, à l'heure où le soleil commence à descendre à l'horizon et à répandre une lumière oblique et rougissante sur la longue ligne des quais; on peut traverser ainsi la ville entière, et, entré par la mer, ressortir par la forêt, c'est-à-dire par l'immense Phœnix Park, les verdures sans fin et les fraîches eaux de la ravissante vallée de la Liffey. Qui n'aurait vu que ce spectacle emporterait de la pauvre Irlande un souvenir féerique.

Si l'on s'enfonce dans l'intérieur de la ville, on y trouve d'affligeants contrastes; toutefois, l'impression première subsiste. Les larges rues si vivantes, les beaux ponts, les grands squares, l'élégance et la distinction des classes aisées, la bonne humeur et la vivacité de la foule, même de la foule en guenilles, forment un ensemble qui séduit le voyageur, surtout le voyageur français, ému de retrouver chez ce peuple une physionomie toute française, presque française du Midi, et cela plus qu'en Galles même, où il n'y a point de grand centre dans lequel puisse se déployer au large la sociabilité celtique. M. Michelet me disait à ce sujet un mot spirituel et juste : « Dublin a l'air d'un Paris sur lequel auraient passé cent ans d'invasion. » Les habits rouges des soldats et les haillons des pauvres gens font quasi toute la différence. Les Irlandais ne sont pourtant ni nos fils ni nos pères; ils ne sont que nos frères d'origine, et c'est une chose bien remarquable que cette conservation de la commune physionomie des peuples de souche celtique depuis tant de siècles.

Ceci nous ramène à notre objet, qui n'est pas l'Irlande contemporaine. En face de Parliament House, l'ancien palais du parlement national, où la tribune retentissante des Grattan et des Curran est aujourd'hui muette, et qui n'est plus que la Banque d'Irlande; à peu de distance de la place où Guillaume III, à l'imitation de son ennemi Louis XIV, chevauche en empereur romain, s'élèvent les imposantes constructions et se déploient les cours, les préaux, les jardins du plus grand collége de l'Europe, Trinity-College, vaste agglomération d'édifices du XVIIe siècle. La *library* de ce collége, la *Bibliotheca Usseriana*, que nulle bibliothèque peut-être n'égale, au point de vue d'une architecture appropriée à cette destination spéciale, contient la plus précieuse collection de manuscrits irlandais, tandis que la plus riche collection d'archéologie celtique qui soit en Europe[1] se rencontre dans un établissement récent et beaucoup plus modeste, l'*Irish Royal Academy*.

Les voies m'étaient bien préparées, et par des mains françaises. J'avais retrouvé la France noblement représentée sur cette terre que je puis à peine nommer étrangère; une bienveillante sollicitude m'avait assuré à l'avance l'hospitalité de la science irlandaise. Le doc-

1. Écrit en 1862.

teur Todd, conservateur de la bibliothèque *Usseriana*, et l'un des principaux auteurs du mouvement historique qui s'est produit en Irlande depuis une trentaine d'années [1], voulut bien m'ouvrir l'accès du grand dépôt scientifique dont il est le digne gardien ; le silence et la solitude des vacances rendaient plus majestueuse encore la longue et haute galerie qui renferme les richesses littéraires réunies au XVIIe siècle par le docte archevêque protestant d'Armagh, *Usserius* (Usher), et bien augmentées depuis. Je pus voir les manuscrits des antiques lois des Brehons et la copie préparée pour l'impression par O'Donovan, vaste travail dont il n'a pas recueilli le fruit, mais qui ne sera pas perdu pour la science. La certitude que son héritage était transmis à un successeur très-capable et très-dévoué, à l'un des premiers linguistes de l'Europe, M. le professeur Whitley Stokes, rendit moins sombre l'impression que produisaient ces pages tracées par une main que la mort venait de glacer [2].

Collections bardiques, annales des monastères, chroniques, généalogies, me passèrent sous les yeux ; mais il aurait fallu beaucoup plus de science et beaucoup plus de temps que je n'en avais à ma disposition, pour travailler directement sur les manuscrits gaëliques ; le but que je me proposais n'en exigeait pas tant, et les excellents recueils imprimés dans les dernières années me suffisaient amplement. L'*Usseriana* et l'*Irish Royal*

1. La science regrette sa perte récente. Mort en 1869.

2 Le premier volume du *Senchus Mor* (*ancient Laws of Ireland*) a paru en 1865. M. Whitley Stokes a quitté l'Irlande, mais cette importante publication sera continuée. M. Jules de Lasteyrie a publié à ce sujet, dans la *Revue des Deux Mondes*, en 1865, une excellente étude laquelle nous renvoyons nos lecteurs.

Academy m'ouvrirent leur double trésor; auprès de la grande chronique d'Irlande, les *Annales des Quatre Maîtres* [1], publiées par O'Donovan, et des Mémoires de l'Académie royale irlandaise [2], qu'il avait été possible d'étudier à Paris, je fis connaissance avec l'excellente collection de monuments originaux publiée par la Société archéologique irlandaise fondée en 1840; avec les deux journaux archéologiques d'Ulster et de Kilkenny, remplis de remarquables dissertations et de documents très-curieux; avec le Recueil de poésies bardiques publié par la Société ossianique, recueil sur lequel j'aurai tout à l'heure à revenir; avec le livre si consciencieux et si utile d'Eugène O'Curry sur les sources et les matériaux de l'histoire d'Irlande [3], dernier effort d'un homme distingué, longtemps maltraité par la fortune, et enlevé au moment où ses remarquables facultés prenaient un plus libre et plus large essor; enfin avec l'ouvrage du docteur Petrie sur les fameuses Tours Rondes d'Irlande (*Inquiry on the Round Towers*, etc.), un des meilleurs livres d'archéologie de notre temps, et qui résout les questions les plus intéressantes sur les premiers âges chrétiens de l'Occident celtique.

Ce qui résulta pour moi de l'examen de ces documents éclairant mes études antérieures, c'est qu'il ne fallait pas rejeter en totalité, comme un pur amas de fictions, ce vaste ensemble d'annales qui prétendent nous reporter jusqu'à des âges si reculés; le baron d'Eckstein, qu'on retrouve partout dans les profon-

1. Ou des *Royaumes d'Erin; Annala Rioghachta Eireann.*
2. *Transactions of the Irish Royal Academy.*
3. *Professor O'Curry's Lectures on the MS. Materials of ancient Irish History*, 1861.

deurs de l'histoire, avait déjà, dans ses larges et originales études sur la vieille Irlande, essayé de démêler ces annales [1], et un historien de grande autorité, sir James Mackintosh, en admettait l'authenticité à partir du deuxième siècle de notre ère [2]. On peut penser que, fort au-delà de cette date, en pénétrant dans les nuages de ce passé où elles plongent si témérairement, il y a encore bien des lueurs à en tirer; il ne faut pas, assurément, prendre au pied de la lettre les généalogies irlandaises et remonter avec elles jusqu'à Magog, fils de Japhet; les antiques *mémoriaux* des bardes et des *seanachies* (chroniqueurs, généalogistes) ont été remaniés et même refaits dans les âges chrétiens pour ramener leur chronologie et leurs origines à la Bible et à l'antiquité classique; les personnages mythologiques ont été *évhémérisés* (humanisés) dans le même but; les dates de l'antiquité irlandaise, qui a la prétention de dater, quasi année par année, depuis le déluge, n'ont aucune valeur positive; mais les périodes de cette antiquité peuvent avoir une valeur relative comme celles de la géologie, et il n'y a pas de raison de ne point chercher à en distinguer les traits les plus généraux, ceux qui sont relatifs à la succession des populations diverses qui se sont disputé la possession de l'Irlande durant une longue suite de siècles.

1. Baron d'Eckstein, *le Catholique*, avril, mai, juillet, août, octobre, novembre 1829. L'imperfection des documents dont il disposait fait d'autant mieux ressortir sa merveilleuse intuition historique.

2. *History of England*, vol. I, c. II.

III

Les Annales d'Irlande. — Les Némédiens. — Les Fir-Bolgs.
Les Tuatha-Dé-Danann. — Les Milésiens.

Essayons donc de poser quelques jalons, quelques balises, au moins provisoires et hypothétiques, parmi ces sables mouvants et au bord de cette mer brumeuse. Disons, sinon ce que nous voyons, au moins ce que nous croyons entrevoir.

Au commencement apparaissent des êtres symboliques, que les grands corps d'Annales *évhémérisent*, comme nous venons de l'indiquer, c'est-à-dire transforment en personnages humains; mais d'autres documents laissent entrevoir leur vrai caractère. Les deux principaux sont Baath ou Beath, nom dont le radical est l'analogue du *Bios* grec, la Vie, le Vivant, l'Existence suprême. L'autre est sa fille, la déesse Eire, dont le nom semble le nom même de l'Irlande [1], et n'être autre que celui de l'antique race des Aryas. Les Irlandais, avant-garde des peuples celtiques au fond de l'Occident, et peut-être les premiers partis de la haute Asie, auraient ainsi gardé seuls en Europe le nom primordial

1. *Eirinn*, l'Irlande, n'est qu'une forme dérivée, et ne doit s'employer régulièrement que dans les cas obliques. Le nominatif est *Eire*. V. A. Pictet; les *Aryas primitifs*, t. I, p. 31. — Cette étymologie est contestée par M. Whitley Stokes, qui pense que la forme primitive du nom d'*Erin*, l'Irlande, aurait été *Everio* ou *Iverio*, et il rapproche cette forme du sanscrit *Avara*, ce qui est en arrière, ce qui est à l'Occident. (Voir ses notes au *Cormac's Glossary*.)

que la science a retrouvé dans le berceau commun de tant de nations.

Dès les premiers temps du moyen âge, on fit de l'antique déesse nationale une petite-fille de Noé. Il est intéressant d'observer, comme un rapport essentiel avec ce que les anciens nous apprennent du système *ternaire* des druides, que le dieu Beath et la déesse Eire sont tous deux un et triple, c'est-à-dire qu'il y a trois dieux se réunissant en un seul dieu, et trois déesses dans une seule déesse. Beath, l'Être suprême, sous le nom de Fiontain, personnifie le principe de la transmigration des âmes; Eire est la nuit primitive, la déesse de la lune et celle de la terre.

Après ces figures mythiques, arrivent les premiers colons de l'Irlande, Parthalon ou Partholan et son peuple. Sont-ce des Celtes ? On doit le supposer, puisqu'ils viennent après la déesse nationale, et que des traditions les disent de la race de Beath. Bientôt une race ennemie vient leur disputer l'*Ile verte;* les Fomoriens, pirates redoutables, géants, suivant les légendes, et qui, d'âge en âge, doivent reparaître comme envahisseurs et adversaires de tous les dominateurs successifs de l'île. Ceux-là ne sont certainement pas Celtes, et semblent au contraire résumer sous un nom collectif tous les peuples non celtiques qui se sont montrés en Irlande, depuis les Phéniciens et les Carthaginois (les Fomoriens sont parfois qualifiés d'*Afrigh* ou Africains) jusqu'aux Scandinaves.

Quoi qu'il en soit, les Fomoriens sont repoussés par le peuple de Parthalon; mais ces premiers colons sont bientôt enlevés en masse par une épidémie, une espèce de *plaie d'Égypte*, et l'Irlande reste vide.

Alors surviennent Neimheidh et son peuple. Par ce nom mystérieux, l'Irlande se rejoint à toute la tradition celtique. Le mot *nemed*, *nemet*, *neimhe*, sous ses diverses formes, désigne, dans cette tradition, tout ce qui est ancien, vénérable, sacré : les sanctuaires, les cercles de pierres, les lieux d'assemblées religieuses ou politiques, les lois promulguées dans ces lieux d'assemblée, semblent avoir porté ce nom dans toutes les régions celtiques, depuis l'Irlande jusqu'à la Gaule d'Asie ou Galatie [1].

D'autres légendes font Neimheidh et Parthalon contemporains ; Parthalon représente alors la caste guerrière, et Neimheidh, le peuple pacifique, sacerdotal et agricole.

Les Fomoriens reparaissent, oppriment les fils de Neimheidh ; puis Fomoriens et Némédiens s'exterminent dans une lutte mortelle, si bien qu'il ne reste en tout que trente Némédiens, qui s'en vont çà et là de par le monde, et l'Irlande, qui a été habitée deux cent seize ans par les Némédiens, reste de nouveau déserte deux cents ans.

La précision chronologique, à laquelle prétendent les annales irlandaises dans cette nuit des temps, est une de leurs singularités : on ne la trouve pas dans les monuments plus anciens et moins étendus que les Grandes annales ; elle est l'œuvre systématique et artificielle des moines et des bardes du moyen âge.

Après les deux cents ans, en l'an du monde 3266 (les annalistes irlandais, conformément à l'esprit tout

1. Le sens propre est *céleste* ; car la racine du mot est *nem*, ciel, en gaëlique ; elle se modifie en cymrique, où elle devient *nef* (prononcez *nev*).

hellénique du christianisme d'*Erin*, ont choisi la chronologie des Septante), les Fir-Bolgs prennent possession de l'île. Les Fir-Bolgs descendent de Neimheidh, comme toutes les tribus qui désormais se succéderont dans la domination de l'Irlande jusqu'à la perte de son indépendance.

Ces Fir-Bolgs sont tout ce qu'il y a de plus obscur, et ce n'est pas peu dire, dans la tradition irlandaise. On a communément traduit leur nom par *hommes-belges*, et l'on ne peut douter que des Belges n'aient, en effet, pénétré en Irlande, par exemple ces *Manapii* (*Menapii*) que mentionne Ptolémée ; mais il s'élève ici une difficulté qui semble insurmontable. Suivant M. Amédée Thierry, les Belges n'apparaissent en Gaule qu'environ trois siècles, et dans l'île de Bretagne qu'un siècle avant Jésus-Christ; lors même que l'on contesterait ces dates, on ne peut douter que les Belges ne soient les plus récents des Gaulois, tandis que la tradition irlandaise représente, au contraire, les Fir-Bolgs comme appartenant à un âge relativement très-ancien, et comme étant, d'ailleurs, d'un type physique tout différent des Belges.

Les Fir-Bolgs sont associés dans la tradition à deux autres groupes supposés de même race qu'eux, les Fir-Domhnain [1], c'est-à-dire *hommes des profondeurs*, mineurs, gens qui creusent la terre, et les Galeoni, ou *porte-lances*.

Ils n'étaient en Irlande, suivant les Grandes Annales, que depuis une génération lorsqu'ils furent assaillis par de nouveaux venus, Némédiens comme eux

1. On a voulu les rapprocher des Domnoniens de la Cornouaille anglaise.

et conduits par trois chefs, fils d'un second Neimheidh, mais très-différents d'eux par les mœurs et la physionomie; c'étaient les Tuatha-Dé-Danann, tribus druidiques versées dans la poésie, dans les arts et dans la magie. D'après les traits que leur prête la tradition, ces beaux et grands hommes blonds sont les plus purs Celtes d'entre les Celtes; ils défont les Fir-Bolgs dans une lutte sanglante, mais ne les détruisent point; car les Fir-Bolgs ne disparaissent nullement des fastes de l'Irlande, et les deux colonies se combinent. Le nom des conquérants signifie le *peuple des dieux de Dana*. Dana (au génitif, *Danann*), appelée aussi Anu ou Ana, est chez eux la mère des dieux, et peut-être pourrait-on rattacher ce nom et cette figure à une grande légende mythique, qui, à travers la Grèce pélasgique et l'Égypte, remonterait jusqu'à une Inde primitive bien antérieure aux Brahmanes. La racine serait commune entre les Dananiens de l'Irlande, les Danaëns (*Danaoi*) de la Grèce et les Danavas de l'Inde. Quoi qu'il en soit, la déesse Dana se confond avec l'antique Eire, et le Dieu suprême apparaît sous un nom nouveau, Crom, qui exprime l'idée de courbe, de cercle, et que nous pensons n'être autre que le Grand Serpent qui se recourbe sur lui-même, le Serpent de l'Infini et de l'Éternité, symbole communiqué aux druides par les plus anciennes religions de l'Asie. Son nom est rappelé par celui de *cromlechs* [1], que nous donnons à une partie

1. *Crom-lech* en cymrique, *Crom-leac* en irlandais; pierre de Crom, ou cercle de pierre, Crom ayant le sens radical de courbe et de cercle. Les antiquaires de la France et ceux des Iles Britanniques ne sont pas d'accord sur l'application de ce terme : nos voisins appellent cromlech ce que nous appelons dolmen, et *cuairt* ou *queirt* en gaëlique, *cylch* ou *cór* (cercle) en cymrique, ce que nous appelons cromlech.

des monuments druidiques. Encore aujourd'hui, le peuple, dans le Connaught et le Munster, nomme le premier dimanche d'août le *dimanche de Crom*, bien que, dans les légendes chrétiennes, Crom soit devenu un monstre malfaisant, une sorte de dragon diabolique. C'est le sort des dieux vaincus. C'est ainsi que le dieu Hu des anciens Bretons devient le diable Hu-Can de nos légendes bretonnes du moyen âge. Crom est descendu plus bas encore; *Crom* signifie maintenant, dans la langue usuelle, un *ver blanc*, une larve d'insecte.

Voilà ce que le temps et les révolutions religieuses ont fait du Grand Serpent qui couvait l'Œuf du Monde et enveloppait l'Univers de ses replis.

Peut-être, toutefois, dans la conception antique, exprimait-il déjà le double infini de l'extrême grandeur et de l'extrême petitesse qui se rejoignent dans l'unité. Le ver de terre est, chez les Cymrys, le symbole du premier et du moindre degré de l'existence. « Tu es le plus grand et tu es le moindre, » disent les bardes cymrys à leur dieu Hu. C'est-à-dire : Le point de départ et la fin suprême de l'existence sont en toi.

« Comme Dieu soleil et feu céleste, l'Être suprême, chez les Dananiens, se nomme Beal : c'est le Bel des Bretons, le *Belenus* des inscriptions gallo-romaines, et il a sans doute une commune origine avec le Bel des Chaldéens et le Baal de Phénicie. Il se manifeste sous d'autres noms encore dans la mythologie irlandaise; mais, quelque nom qu'il prenne, il paraît envelopper et résumer, chez les Dananiens, tout un système de manifestations progressives, de puissances cosmiques et de puissances morales, ordonnées en doubles séries ascendantes masculines et féminines, et avec lesquelles il communique par une espèce de médiateur, Samhan, lien des dieux et juge des hommes. C'est une des formes du *cabirisme*, cette religion de dieux associés hiérarchiquement sous un Dieu suprême, pour *fabriquer* le monde, qui a couvert toute la haute antiquité, de l'Inde primitive et de la primitive Égypte à l'Irlande. Il y a déjà bien des années que M. Adolphe Pictet a essayé hardiment de reconstruire tout l'édifice du cabirisme irlandais, d'après les antiques fragments épars dans les confuses élucubrations de Vallancey [1]. Nous n'analyserons pas en ce moment son ingénieuse et savante étude; car nous aurons bientôt en main le texte original où Vallancey a puisé avec moins de discernement que de zèle, et M. Pictet pourra contrôler lui-même sa propre théorie d'après les sources; Cormac, archevêque de Cashel au xe siècle, a recueilli les derniers échos du druidisme gaëlique, et les a consignés dans un précieux glossaire que va nous donner M. Whitley Stokes [2]. »

De qui les Tuatha-Dé-Danann avaient-ils reçu l'initiation cabirique [3] ? — Était-ce des Phéniciens ? — Le cabirisme irlandais semble lié de plus près aux mys-

1. Ad. Pictet, *du Culte des Cabires chez les anciens Irlandais;* Genève, 1824.

2. Nous laissons subsister ce paragraphe, qui exprime les vues que nous avions, en 1862, empruntées à M. Adolphe Pictet. M. Pictet a, depuis, abandonné ces vues comme ne reposant pas sur des fondements assez solides, et la publication du *Cormac's Glossary*, par M. Whitley Stokes, n'a pas donné ce qu'on attendait sur ce point, en sorte qu'on ne sait où Vallancey avait puisé ses données. Il n'y a rien absolument dans Cormac sur le dieu *Beal,* mais il y a quelques autres vestiges très-précieux de la mythologie dananienne. Nous y reviendrons tout à l'heure.

3. S'ils l'avaient reçue?.....

tères de Samothrace et aux *Dii Consentes* d'Étrurie qu'aux cultes de Phénicie. Les légendes disent les Dananiens fils de *Tuireann* ou *Tuirionn*, ou les font venir de *Muir-Tuireann*. Faudrait-il voir là Tyr, ou bien plutôt les Tyrrhéniens et la mer Tyrrhénienne[1] ? — Dans l'un et l'autre cas, la tradition, au sens ethnographique, serait tout à fait inacceptable; au sens figuré, faudrait-il admettre ici le souvenir d'une vieille initiation par les Tyrrhéniens, c'est-à-dire par les Étrusques, ou plutôt par les pères des Étrusques? Le résultat des recherches du baron d'Eckstein sur les *Cares* (Cariens), ancêtres des Étrusques, nous disposerait à chercher dans l'Asie Mineure plutôt qu'en Phénicie l'origine de l'expansion du cabirisme en Occident.

Rentrons dans l'histoire légendaire de l'Irlande. Auprès de telles obscurités, ce sera presque la lumière.

Les Tuatha-Dé-Danann et les Fir-Bolgs réunis repoussent plusieurs attaques des Fomoriens; mais, un peu moins de deux siècles après l'établissement des Dananiens, une troisième colonie némédienne envahit l'Irlande; c'est la race héroïque des fils de Mileadh et de Scota[2]. La tradition les fait venir d'Espagne, et il n'y a aucun motif pour la repousser; il n'y a rien d'invraisemblable à ce que les Celtes méridio-

1. Une tradition opposée fait arriver les Dananiens par le nord-est, et celle-là pourrait bien être la vraie.

2. *Mileadh*, la race guerrière; même racine que le latin *Miles*. Scota est la femme mythique de Mileadh, et leurs descendants sont qualifiés indifféremment de Milésiens et de Scotts. On leur attribue aussi plus spécialement qu'aux autres branches irlandaises la qualification de *Gaidheal* (prononcer Gaidhil ou Gaizil; Gaëls, Gaulois), qui est le nom générique de la famille entière. Suivant des documents latins du moyen âge, Milésius (*Mileadh*) est issu de *Gadelus* ou *Gatelus*, qui lui-même descend de Beath, le dieu transformé en chef de race.

naux, conquérants de l'Espagne, aient envoyé des expéditions en Irlande. Les Milésiens étaient associés aux Brigantes, dont le nom soulève bien des problèmes historiques. Les Tuatha-Dé-Danann furent vaincus, et leurs trois rois et leurs trois reines furent tués, disent les Annales; mais un autre document nous apprend que ces rois et ces reines sont des dieux et des déesses; l'une des trois déesses est Eire; une autre est Fodhla, la muse bardique, la déesse de l'inspiration, l'analogue de l'*awen* cymrique. Toutefois les Dananiens ne furent pas plus détruits par les Milésiens qu'ils n'avaient eux-mêmes détruit les Fir-Bolgs, et leur religion ne périt pas entièrement; car nous voyons bientôt certains des rois milésiens très-zélés pour le culte de Crom [1], et les *Ollamh* (ceux qui enseignent, les prêtres, les bardes), prendre place dans la hiérarchie immédiatement au-dessous des rois et reines et au-dessus des chefs de canton. Un roi fameux porte le surnom d'Ollamh-Fodhla.

C'est à l'ère des Milésiens ou Scotts que les Annales acquièrent leur grand développement et qu'elles rapportent l'origine de ce luxe héroïque dont le sol de l'Irlande rend incessamment les débris aux mains qui le fouillent, tous ces riches ornements dont se paraient les guerriers et dont je reparlerai tout à l'heure. Un des résultats de la révolution milésienne aurait été, suivant une conjecture très-vraisemblable du baron d'Eckstein, de substituer un druidisme et un bardisme se recrutant par l'élection à l'ancienne caste sacerdotale. Le

1. Crom est même, dans les Annales, le grand dieu des Milésiens; mais il ne nous paraît pas douteux qu'il remonte aux Dananiens, et peut-être au delà.

cabirisme, croyance et rituel d'artisans et d'artistes, dut perdre sa prépondérance.

Les Milésiens devaient rester la race dominante en Irlande pendant un nombre de siècles impossible à déterminer, car on ne saurait prendre au sérieux la date des *Annales des Quatre Maîtres*, qui les font arriver dix-sept cents ans avant Jésus-Christ. Le livre des Aventures de Gaedel (du Gaël), où se mêlent bizarrement toutes sortes d'infiltrations classiques et bibliques, ne les amène au contraire que *mille deux ans* après que Pharaon a été noyé dans la mer Rouge. L'écart entre les deux dates, comme on le voit, n'est pas peu de chose. Les *Annales* raccourcissent extrêmement, sans aucun doute, les périodes des Némédiens, des Fir-Bolgs et des Dananiens pour allonger démesurément le règne des Milésiens.

On ne saurait non plus accepter que l'espèce de constitution politique assignée par les Annales à la monarchie milésienne ait subsisté à peu près sans altération à travers des guerres et des révolutions continuelles, mais tournant toujours dans le même cercle. Cette fixité dans une éternelle tempête a quelque chose d'évidemment factice. L'Irlande a dû être souvent divisée en plusieurs États complétement indépendants. Toutefois, on ne peut douter qu'assez longtemps avant l'établissement du christianisme les Milésiens ne fussent arrivés à une sorte de monarchie féodale et fédérale, aboutissant à une royauté suprême, qui eut, durant plusieurs siècles, son siége à Tara ou Teamhair[1], dans le *Meadhon* ou Terre du Milieu, le

1. Sur Tara, voir *History and antiquities of Tara hill, by dr Petrie;*

Milieu sacré des Dananiens (aujourd'hui les comtés de Meath et de Westmeath), et qui exerçait la suzeraineté sur des royautés provinciales; les rois vassaux avaient sous eux à leur tour les chefs de canton et de clientèle. Le chef de cette hiérarchie guerrière portait le titre de roi de Fodhla : Fodhla était un des noms de l'Irlande, mais un nom d'origine dananienne et tout mythique comme Eire ou Eirin.

Le roi suprême, une fois inauguré sur la pierre de la Destinée, sur le Lia-Fail de Tara, apportée, dit-on, en Irlande par les Tuatha-Dé-Danann, régnait en comprimant par l'épée les fréquentes révoltes de ses vassaux, jusqu'à ce que l'un d'eux réussît à lui enlever la couronne et la vie, habituellement en bataille rangée, à la face du soleil; la surprise et la trahison étaient peu communes. Le vainqueur succédait, et souvent le fils du roi qu'il avait détrôné, arrivé à l'âge d'homme, lui rendait la pareille. La formule presque invariable des Annales est celle-ci : « Le roi un tel tomba par un tel, qui devint roi. » Il est rare qu'un roi meure dans son lit : on cite avec admiration Ollamh-Fodhla, qui mourut dans sa maison après quarante ans de règne. Ce roi exceptionnel était un barde et un sage.

De temps en temps, des étrangers, des Fomoriens, qui, maintenant, sont bien certainement les hommes de Lochlynn ou les Scandinaves, et d'autres, parmi lesquels les Pictes, qui ne sont qu'à demi étrangers si c'est un peuple gaëlique [1], se montrent en Irlande

ap. Transactions of Irish Academy, vol. XVIII. — *Teamhair*, d'après le Glossaire de Cormac, signifie *belle vue*, lieu élevé d'où l'on embrasse une vaste étendue.

1. Suivant une autre tradition, les Pictes ne seraient point du tout des étrangers en Irlande, et ne seraient autres que les *Cruithne*, une des

et se mêlent aux querelles des Milésiens. De temps en temps aussi, la vieille race des Fir-Bolgs, restée mêlée aux Némédiens primitifs, sous l'aristocratie sacerdotale des Tuatha-Dé-Danann, puis sous l'aristocratie militaire des Milésiens, les Fir-Bolgs se soulevaient contre la caste guerrière. Ils s'étaient relevés dans l'Ouest, dans le Connachta (le Connaught), où ils avaient aussi leurs clans guerriers. Ils réussirent une fois à faire un roi d'Irlande, et les Annales racontent, sous une forme légendaire, que les *Aitheach-Tuatha*, « la race plébéienne[1] » (les *Attacotti* des historiens latins), massacrèrent dans une fête toute la noblesse, à Magh-cro en Galway, sauf trois enfants qui échappèrent dans le sein de leurs mères; mais les rebelles furent châtiés par une stérilité universelle et par toutes sortes de fléaux, et un sage d'entre eux rappela au trône un des trois enfants proscrits.

Dans une autre révolte, mentionnée avec un caractère plus historique, « la race plébéienne » pousse les quatre rois provinciaux, quoique Milésiens, contre le roi suprême, un des successeurs de celui qui avait été restauré comme nous venons de le dire. Le roi est vaincu et tué; mais de nouveaux fléaux tourmentent le pays jusqu'à la restauration de son fils.

Les Annales et la plupart des documents sont écrits

plus anciennes populations irlandaises. Ce qui est certain, d'après les témoignages d'Adamnan, le biographe de Saint-Columba, et de Bède, c'est que les Pictes ne parlaient ni le dialecte gaëlique des Milésiens ou Scotts, ni le cymrique des Bretons, encore moins la langue germanique des Anglo-Saxons. Ils avaient, selon toute apparence, un dialecte celtique particulier.

1. Etymologiquement, *Aitheach-Tuatha* paraît signifier la *race ancienne.*

dans l'esprit milésien et aristocratique, et communément hostiles aux Fir-Bolgs.

IV

Les héros finiens. — Poésie et mythologie ossianiques.

Les rois d'Irlande, cependant, s'efforcèrent d'échapper à ces éternels orages, et cherchèrent appui dans une institution nouvelle, dans une puissante milice permanente, établie à Tara et dotée des plus grands priviléges; espèce de corporation de héros-bardes, qui sécularisèrent en quelque sorte le bardisme, et qui étaient tenus d'être également exercés dans l'art des combats et dans l'art des chants; on les nommait le clan de Baisgne, nom qui attestait leur origine méridionale (*Baoisgne, Wasconia*), et qu'effaça celui bien plus fameux de Fianns ou Finiens, qui leur vint de leur plus illustre chef, Finn ou Fion-Mac-Comhail, le Fingal des poëmes ossianiques.

Ce nom de *Fin*, qui se retrouve en langue cymrique sous la forme *gwyn*, n'est qu'une épithète qui signifie beau, blanc, brillant, et n'a pas plus de rapport avec les Finnois que le nom des Scotts avec celui des Scythes.

Les Finiens, sortis d'entre les Milésiens de l'Uladh (l'Ulster), parvinrent à une grandeur, à un éclat extraordinaires; ce fut à eux que le grand roi Cormac, fils d'Art, dut quarante ans de victoires. Le clan de Morna, élite guerrière du vieux peuple opprimé, des Fir-Bolgs du Connachta, osa rivaliser avec eux, et les rois, qui commençaient à craindre de s'être donné des maîtres, firent entrer le clan de Morna dans la milice de Tara, pour balancer les deux forces l'une par l'autre. Après la mort du roi Cormac et du célèbre chef de la milice Fin-Mac-Comhail, une violente réaction s'éleva contre les priviléges excessifs de l'aristocratie finienne; le roi Cairbre-Liffeachair se mit à la tête de ce mouvement populaire, et licencia les Finiens en gardant le clan de Morna. Les Finiens, ayant à leur tête le fils et le petit-fils de Fin-Mac-Comhail, Ossian (Oisin) et Oscar (Osgar), se retirèrent chez le roi provincial de Mommonie (Munster), Fiorcorb, puis revinrent avec lui attaquer le roi d'Irlande jusque dans Tara. De là, cette grande bataille de Gabhra, où périrent le roi Cairbre et Oscar, fils d'Ossian, où s'exterminèrent les héros milésiens et fir-bolgs, et qui est restée aussi fameuse dans les fastes de l'Irlande que la lutte des Couravas et des Pandavas dans les traditions de l'Inde. Les champions de la *Branche Rouge*, comme on nommait les Finiens, ne se relevèrent pas de cette terrible journée.

La bataille de Gabhra eut lieu, suivant les Annales, l'an 284 de notre ère. Les dates commencent d'être, non pas certaines, mais admissibles pour l'histoire. Les Annales d'Irlande ne tardent pas à se trouver en contact avec celles des derniers temps de l'Empire romain. Jusque-là, l'Irlande était restée presque toujours concentrée sur elle-même, sauf des incursions chez les Bretons et l'établissement peu ancien de colonies scotiques dans Alban (l'Écosse), qu'elles partageaient avec les Pictes. Maintenant, un siècle après Gabhra, nous voyons le roi Niall-aux-Neuf-Otages faire des expéditions maritimes sur les côtes de la Gaule. Le christianisme, alors, avait commencé de pénétrer en Irlande, et bientôt il y triomphe avec saint Patrice.

Nous disions que les Annales montraient, durant de longs âges, l'Irlande resserrée en elle-même. Il y a pourtant une exception singulière; cinq siècles, ou, suivant une autre version, six siècles avant l'ère chrétienne, on voit apparaître un monarque qui étend sa domination sur l'île de Bretagne, la Gaule et tout l'Occident jusqu'à la mer Tyrrhénienne; mais nous soupçonnons fort ce personnage, appelé Ugaine-Môr, ou le Grand, d'avoir été emprunté par les Gaëls à leurs voisins les Cymrys ou Bretons, et de n'être autre que ce mystérieux Hu-Gadarn qui soulève tant de problèmes, soit comme divinité, soit comme législateur et conducteur *humain* des nations celtiques. Le Cymry Hu-Gadarn, devenu un monarque irlandais qui assujettit à son sceptre la Bretagne et le continent, serait quelque chose de tout à fait analogue à l'empereur Maxime devenu, chez les bardes cymrys, *Magsen Wledig*, chef élu des Bretons, qui se fait empereur de Bretagne et de Rome, et qui transfère à la Bretagne les *priviléges de souveraineté*[1].

Les questions relatives aux héros finiens sont moins complexes. L'histoire a donné quelques traits, la poésie a développé. Fingal, Ossian, Oscar, ont existé aussi bien que Roland; Gabhra est authentique comme Roncevaux. Le reste est œuvre de l'imagination bardique. Un vaste cycle poétique s'est formé sur les Fi-

1. Voir *Iolo's Manuscripts*, p. 38; Llandovery, 1848.

niens à la fois en Irlande et en Écosse, absolument dans les mêmes conditions que le cycle d'Arthur et de Merlin s'est fait en Galles et en Bretagne ; les Scotts *albaniens* ont transporté en Écosse les personnages et jusqu'aux lieux de la tradition finienne, jusqu'à Teamhair (Tara) ou Tea-mora, ainsi que nos Bretons ont réclamé pour l'Armorique les exploits d'Arthur et le mystique tombeau de Merlin.

Un fait à signaler pour l'histoire littéraire, c'est que les poëmes ossianiques sont généralement écrits dans ce beau rhythme octosyllabique, qui est aussi le type favori des bardes cymrys, et qu'on pourrait appeler le rhythme celtique, car c'est évidemment des Gallois et des Bretons que nos trouvères l'ont emprunté au XIIe siècle [1].

Jusqu'au siècle dernier, la poésie ossianique ou finienne resta inconnue en dehors des deux peuples qui avaient conservé la langue et les souvenirs des Gaëls ; elle éclata tout à coup en Europe avec un retentissement extraordinaire ; mais elle était si changée que sa double patrie avait peine à la reconnaître. L'ingénieux et audacieux Mac-Pherson l'avait fort défigurée. Les nuages amassés sur cette tradition par le barde apocryphe du XVIIIe siècle ont commencé de se dissiper, grâce à la précieuse collection de chants authentiques des vieux bardes publiés par l'*Ossianic Society* d'Irlande. Nous ne signalerons qu'un seul aspect de la tradition restaurée, mais le plus essentiel et le plus dénaturé par Mac-Pherson, la mythologie.

1. La rime, absolument inhérente à la poésie bardique, est aussi d'origine celtique ; mais elle n'est pas arrivée directement, comme le rhythme octosyllabique, à la poésie française ; elle a passé par la basse latinité.

Les âmes des héros, chez les vieux Finiens, se manifestent d'une toute autre façon que les ombres fantastiques de Mac-Pherson; elles existent, non dans les nuages, mais dans des mondes lontains et très-réels [1], situés vers le couchant, qu'elles quittent parfois pour apparaître sur la terre; les âmes coupables sont condamnées à errer dans le cercle de la transmigration; les âmes justes sont appelées dans l'une ou l'autre de deux régions heureuses, qui s'appellent la *Terre des Vivants* et la *Terre de l'éternelle Jeunesse*; la seconde de ces régions est la plus élevée; ces deux paradis sont très-brillants, très-actifs et très-positifs; trop positifs même, car ils effleurent parfois un peu celui de Mahomet [2]. Il y a un chant bien curieux dont je regrette de n'avoir pas le texte sous la main : « Tu obtiendras cent coursiers rapides, cent glaives étincelants, cent jeunes filles à la belle chevelure; » c'est le sens, sinon les paroles [3]. Ce n'est pas là sans doute le Gwynfyd des bardes cymrys; toutefois il est bien évident que le fond est le même et l'origine commune; c'est également la transmigration en bas et l'immortalité en haut, et une immortalité d'où l'on peut redescendre à volonté dans les mondes inférieurs; seulement cette religion, chez les Cymrys du moyen âge, est épurée, spiritualisée par des philosophes; chez les Milésiens, elle est colorée par des héros.

1. Des îles de la mer, dit-on, pour les Fir-Bolgs; des régions souterraines pour les Dananiens, qui se seraient ainsi rattachés à ce qu'on nomme les religions chthoniennes; les Milésiens sembleraient associer les deux conceptions de leurs devanciers. Tout cela n'est point suffisamment éclairci.

2. Voir, à la fin de cette étude, ce qui rectifie cette interprétation.

3. Voir le texte à la fin. Je me le suis procuré depuis.

Nos Bretons d'Armorique, moins philosophes que les Cymrys, mais d'imagination chaste et poétiquement austère, représentent l'anneau intermédiaire; voir, dans les *Barzaz Breiz* de M. de la Villemarqué, leur belle légende du mort fiancé (le *Frère de lait*).

Les légendes relatives à la transmigration animent les chants bardiques et filtrent jusque dans l'*évhémérisme* des Chroniques et des Annales. On rencontre, avec maintes variantes, le conte étrange de Fintain, compagnon mythique de la déesse Eire [1], transformée en Ceasair, petite-fille de Noé; le déluge arrive quarante jours après le débarquement de Ceasair et de sa compagnie en Irlande; Fintain survit au déluge; puis il devient trois cents ans cerf, trois cents ans aigle, etc., enfin trois cents ans saumon; on le pêche; la reine d'Irlande le mange, conçoit, et le remet au monde en qualité d'homme, variante gaëlique du fameux mythe cymrique de Ceridwen et de Gwyon-Taliesin. Fintain, redevenu homme, se rappelle et raconte son histoire.

Ossian lui-même est le héros d'une légende à peu près du même genre. Dans un des poëmes où on le met en présence de saint Patrice, le vieux barde aveugle explique au saint comment lui, Ossian, qui devrait être mort depuis trois cents ans [2], se trouve en présence de Patrice. Après la bataille de Gabhra, il s'est réfugié sur le lac de Killarney; la fée du lac l'a pris en amour; elle l'a épousé et l'a emmené dans la

1. Primitivement, il n'était autre qu'une des formes du dieu Beath, la Vie suprême.

2. La chronologie du barde n'est pas d'accord avec celle des Annales, qui ne mettent qu'un intervalle d'un siècle et demi entre la bataille de Gabhra et la mission de saint Patrice.

Terre des Vivants et dans la Terre de l'éternelle Jeunesse ; là, après un temps écoulé, de la durée duquel il n'a eu aucune conscience, au milieu de ses splendeurs célestes, il s'est souvenu de son peuple et de sa patrie, et il a désiré les revoir ; la fée, consentant à grand'peine, lui donne un cheval magique et lui recommande sur toute chose de ne pas mettre pied à terre durant tout son voyage. A peine en selle, il s'est retrouvé dans le pays des Finiens ; mais les Finiens n'étaient plus, et leur pays gardait d'eux à peine un vague souvenir; et leurs *raths* et leurs *duns* mêmes (leurs habitations et leurs forteresses) jonchaient les vallées de débris. Comme il s'en allait, le cœur triste, il aperçoit une grande foule de peuple qui s'efforçait de dresser une haute pierre et n'y pouvait parvenir. La foule implore l'aide du cavalier qui passe ; Ossian s'approche, et son bras puissant met debout le menhir. Il n'a pas quitté la selle, mais, dans son grand effort, son pied a touché la terre. Le cheval disparaît, et Ossian se retrouve seul, abandonné, aveugle et courbé sous le poids de trois siècles.

Un fait important pour l'histoire comparée des religions est qu'on retrouve chez les Irlandais, les Aryas de l'extrême Occident, le mythe le plus original des Aryas de la Bactriane, le fameux pont *tchinevad* de Zoroastre, que Mahomet, à son tour, a dérobé au mazdéisme, le pont que les âmes ont à franchir pour entrer dans la terre des bienheureux. Aux justes, il donne libre passage vers les lieux où l'on ne connaît plus ni mal, ni mort ; pour ceux qui n'ont pas mérité le ciel, il se resserre jusqu'à l'épaisseur d'un cheveu; c'est pourquoi on l'appelle le *pont du cheveu*. Les âmes coupables retombent, non pas dans le feu du purgatoire comme chez Zoroastre, mais dans l'abîme de la transmigration, où elles reprennent diverses formes jusqu'à ce qu'elles se rendent enfin dignes d'échapper à la métempsychose et de franchir le redoutable passage [1].

La religion gauloise, qui paraît avoir été une, au moins quant à certaines données essentielles, chez les divers peuples celtiques, semble avoir tenu à la fois à toutes les grandes religions de l'Orient, au mazdéisme par certains symboles et par l'esprit de lutte héroïque contre le mal, à l'osirisme égyptien par la transmigration conduisant à l'immortalité [2], et à la primitive et mystérieuse religion de l'Asie centrale par le culte du serpent, emblème de l'infini.

V

Origines chrétiennes. — Les alphabets irlandais; le druidique et le chrétien; l'*ogham* et le gréco-celtique.

Il subsiste bien des problèmes sur l'antiquité celtique ; il en est qui sans doute ne seront jamais résolus; mais des époques moins anciennes ont aussi leurs problèmes qui ne sont guère plus faciles à résoudre. Il y

1. Voir *Transactions of the Ossianic Society; introduction*, 1854; vol. I, p. 28, 29. Cette excellente introduction est l'œuvre d'O'Donovan.

2. C'est avec surprise que nous avons vu contester par M. de Belloguet la croyance des Gaulois à la transmigration pour les âmes qui n'ont pas encore mérité l'immortalité. La trace de cette croyance est partout dans les traditions populaires des peuples celtiques. Nous reviendrons là-dessus.

en a un, bien digne d'attention, sur les origines chrétiennes de l'Irlande, c'est-à-dire sur l'époque qui succède à l'ère des Finiens. Pourquoi l'antique Eglise d'Irlande est-elle grecque, elle qu'on nous représente comme fondée par les Latins? Palladius, en effet, le prédécesseur de saint Patrice, est envoyé dans cette île par le pape Célestin, et saint Patrice lui-même, le grand apôtre et le patron de l'Irlande, est un Breton d'éducation latine ; et pourtant l'Église d'Irlande n'est latine ni d'esprit ni de forme extérieure : suivant la légende, saint Patrice lui-même, quand il entre en lutte avec les druides devant le roi et l'assemblée nationale de l'Irlande, sur la colline de Tara, tout Latin qu'il est, entonne le chant grec du Feu de Pâques, le chant de l'Église d'Orient [1]. Quels étaient les chrétiens antérieurs à saint Patrice? car il y en avait. « Le pape Célestin, dit la chronique de Prosper d'Aquitaine, envoya Palladius vers les Scotts qui croyaient en Jésus-Christ. » Qu'y avait-il avant saint Patrice, et que se passa-t-il entre le temps de saint Patrice et celui de l'autre grand saint d'Irlande, saint Colomba (Columb-Kill; saint Columb)?

Ce qui est sûr, c'est que la physionomie religieuse de l'Irlande devint grecque sans cesser d'être celtique [2].

1. La Villemarqué : *la Légende celtique; Saint Patrice*, p. 77. Le docteur Todd, dans son *Saint Patrick, apostle of Ireland*, établit le caractère légendaire de ce poétique récit; mais la légende atteste au moins la croyance traditionnelle.

2. Un savant très-spécialement compétent, M. Hauréau, croit à l'introduction en Irlande, postérieurement à saint Patrice et à ses premiers successeurs, d'un élément grec alexandrin, et il rattache ce fait à la dispersion de la grande école d'Alexandrie. Nous inclinons d'autant plus à son opinion que nous retrouvons la trace de cette invasion alexandrine chez les bardes gallois.

Nous dirons quelques mots plus tard de l'architecture et de la sculpture; pour ne parler que de l'écriture, qu'on regarde l'alphabet encore employé aujourd'hui dans toute impression de livres gaëliques; car l'Irlande a son alphabet, ou plutôt elle en a deux, un druidique et un chrétien. Le chrétien, chose curieuse, présente au premier coup d'œil quelque air de famille avec l'alphabet slave cyrillien; il semble sortir de la souche byzantine, et certains de ses caractères sont de forme grecque [1].

Quelle est la date de sa formation? Il est *celtique* en général, et non exclusivement irlandais, en ce sens que les Bretons de Galles et d'Armorique l'ont employé comme les Gaëls [2]; mais ils l'ont quitté au moyen âge; les Irlandais lui sont restés fidèles. On remonte avec lui jusqu'aux premiers âges du christianisme dans l'île d'Érin, jusque vers le sixième et peut-être le cinquième siècle; et quand il paraît, un autre alphabet s'efface et tombe en désuétude, à savoir : l'*ogham* ou *beithluisnion* des Tuatha-Dé-Danann, attribué par les livres bardiques au fabuleux Oghma, divinité dont l'évhémérisme a fait un sage, et dont le satirique Lucien avait fait à tort Hercule *Ogmius*, car c'était un Mercure, un Hermès civilisateur. Les spécimens de l'ogham ne sont pas rares sur les menhirs isolés ou réunis, sur les *raths* ou forteresses de terre, sur les pierres des cercles druidiques; ils se rencontrent même parfois à l'intérieur des dolmens; on en trouve quel-

1. Le docteur Todd, cependant, le considère comme étant simplement l'alphabet romain du ve siècle. *Saint Patrick, apostle of Ireland*, p. 511.

2. M. de la Villemarqué en donne des spécimens dans son intéressante Notice des *Manuscrits des anciens Bretons*. Les Anglo-Saxons l'ont emprunté plus tard; ce qui l'a fait nommer improprement anglo-saxon.

ques-uns en Écosse et même en Galles, où tous les celtisants connaissent de réputation un fameux menhir qui porte une double inscription funéraire en latin et en cymrique, celle-ci écrite en ogham ; mais jamais, jusqu'ici, l'on n'a constaté un ogham sur le Continent. Ceci semblerait indiquer que ce caractère d'écriture était particulier aux druides dananiens d'Erin ; cependant les anciens ont connu *Ogmius* comme dieu des *Gaulois* en général.

On peut s'étonner que l'authenticité de l'ogham ait été contestée. Il ne donne aucunement lieu aux questions compliquées que soulève le *coelbrenn* des bardes cymrys ; l'extrême simplicité de son principe témoigne de son antiquité. C'est un symbolisme tout primitif. L'alphabet est un arbre : une ligne figure le tronc de l'arbre, et les caractères, comme les rameaux de l'arbre, montent, les uns perpendiculaires, les autres obliques, des deux côtés du tronc, depuis la racine jusqu'au sommet. Ces caractères ne sont que de simples traits, de petites barres qui ne se distinguent les unes des autres que par leur groupement et leur position, la première lettre étant figurée par une barre, la seconde par deux, ainsi de suite jusqu'à cinq ; puis recommence un autre groupe, formé par le même procédé, mais dont les caractères se placent du côté opposé aux premiers et au-dessous de la ligne médiane ; ensuite un troisième groupe traverse la ligne perpendiculairement, et enfin un quatrième la traverse obliquement.

L'arbre de l'ogham n'était pas un pur symbole. Avant d'être gravé sur la pierre, l'ogham avait été taillé à pleins rameaux sur les arbres, et les caractères avaient été de petites branches ; l'alphabet des *rameaux*, qu'on appelait aussi les *bâtons des poëtes*, resta en usage bien des siècles après qu'on eut commencé de graver l'ogham sur la pierre; les bardes irlandais sont remplis d'allusions à cette coutume. Le fameux héros ultonien Cuchulainn place un ogham ainsi fabriqué dans un défilé où doit passer l'armée de la reine Meabh; le frère d'armes de Cuchulainn, Fergus [1], trouve l'ogham et l'emporte pour l'expliquer à la reine et à l'armée.

Les bardes attestent aussi qu'on gravait des oghams sur les pierres tumulaires des héros :

> Cet ogum (ogham) qui est sur la pierre,
> Autour de laquelle beaucoup ont été tués.....
> . . . .
> Si Finn des Cent Batailles vivait,
> Longtemps on se souviendrait de l'ogham !
> (*Le Livre de Leinster.*)

« Il y a, » dit un très-ancien livre (*Leabhar na-h Uidhre*), « il y a un monceau de pierres (*cairn*) au-dessus de lui qui est dans la terre ; il y a une haute pierre (*leac*) debout sur son *cairn* [2], et un *ogum* écrit au bout de la haute pierre, et ce qui est écrit sur la pierre, c'est : *Lochaid Airgtheach est ici.* »

Ce passage est curieux comme description du tom-

1. Fils de la reine Meabh; celui-là même dont le dolmen funéraire a été retrouvé près du *rath* (forteresse) des rois de *Conachta* (Connaught). A l'intérieur du dolmen est son épitaphe en ogham : elle a été traduite par le savant antiquaire Samuel Ferguson.

2. La plupart des tumulus de terre ou de pierres qui recouvraient nos dolmens de Bretagne ont été probablement ainsi surmontés de menhirs : il en subsiste encore plusieurs. Même usage en Danemark.

beau d'un roi d'Irlande, tué dans une bataille en l'an 285 de notre ère.

Voici l'interprétation de quelques oghams, proposée par M. Williams, de Dungarvon :

— Sainte pierre d'Amada,
— . . . . . Au ciel est.
— Sacrée pierre de l'espérance du peuple.
— A la délivrance d'une femme.
— Le haut rite (le grand sacrifice?) du pourceau, loi divine d'Ana.

Cette dernière inscription se rapporterait au culte de la grande déesse des Dananiens. Nous citons sans garantir.

Les inscriptions funéraires en alphabet celtique chrétien commencent presque invariablement par la formule *Or* ou *Orroit do* (*Orate*, priez pour); les inscriptions oghamiques, jamais.

Fidèle à son origine végétale, l'alphabet oghamique donne à chacune de ses lettres un nom d'arbre qui commence par cette lettre [1] ; les deux premières lettres, le b et l'l, s'appellent *Beith*, le bouleau, et *Luis*, le frêne de montagne, d'où vient à l'alphabet le nom de *Beith-luisnion*, mot formé par le même procédé que le terme même d'alphabet, qui n'est que la réunion des deux premières lettres grecques, alpha, béta. L'ordre du beithluisnion est tout autre que celui qui nous vient des Latins ; c'est b, l, f, s, n, h, d, t, c, q, m, g,

1. Il en est de même dans les runes scandinaves, ce qui démontre l'identité de principe : le terme même de *rune* est commun aux deux races celtique et germanique : en gaëlique, *run*, en cymrique et en breton, *rhin*, *rin*, veut dire *secret*, mystère; les livres d'arcanes bardiques s'appellent *cyf-rinach*, « l'ensemble des *runes*. »

ng, st, r, a, o, u, e, i, plus les diphthongues ea, oi, ui, ia, ae.

Le terme *feadha*, qui signifie à la fois plante, arbre, bois, et science et savant, résume très-bien ce symbolisme alphabétique ; ce terme se retrouve en cymrique sous la forme *gwydd*, qui, avec ses dérivés, tient une place si importante dans les traditions des Cymrys[1]. L'alphabet propre des bardes cymrys, le *coelbrenn*, exprime l'idée primitive avec moins de simplicité que l'ogham ; il est plus complexe et bien évidemment moins ancien, quelle que soit sa vraie date.

Le caractère celtique chrétien remplace bientôt l'ogham sur les monuments funéraires, et paraît seul dans les plus anciens manuscrits, ou, du moins, si l'ogham s'y montre quelquefois, c'est comme citation et non comme texte. Mais le caractère celtique chrétien a-t-il bien été introduit à cette époque ? C'est l'opinion la plus générale et de beaucoup la plus probable. Quelques érudits cependant soutiennent qu'il avait coexisté avec l'ogham ; que l'ogham n'était pour ainsi dire que son chiffre, et que les chrétiens l'avaient adopté, mais non créé ; ils font remarquer que, tandis que les *runes* scandinaves, du moins celles qu'on peut interpréter, suivent l'ordre de l'alphabet latin[2], l'alphabet irlandais chrétien conserve l'ordre du *beithluisnion*, comme un signe du lien qui l'unissait à cet alphabet druidique[3].

1. *Wied*, dans les langues slaves, signifie science. Même racine que le latin *vid-ere*, voir.

2. Il est probable que cet ordre y a été introduit postérieurement.

3. Le *coelbrenn* cymrique ne suit pas non plus l'ordre de l'alphabet latin, quoiqu'il en soit moins éloigné.

L'observation est intéressante, mais prouve seulement que le christianisme irlandais, dans ses innovations, rompit le moins possible avec les coutumes celtiques. L'ogham est beaucoup trop long à écrire et trop rudimentaire pour avoir jamais été un chiffre, c'est-à-dire un résumé ; il est tout le contraire [1].

VI

Le musée de Trinity-College. — L'*Irish Royal Academy* et le Musée celtique.

On peut voir des spécimens d'ogham en assez bon nombre dans plusieurs collections, au Museum de Trinity-College, à l'*Irish Royal Academy*, au Museum de Cork, à celui de Belfast, etc. A Trinity-College, on les rencontre dans une galerie d'histoire naturelle qui unit les antiquités de la géologie à quelques-unes de celles de l'histoire. Un âge antérieur à la venue des plus anciens Celtes nous est révélé par l'étonnant aspect de ces

1. Voir principalement, sur l'ogham, les excellentes dissertations de M. Wyndele dans l'*Ulster's Archæologic Journal.* — Quant à l'opinion qui nie l'antiquité de l'ogham et le prétend inventé depuis l'établissement du christianisme, elle n'est pas sérieuse. Qui eût pu s'aviser d'inventer un alphabet aussi enfantin et aussi incommode, ayant sous la main les instruments perfectionnés du grec et du latin? D'ailleurs, l'ogham se rencontre sur des monuments incontestablement antérieurs à Saint-Patrice, tels que ce dolmen de Fergus Mac-Meabh que nous citions. Les inscriptions oghamiques présentent les formes de langage les plus anciennes; comme nos inscriptions gauloises du continent, elles offrent les désinences mobiles qui ont disparu des langues celtiques actuelles.

Un traité de l'ogham (*a Treatise on the ogham or occult forms of the ancient Irish*), d'après un manuscrit de Trinity-College, a dû paraître par les soins de l'*Irish Archæological and Celtic Society.*

cerfs géants qu'on exhume du fond des *bogs* ou tourbières d'Irlande, magnifiques et formidables créatures, d'une taille supérieure à celle des plus grands chevaux, et le front armé d'une ramure immense, dont les plus larges armatures des élans du Nord ne donnent pas même une faible idée. C'étaient là, avant la venue des fils de Neimheidh, les rois de ces prairies marécageuses qui couvrent des provinces entières. La vue de la harpe du roi Brian Boroimhe nous ramène de cette ère antédiluvienne à notre moyen âge. On conserve avec respect ce poétique souvenir du roi barde, si cher aux Irlandais, qui mourut, au sein de la victoire, l'an 1014, en délivrant l'Irlande des envahisseurs danois à la bataille de Clontarf; triomphe qui prolongea d'un siècle et demi l'indépendance de la *verte Érin*.

A l'*Irish Royal Academy*, les oghams font partie d'une collection d'un tout autre caractère. L'Académie irlandaise a fondé, depuis une trentaine d'années, un musée qui est devenu la plus belle collection celtique de l'Europe. Ce n'est pas en exagérer la valeur que de dire qu'aujourd'hui la vieille Irlande est dans trois choses, les bibliothèques, les monuments restés debout sur cette terre si souvent bouleversée, et les débris de la vie du passé rassemblés avec tant d'efforts, et classés et expliqués avec tant d'intelligence dans le musée de Dawson-Street. Quoique rien ne supplée aux révélations que donne la vue immédiate des choses, on peut, sans passer les deux mers qui nous séparent d'Érin, acquérir, sinon l'impression vivante, du moins la notion exacte des richesses du musée de Dublin par l'examen de ses catalogues; modèle accompli du genre, ils offrent un vrai traité pratique d'archéologie irlandaise, commenté par d'innombrables descriptions et des centaines de figures exécutées avec la plus rigoureuse précision. Le rédacteur, sir W. Wilde, a grandement mérité de toute l'érudition européenne.

Le musée de Dublin, que l'obligeance du savant conservateur, M. Clibborn, m'a permis d'étudier tout à l'aise malgré les vacances, l'emporte pour la quantité et la diversité sur tous les autres dépôts d'antiquités celtiques[1], sauf une seule branche, mais fort importante, la numismatique. Ce n'est pas sa faute; la numismatique, si riche dans notre Gaule et en Celtibérie, moins riche dans l'île de Bretagne, est nulle dans l'antique Érin. Cet art grec et romain n'avait pas pénétré chez les Gaëls de l'extrême Occident. La galerie de Dawson-Street compense largement cette lacune par la variété infinie des objets de toute nature et de toute forme servant à la guerre, à la parure ou aux usages domestiques. On en peut juger par quelques chiffres : elle possédait, lors de la rédaction des catalogues, 1,275 articles de silex ou pierre dure, couteaux, hachettes, pointes de flèches et de lances, pierres de fronde, outils grossiers, etc., et plus de 500 de ces instruments ou armes de roche moins dure et plus aisée à travailler, dont le poli indique un premier degré d'art et de goût, et auxquels les antiquaires, depuis le siècle dernier, ont donné le nom de *Celts*. Ce nom n'a qu'une ressemblance fortuite avec celui des Celtes, et n'est que le mot latin *celtis*, ciseau; les *celts* ont pu servir de ciseaux comme de haches, de couteaux, d'instruments de travail, de guerre et de sacrifice, suivant la manière de les em-

1. Ecrit en 1862. La France a depuis regagné beaucoup de terrain.

mancher et de les employer. On en retrouve quelquefois d'attachés encore à des restes de manches en bois ou en corne[1]. Des indices qui nous semblent concluants ont fait considérer les *celts* de jade noir ou vert[2] comme les instruments des sacrifices druidiques[3], et les très-petits *celts* qui se trouvent communément dans les tombeaux, comme des emblèmes d'immortalité, ayant la même valeur que la légende funéraire gallo-romaine : *sub ascid*, et que l'instrument symbolique auquel elle se rapporte.

La collection n'est pas moins riche en articles de bronze ; elle compte près de 700 *celts* de cette matière ; ce nom a été étendu de l'instrument de pierre à l'instrument de bronze ; ici, la forme est à la fois plus accusée et bien plus variée ; le caractère du couteau s'efface, celui de la hache domine ; l'élégance du galbe et le fini du travail annoncent la civilisation ; un certain nombre de ces armes sont décorées des ornements bien connus qui caractérisent le style celtique : stries diversement alignées, dents-de-loup, cordons, torsades, petits disques, etc. Près de 300 épées et poignards de bronze offrent toutes les diversités de forme et de dimension qu'aient connues les Celtes. Parmi les armes classées comme poignards, de larges lames légèrement courbes paraissent avoir été destinées à être emmanchées à de longues hampes, en manière de hallebardes,

1. Écrit en 1862. — Nous avons maintenant de tout cela en abondance au Musée de Saint-Germain et dans nos musées celtiques et gallo-romains de province.

2. Il faut dire *jadéide*.

3. Il y a des réserves à faire là-dessus, une partie de ces instruments qu'on trouve dans les dolmens n'ayant évidemment jamais servi. Écrit en 1870.

et c'est là, selon toute apparence, la *lancea* des anciens Gaulois, telle qu'elle est décrite par les historiens classiques, arme qui fut, suivant une tradition citée par O'Connor, importée de Gaule en Irlande et a donné son nom (*laighean*) aux Lagéniens (habitants du Leinster), les *Gwyddyl* ou Gaëls *porte-lance* des bardes cymrys. Les lances plus rapprochées de la forme actuelle, allongées, étroites et aiguës, les javelines, les flèches de bronze, sont à peu près aussi nombreuses que les épées et les poignards. Une des pointes de lance a 26 pouces 3/4 anglais de long. On en a retrouvé une de 36 pouces, c'est-à-dire plus longue que les plus grandes épées celtiques.

A propos des instruments de pierre et de bronze, il est bon d'observer qu'on n'admet point communément, en Irlande, que l'*âge de bronze* et l'*âge de pierre* correspondent à des races humaines différentes ; on y regarde, et, nous le croyons, avec raison, l'*âge de pierre*[1] comme tout aussi celtique que l'*âge de bronze;* il y a là des âges successifs de la civilisation, plutôt que des races successives ; l'usage des instruments de pierre a d'ailleurs très-longtemps coexisté avec celui des armes de bronze. Il y a plus d'apparence à la distinction, au point de vue ethnographique, entre l'*âge de bronze* et l'*âge de fer*, parce que l'usage habituel des armes de fer dans le Nord et l'Ouest coïncide avec le développement de la race des Germains, et que les armes de bronze ont

1. Au moins l'âge des *celts* de pierre polie dont nous venons de parler; car il est un premier *âge de pierre* tout à fait antéhistorique, l'âge de la *pierre éclatée,* dont le commencement se perd dans la nuit des périodes géologiques, celui dont MM. Boucher de Perthes, Lartet, Christy, Garrigou, etc., ont fait la conquête à force d'intrépide persévérance.

d'habitude le style celtique, et les anciennes armes de fer le style germanique [1].

Ceci apporte un nouvel élément à la solution d'une question historique fort débattue : l'origine ou celtique ou germanique des Cimbres. Des armes de bronze, d'une forme et d'un ornemanisme tout à fait analogues à nos armes celtiques, se trouvent en grand nombre dans le nord de l'Allemagne, le Danemark et jusqu'en Suède, sous des tumulus différents de ceux qui fournissent des armes germaniques ou scandinaves. Ces armes celtiques ne sont-elles pas celles des Cimbres? L'histoire, qui nous signale l'existence de divers peuples gaulois dans l'Hercynie, dans la Bohême, dans différentes parties de l'Allemagne danubienne et orientale, n'en mentionne dans le Nord scandinave aucun, si ce n'est les Cimbres [2]. Les Cimbres et les Teutons se rencontrent côte à côte, avec leurs caractères si différents, dans leurs tombeaux comme dans l'histoire. Grâce à la courtoisie du roi de Danemark et à la savante société danoise qui, dans l'intérêt des études archéologiques, a engagé son gouvernement à expédier des spécimens de ces découvertes en France et en Irlande, on peut constater aujourd'hui, à Paris et à Dublin, ce témoignage que nous envoie le Nord.

La plupart des épées celtiques, soit qu'on les trouve dans le Nord ou dans toute autre partie de l'Europe [3],

1. Ceci ne s'applique point au Continent, mais aux îles celtiques et aux presqu'îles Scandinaves. Sur le Continent, nous avons les armes de fer celtiques comme les armes de fer germaniques.

2. Ce qui ne prouve pas qu'il n'y ait point eu, dans le Nord, des Celtes plus anciens que les Cimbres. Voir ci-dessous ; IX, LE NORD SCANDINAVE.

3. La plupart; non pas toutes; non pas celles de Hallstadt, ni celles des Helvètes, etc.

ont des poignées très-étroites, ce qui a fait adopter l'opinion que les Celtes devaient avoir de très-petites mains, comme certains peuples de l'Orient; cela ne s'accordait guère avec ce que nous disent des Gaulois les historiens grecs et latins; mais le docteur Wilde, l'auteur des catalogues du musée de Dublin, explique ce point d'une manière satisfaisante. On n'avait pas fait attention à la différence de forme entre l'arme antique et l'arme moderne : la poignée actuelle du sabre se termine par une garde qui couvre la main du cavalier, et celui-ci empoigne son arme à pleine main. L'épée du Gaulois n'avait point de garde : il saisissait l'étroite poignée avec le doigt du milieu, l'annulaire et le petit doigt, et appuyait le pouce et l'index sur l'évasement qui se fait à l'extrémité de la poignée pour recevoir la lame. La petitesse de la poignée ne prouve donc pas celle de la main [1].

Auprès des armes offensives, on reconnaît, dans les cases de la galerie irlandaise, ces trompes, ces cors d'airain, de corne ou d'écorce que portent les héros gaulois dans les monuments de la statuaire antique : il y a une trompe d'écorce de plus de six pieds anglais de long; mais on n'a pas retrouvé jusqu'ici les fameux *carnix* ou grandes trompettes d'airain à têtes de dragons.

De petits sangliers de bronze attestent que cet emblème des nations celtiques était usité en Irlande comme dans les autres *Gaules*.

Une lacune remarquable est l'absence de ces boucliers gaulois qu'on rencontre partout figurés sur les

1. L'examen et le maniement d'armes analogues, au musée de Copenhague, lors du congrès de 1869, a confirmé, pour les membres du congrès, l'opinion de sir W. Wilde (1870).

bas-reliefs antiques, et dont on retrouve de si beaux spécimens dans la Grande-Bretagne, où les Cymrys en ont conservé l'usage fort tard. D'après les plus anciens manuscrits où paraissent des costumes irlandais, les Gaëls d'Irlande n'auraient employé que le petit bouclier rond en cuir, gardé par les montagnards écossais jusqu'au siècle dernier, et, sans doute, ils ne l'ont jamais revêtu de bronze, ce qui explique sa disparition.

Nous ne voulions parler ici que de l'antiquité purement celtique, et non des monuments de l'Irlande chrétienne du moyen âge; mais ce n'est pas véritablement sortir du sujet que de signaler l'élégance et l'originalité des crosses épiscopales et d'autres articles de bronze appartenant au culte chrétien. La forme générale et les ornements ont un caractère entièrement différent de tout ce que présente ailleurs l'art du moyen âge, identique, sauf nuances, dans le reste de l'Occident. Le vieux style celtique s'est perpétué dans l'Irlande chrétienne[1].

Le public européen a pu voir au Musée de Kensington, durant l'Exposition de 1862, quelques-uns des précieux monuments d'art gaëlique-chrétien que nous venons d'indiquer, associés à de splendides spécimens d'une autre série du Musée de Dublin, de celle qui attire, entre toutes, l'attention des visiteurs, par la singularité des formes et la beauté de l'exécution, autant que par la richesse de la matière, à savoir : les articles d'or, catégorie où l'orfévrerie celtique ne se montre pas indigne d'être mise en parallèle avec cette éblouissante orfévrerie étrusque que nous a révélée le

1. Modifié par le goût scandinave, comme on le verra plus loin (1870); IX, LE NORD SCANDINAVE.

musée Campana. L'ampleur de l'une peut compenser peut-être la finesse et la délicatesse infinie de l'autre.

On sait que les mines d'or des Gaules ont été, toutes proportions gardées, le Pérou et le Potose de l'antiquité classique : de toutes les régions celtiques, l'Irlande paraît avoir été la plus richement douée ; les gisements des forêts au sud de la Liffey, dans le comté actuel de Wicklow, semblent avoir été surtout d'une abondance extraordinaire ; c'étaient ces mines qui avaient valu aux habitants du Leinster le surnom de *Lagéniens de l'or*[1]. Dans aucun autre pays d'Occident on ne trouve une aussi grande quantité d'objets antiques en or ; ce qui en a été dispersé, perdu ou fondu depuis un siècle seulement, est inimaginable. Le Musée de Dublin, le *British Museum*, les collections particulières, ne possèdent que la moindre partie des trouvailles modernes, et le Musée de Dublin, le plus riche, il est vrai, compte cependant plus de trois cents articles, dont vingt diadêmes d'or, provenant vraisemblablement des rois et reines. On n'a pu remettre la main sur le curieux casque ou chapeau d'or trouvé, en 1692, dans un *bog* du Tipperary, et qu'on croit avoir été perdu en France dans le cours du siècle dernier ; cette coiffure royale offrait quelque analogie, sinon par la forme, du moins par la décoration, avec le beau et riche casque découvert récemment dans la Seine, en Normandie, et déposé au Musée du Louvre[2]. Le Musée de Dublin n'a rien de ce genre, mais il étale, en compensation,

1. Le mot gaélique est le mot français même : *or*.

2. L'ornementation de ce dernier casque, disques pointillés, stries, rinceaux enroulés en volute, est toute celtique, sauf les palmettes signalées par M. Viollet-Leduc comme orientales, dans son intéressant article de la *Revue archéologique* d'avril 1862.

quinze de ces *lunules*, ou grands croissants d'or plats, finement ornementés, qui embrassaient tout le dessus de la tête et aboutissaient en pointes derrière les oreilles; plus cinq superbes tiares ouvertes, travaillées au repoussé, formées de cercles ou bandes d'or en saillie les unes sur les autres, et terminées à la hauteur des oreilles par des plaques rondes du plus grand style. Le Continent ne possède, croyons-nous, rien de pareil.

En fait de colliers, de bracelets, d'anneaux, etc., le Musée de Dublin a les équivalents de presque tout ce qu'on découvre sur le Continent et dans la Grande-Bretagne; les colliers d'or à torsade, si connus des Romains (*torc'h-awr, torques*); les colliers à globules d'or ou d'ambre [1]; les colliers et bracelets tubulaires évasés en trompe, et le reste; mais il possède, en outre, des ornements d'une forme singulière, qui paraissent avoir été particuliers aux Gaëls d'Irlande, par exemple, les bizarres et magnifiques objets d'usage inconnu, qu'on a nommé *fibules mamillaires*. Les *broches* d'argent, d'une dimension extraordinaire et du dessin le plus original et le plus élégant, avec lesquelles les anciens Irlandais attachaient leurs manteaux, appartiennent aussi spécialement à leur goût national.

Il est inutile d'entrer dans plus de détails sur des objets qui relèvent du crayon plutôt que de la plume; le but de ces indications ne pouvait être que de donner quelque idée de l'intérêt que mérite le Musée de l'*Irish Royal Academy*, et des révélations qu'il offre à l'anti-

1. De ces derniers, les chefs des Cymrys se faisaient des diadèmes : leurs bardes sont pleins d'allusions aux chefs couronnés d'ambre et décorés du collier d'or.

quaire et à l'artiste sur la plus vieille civilisation de l'Occident. Il y a seulement à consigner ici une particularité singulière et inexpliquée, c'est que les somptueux ornements dont il vient d'être parlé ont été généralement découverts soit dans les *bogs* (les tourbières), soit dans le voisinage des champs de bataille ou des *raths* (habitations fortifiées), mais presque jamais dans les tombeaux, contrairement à ce qui arrive sur le Continent et dans la Grande-Bretagne.

VII

Les Tours Rondes. — Courses dans les provinces. — Le Centre, le Sud et l'Ouest. — Killarney, Cork, Galway.

Après les livres et les collections archéologiques, il fallait voir les monuments sur place, au moins les plus caractéristiques, et parcourir les provinces, afin d'apercevoir, au moins dans ses traits les plus généraux, la physionomie du pays et de la population; mais je ne puis jeter ici que quelques indications rapides, en rapport avec l'objet de cette étude, et n'ai pas la prétention d'écrire un voyage en Irlande.

Les environs de Dublin, jusque dans le Phœnix-Park (le *bois de Boulogne* de cette capitale), sont assez riches en monuments druidiques ou celtiques, dont je ne parlerai point, parce qu'ils ne diffèrent en rien des nôtres; mais des édifices de tout autre aspect, et sans analogues en France, commencent d'apparaître à quelques milles de Dublin.

Il s'agit de ces mystérieuses *Tours Rondes*, qui ont

donné lieu à tant de débats entre les antiquaires. On voit çà et là s'élever, au fond d'une vallée, ou sur la cime d'une colline, une tour haute, étroite, d'une légèreté, d'une élégance surprenante, d'un effet qui surpasse celui que produisent les sveltes tours italiennes du moyen âge, parce que la forme ronde est plus harmonieuse que la forme carrée. Ces tours, variant en élévation de soixante à cent dix pieds anglais, sont construites en grandes pierres, sans ciment (du moins les plus anciennes et les plus belles), avec un petit toit conique également en pierre, et des ouvertures, tantôt à plate-bande et d'un style vraiment étrusque, tantôt à plein cintre, quelquefois à angle aigu, comme dans quelques constructions antiques de Grèce ou d'Italie. La porte est d'ordinaire à une assez grande hauteur au-dessus du sol, pour qu'on ne puisse entrer qu'avec une échelle [1]; ce qui indique qu'il s'agissait là d'un lieu de refuge. Dieu sait à combien de suppositions et de disputes ont donné matière ces constructions énigmatiques. On les a faites tour à tour phéniciennes, druidiques, danoises; toutes ces hypothèses ont croulé les unes sur les autres, depuis que l'ère de l'imagination et de la fantaisie a commencé de faire place, dans la *verte Erin,* à l'âge de la solide érudition historique. Le docteur Petrie a dissipé toutes les ombres dans son *Inquiry on the Round Towers,* qui dépasse les promesses du titre, et qui n'est pas moins qu'une excellente histoire de l'architecture chrétienne en Irlande. Il a démontré surabondamment que les Tours Rondes sont des édifices purement chrétiens, et ne sont pas même

1. Les escaliers extérieurs, quand il en existe, comme à Clondalkin, sont relativement modernes.

les plus anciens édifices chrétiens de l'île. Les oratoires ou ermitages qu'habitaient les premiers apôtres de l'Irlande, et dont quelques-uns subsistent dans les plus sauvages solitudes de l'ouest et du sud-ouest, ont été d'abord des espèces de rotondes bâties et couvertes en grandes pierres sèches, ne différant point des autres habitations gaëliques; puis ces constructions ont pris une forme de transition, tout à fait particulière, entre la rotonde celtique et la maison carrée des Romains; enfin, apparaît la chapelle, la petite église, différant, par son grand toit de pierre et par quelques autres particularités, de ses sœurs du continent, et, après celle-ci et à son côté, la Tour Ronde. L'ère véritable des Tours Rondes doit avoir été du VIIIe au XIe siècle, quoique quelques-unes soient sans doute antérieures, et quelques autres postérieures à cette période. Elles sont toujours placées à côté des églises et des monastères, comme les *campanili* des églises italiennes, et quelques-unes ont des croix ou même des crucifix sculptés au-dessus de leur porte; elles ont pu servir de beffroi, parfois aussi de fanal, leurs principales ouvertures étant dans la partie supérieure ; mais leur usage essentiel était certainement d'abriter les prêtres et le trésor de l'église en cas d'irruption des barbares, c'est-à-dire des Anglo-Saxons ou des Danois. On pouvait s'y défendre, sinon contre une armée, au moins contre une bande de pillards.

La plus voisine de Dublin, et l'une des mieux conservées, est celle de Clondalkin; mais elle est inférieure à beaucoup d'autres, quant à l'élévation, et surtout quant à la beauté de l'appareil. Si l'on continue à s'éloigner de Dublin par le chemin de fer du Sud, on voit bientôt apparaître, dominant la pauvre, mais pittoresque ville de Kildare, une seconde Tour Ronde, plus grande et plus belle que celle de Clondalkin. On est là dans un des principaux centres de l'antiquité irlandaise. Cette contrée s'appelait autrefois le Bois-des-Chênes (*Chille-Dair*) : une forêt de chênes en couvrait la moitié ; au cœur de la forêt, dans une grande clairière, aujourd'hui nommée le Curragh-de-Kildare, un collége de druidesses veillait sur le feu perpétuel consacré à Samhan, le juge des morts [1], dont les rites se célébraient dans la nuit du 1er novembre. Au VIe siècle, la druidesse Brighid se convertit au christianisme avec ses compagnes, et le collége druidique se changea en monastère ; mais Brighid ou sainte Brigitte, comme l'appelle la légende, et les abbesses, ses héritières, continuèrent d'entretenir le feu sacré, désormais au nom du Dieu des chrétiens. Le feu de Samhan brûla ainsi jusqu'après l'invasion des Anglo-Normands ; en 1220, l'archevêque anglais de Dublin le fit éteindre ; on le ralluma de nouveau, et il ne fut éteint sans retour qu'au XVIe siècle, sous le règne de Henri VIII.

L'autre moitié du pays était occupée par le *bog* d'Allen, une tourbière de 300,000 acres ! La meilleure partie de cet immense marécage est aujourd'hui en culture ; mais, à mesure qu'on s'enfonce dans l'intérieur de l'île, on retrouve les *bogs* dans leur état primitif et dans les plus larges proportions ; qu'on décuple, qu'on centuple par la pensée l'étendue des tourbières

1. Ce feu s'appelait le Tlachtga (*Tlacht-agha*), c'est-à-dire le feu terrestre ou souterrain, par opposition, dit-on, au feu céleste du dieu Bel, le *Beal-Taine*, éteint et rallumé chaque année, le 1er mai, sur la colline d'Uisneach, dans le West-Meath. Ce qui regarde le dieu Bel en Irlande est aujourd'hui fort contesté.

que traverse aux environs d'Amiens notre chemin de fer du Nord, et l'on se fera une idée de ces mélancoliques solitudes qui se déploient à perte de vue, jusqu'à ce que quelque chaîne de montagnes ou de collines ferme de sa barrière bleuâtre l'horizon lointain.

Les héros féniens avaient jadis leurs places de retraite au fond de ces mobiles prairies, sur quelque coin de terre ferme entouré de ce sol douteux, où se mêlent et oscillent la terre et l'eau. Après eux, s'y abritèrent les chefs des patriotes contre les conquérants anglais, puis enfin, comme tout dégénère, les bandes d'*outlaws*, moitié insurgés, moitié brigands, fameux presque jusqu'à nos jours sous le nom de *Compagnons blancs* (*White-boys*).

Les bogs ne sont pas de formation très-ancienne : une partie au moins ne sont pas antérieurs aux âges historiques, et la tradition conserve le souvenir des forêts qu'ils auraient remplacées, et qui auraient été renversées par les invasions de la mer ou le débordement des lacs.

Le lieu le plus intéressant qui se rencontre sur la route du Sud, quand on est passé du Leinster dans le Munster, de la Lagénie dans la Mommonie, pour employer les noms antiques, est Cashel, la vieille résidence des rois mommoniens. On a voulu faire dériver Cashel, nom qui désigne plusieurs forteresses celtiques en Irlande, du latin *castellum*, de même que *cahir*, autre terme de même sens, l'analogue du *caër* gallois et du *ker* armoricain, serait venu du phénicien [1], tandis que le *dun*, la forteresse de pierre située sur une col-

1. *Karth*, *Kereth*, en phénicien; *Kariath*, *Kiriath*, en hébreu; ville.

line, et le *rath*, la forteresse de terre située en plaine, seraient seuls de provenance purement celtique. Cela est pour le moins hypothétique.

Quoi qu'il en soit de son étymologie, Cashel, avec sa cathédrale, son abbaye, sa noble chapelle, sa Tour Ronde, qui couronnent si magnifiquement la plate-forme de son rocher, présente le plus imposant et le plus grandiose ensemble de ruines chrétiennes qui se trouve dans toute l'Irlande.

Le paysage devient plus accidenté, les points de vue plus variés, les montagnes se rapprochent à mesure qu'on avance vers le Sud-Ouest, par le Tipperary et le Kerry, pour aboutir enfin à cette contrée de Killarney dont les Irlandais opposent avec orgueil la beauté, tout ensemble charmante et sévère, aux contrées du Continent les plus célébrées par les touristes. Cette chaîne de lacs, qui va s'élargissant depuis la gorge profonde de la Combe-Noire (*Coom-dubh*) jusqu'aux amples et claires nappes du Lough-Leanne, ces montagnes aux lignes harmonieuses, aux cascades qui se précipitent entre des abîmes de verdure, ces îles pleines de ruines et de souvenirs, où les rochers se cachent sous une vigoureuse végétation du Midi, où les arbousiers s'étalent en touffes plus hautes et plus épaisses qu'en Provence, font en effet de Killarney le plus vert joyau de l'Ile d'Émeraude. Les légendes ossianiques avaient là un beau cadre.

Le comté de Kerry, dont Killarney est la gloire, a été, pour l'archéologie irlandaise, une abondante mine d'antiquités; on a trouvé là, en plus grande quantité que partout ailleurs, les menhirs à inscriptions oghamiques. On y avait découvert, à quelques milles de

Killarney, une rareté sinon unique, du moins très-exceptionnelle, une grotte artificielle ou *allée couverte* dont les parois étaient couvertes d'oghams, «antique bibliothèque dont les pierres étaient les livres[1].» On nous a dit que la grotte de Dunloë avait été, il y a peu de temps, barbarement effondrée. On a peine à croire qu'un tel acte ait été possible dans un pays où le goût et la connaissance de l'antiquité ont fait de nos jours tant de progrès.

Si, en partant de Killarney, on contourne l'extrémité méridionale de l'Irlande, les grandes vues de côtes, de golfes et de mer succèdent à celles de lacs et de montagnes. Les côtes d'Irlande, surtout dans cette région, sont découpées en baies profondes qui offrent d'excellents abris aux navigateurs et des perspectives variées à l'artiste. Après la rivière de Kenmare, apparaît la baie de Bantry, où descendit, en 1798, cette poignée d'héroïques soldats républicains, séparés de l'armée de Hoche par les vents et les flots, qui essayèrent de porter secours aux Irlandais-Unis et traversèrent en combattant la moitié de l'Irlande, pour aller tomber, accablés sous le nombre, dans les solitudes du Connaught.

Une longue série de vastes baies, de caps retentissants, d'anses solitaires, se termine par le magnifique havre de Cork, digne d'être comparé aux rades de Brest et de Toulon. Une des plus belles promenades par bateau qui se puissent faire en Europe, est de s'embarquer sous le quai de cette populeuse et vivante cité aux larges rues, aux larges ponts dominés par la col-

1. *Hall's Hibernia illustrata.*

line pittoresque de la haute ville ; on descend la rivière de Lee, bordée de coteaux aux épais ombrages, aux élégantes villas, animée par des nuées d'oiseaux de mer et de rivière, jusqu'à la Grande-Ile, par delà laquelle s'ouvrent le large havre, et, au delà du havre, entre les promontoires qui le protégent comme d'immenses bastions, la haute mer. Des hauteurs qui couronnent Queenstown, le port neuf et riant de la Grande-Ile, la vue est vraiment admirable.

La langue gaëlique a presque disparu du Sud comme de l'Est : son souvenir remplit tout, topographie, noms d'hommes et de choses, traditions de tout genre ; mais ce n'est plus guère qu'un souvenir [1]. Pour entendre la parole de nos pères communs, il faut pénétrer dans l'Ouest, dernier refuge de la langue des premiers Aryas qui soient venus directement d'Asie, avant les âges de l'histoire classique. Je retournai du Sud au Nord-Ouest. Sur le passage se présente Limerick, la clef militaire de l'Ouest et la dernière cité de la Mommonie, avant d'entrer dans le vieux *Connachta* des Némédiens. Les souvenirs antiques sont effacés là par ceux du fameux siége de 1691, où les Irlandais sauvèrent, sinon l'indépendance, du moins l'honneur, par une si vaillante et si longue résistance aux armes du vainqueur de la Boyne, et où le sang français se mêla fraternellement au sang des enfants d'Érin.

Limerick est assise sur la plus belle et la plus grande rivière d'Irlande, le Shannon, qui, à quelque distance au-dessous de cette ville, s'ouvre comme un large bras

1. Un peu exagéré ; on parle encore le gaëlique dans une partie du Kerry.

de mer, et coule ainsi dans sa majesté durant soixante milles avant de se perdre dans l'Océan.

Le Shannon sépare les deux anciens royaumes du Sud et de l'Ouest. De l'autre côté du fleuve, on est dans le comté de Clare, et l'on se dirige par la route d'Ennis sur Galway. Le chemin est d'abord agréable et boisé; il côtoie et même traverse des parcs aux arbres séculaires et aux fraîches eaux; mais bientôt tout change : la végétation s'amoindrit et disparaît. On voit se dérouler sans bornes des plateaux grisâtres et pierreux, où quelques maigres cultures s'efforcent çà et là de lever la tête d'entre les éclats de rocs qui encombrent partout le sol aride; la Crau de Provence, si stérile qu'elle soit, avec la lumière qui l'inonde et les harmonieuses lignes d'horizon qui la bordent, ne saurait donner une idée de cette tristesse infinie qui vient à la fois des choses et des hommes; le pays entier a l'aïr d'une ruine; les habitations croulantes et désertes mêlent leurs débris aux débris qu'a faits la main de la nature; l'abandon et la mort planent sur les chaumières modernes comme sur les cromlechs et les menhirs des aïeux, qu'on aperçoit de loin debout dans la morne solitude. On a vu l'Irlande dans tout son charme et son éternelle jeunesse à Killarney; on la voit dans toute sa désolation aux plaines de Galway. Dans les autres parties de l'île, on aperçoit bien de distance en distance les pauvres restes des maisons délaissées par les émigrants; mais, ici, on dirait que la population presque entière s'est levée pour fuir cette terre de malheur.

La ville de Galway, l'ancien chef-lieu de l'Ouest, est loin d'offrir ce sinistre aspect : elle participe toutefois de la ruine des campagnes; elle est mal peuplée et languissante, mais plus intéressante pour l'historien et l'antiquaire que maintes cités dont elle envie la prospérité nouvelle. Des édifices très-originaux et très-ornés, des xve et xvie siècles, attestent une richesse évanouie. Les femmes du peuple ont gardé là l'ancien jupon rouge garance, commun autrefois à l'Irlande et à la France, mais qui, de même que le brillant manteau écarlate des Irlandaises des classes aisées, a presque partout disparu sous la banalité du costume anglais moderne.

Galway est resté fidèle à la langue de ses pères. Là enfin, j'entendis non-seulement parler, mais chanter le gaëlique par des chanteuses des rues, dont la voix et la simple méthode n'étaient pas dépourvues de grâce et de distinction naturelle. La mélodie est innée chez ce peuple comme chez les Gallois; le style de cette mélodie me parut ici plus rapproché du goût italien, de même que la musique galloise a plus d'affinité avec la vieille musique française.

A l'ouest de Galway se déploie une grande baie autrefois fréquentée par de nombreux navires; au nord de la cité s'étend une contrée pittoresque et sauvage qui doit à sa ressemblance avec la haute Écosse le surnom de *Highlands* de l'Irlande; ce sont les lacs et les montagnes du Jar-Connaught et du Connemara. Le temps me manquait pour visiter à fond l'Ouest et le Nord-Ouest; je repris la route de Dublin. A quelques milles à l'est de Galway, on aperçoit les ruines féodales d'Athenry, restes de la première forteresse construite par les Anglo-Normands pour tenir le Connaught en bride. La contrée perd de sa morne physionomie à mesure qu'on s'éloigne du Galway. A peu près à moitié chemin de Dublin, on retrouve le Shannon au sortir d'un des lacs qu'il forme durant sa longue et sinueuse carrière, le Lough-Ree : le fleuve, le lac, les prairies et la ville d'Athlone, avec ses tours, ses vieilles églises et son pont nouveau et hardi, offrent un des plus charmants paysages de l'Irlande.

Quinze milles avant Dublin, on rencontre le célèbre collége catholique de Maynooth, fondé en 1795, mais fort agrandi depuis peu d'années d'après des plans qui en font une des plus heureuses imitations de l'architecture du moyen âge. Cet établissement catholique, soutenu en partie aux frais du gouvernement protestant, a été la première dérogation au système du *Church and State* (l'Église et l'État), et un premier palliatif aux abus et aux injustices de ce système. Il faut que l'État salarie tous les cultes, ou, ce qui vaut beaucoup mieux, qu'il n'en salarie aucun, ainsi que les Américains nous en donnent l'exemple au commun profit de la religion et de la liberté. C'est là que devront arriver tous les peuples libres.

Pour en revenir à l'objet de cette étude, il convient de dire en passant qu'on enseigne à Maynooth la langue gaëlique, et que ce collége est aujourd'hui dirigé par un des hommes les plus versés dans la langue et les antiquités irlandaises, le docteur Russell.

A quelques pas du collége s'élèvent les ruines du château des Fitz-Gerald, cette fière race franco-normande qui date des premiers temps de la conquête, et qui, tout étrangère qu'elle soit d'origine, s'est faite, comme on le dit proverbialement, plus irlandaise que l'Irlande. Le chef actuel de la famille, le duc de Leinster, a réparé et entretient avec un soin pieux ces restes imposants de la puissance de ses ancêtres. Le splendide parc de la résidence moderne, Carton, est séparé du vieux château par l'unique rue de la petite ville de Maynooth. Ces lieux que l'auteur de cette étude voyait pour la première fois, il lui semblait les reconnaître comme s'il les avait entrevus dans un rêve. Le héros malheureux de l'insurrection de 1798, le chef de ces Irlandais-Unis qui voulurent fonder une république d'Irlande avec l'appui de la France républicaine, avait fort préoccupé autrefois son imagination de jeune homme et inspiré ses premiers essais. Il ne put recevoir sans émotion l'hospitalité de ces beaux lieux où était né, où avait vécu lord Edward Fitz-Gerald, et où ce nom est aujourd'hui encore si dignement porté.

VIII

Races brunes et races blondes. — L'Ulster. — Tara.

Avant de revenir aux monuments antiques, quelques mots sur la physionomie du peuple : les races humaines sont aussi des monuments de l'histoire, et des monuments moins variables qu'on ne le croit communément. On trouve sur cette question un curieux morceau dans un vieux poëme.

Tout blanc, tout audacieux, tout brun,
Tout brave, tout hardi au combat,
Tout vraiment valeureux sans noise,
Est de la race des fils de Milidh au grand renom.
Tout beau grand pasteur de vaches sur la plaine,
Tout artiste, musicien, harmonieux,

Les travailleurs en tout secret de magie,
Sont le peuple des Tuatha-Dé-Danann.
Tout vantard, malfaiteur.....
Tout voleur, menteur, misérable et méprisable,
Sont les restes des trois peuples ci-dessous,
Les Gaileoin, Fir-Bolg, Fir-Domnhann.

Le célèbre généalogiste du XVIIe siècle, Duald Mac-Firbis, donne de ce morceau une variante en prose.

« Tout ce qui est blanc de peau, brun de chevelure, généreux, vaillant dans Érin, est milésien.

« Tout ce qui est de belle chevelure [1], vindicatif, large (de corps), tout pillard (?), tout musicien et habile dans les arts, tout adepte des sciences druidiques et magiques, vient des Tuatha-Dé-Danann dans Érin.

« Tout ce qui a noire chevelure, tout ce qui est inhospitalier, servile, ennemi de la musique et des arts, les gens de désordre et de discorde, viennent des Fir-Bolgs, des Gailiuns de Liogairné et des Fir-Domnhanns dans Érin. Les descendants des Fir-Bolgs sont les plus nombreux de tous ceux-ci. »

Ainsi, suivant ces traditions milésiennes, les Milésiens auraient été bruns de chevelure et blancs de peau, type qui pourrait bien avoir été celui des Brigantes [2]; les Dananiens seraient la grande race blanche et blonde que les historiens classiques décrivent comme le type gaulois pur; les Fir-Bolgs seraient une race aux cheveux noirs et apparemment à la peau obscure. S'il fallait accepter au pied de la lettre ces descriptions, ceci semblerait d'accord avec ce qu'ont écrit

1. Belle chevelure signifie invariablement blonde chevelure; c'est chez les bardes un signe distinctif de la *race de Lochlyn*, des Scandinaves, aussi bien que de la race celtique des Tuatha-Dé-Danann.

2. Ou caractériser la race mixte des Celtibériens.

quelques ethnographes sur la prépondérance numérique de la race brune en Irlande; mais ce qui s'offre à l'œil du voyageur ne répond pas aux assertions des livres, et les catégories des poëtes milésiens pourraient avoir seulement cette valeur-ci, à savoir que la peau blanche et les cheveux blonds ou châtains étaient seuls en honneur; que la chevelure noire et la peau brune passaient pour les signes d'une race inférieure, et que, par conséquent, les pauvres Fir-Bolgs, toujours sacrifiés par la tradition aristocratique, étaient condamnés à être noirs.

La vérité est que le fond du peuple n'est pas réellement brun. La grande majorité de l'Irlande a les yeux bleus, et, si l'on regarde les enfants (c'est là qu'il faut juger la race), la moitié sont du blond le plus pur; l'autre moitié est ou châtaine ou rousse; les vrais brun-noir, bruns à l'espagnole, sont rares. Je n'ai pas remarqué de différence sensible à cet égard entre le Sud, l'Ouest et le Nord[1]; j'ai même peut-être vu plus de noirs au Nord qu'au Sud. Je m'attendais à trouver la physionomie ibérienne de Killarney à Cork; il n'en a rien été, et les plus purs types celtiques que j'aie peut-être jamais rencontrés, me sont apparus aux environs de Killarney. Je vois encore, au pied de la brèche de Dunloë, de la porte des montagnes qui mènent à la région du lac supérieur, un groupe de magnifiques enfants et une robuste et svelte jeune fille à la flottante chevelure blonde, aux grands traits, aux yeux d'un bleu éclatant, « aux grands bras blancs capables de

1. Ceci demande une restriction importante : je n'ai vu qu'une petite partie de l'Ouest, et il paraît que les bruns dominent réellement dans la majorité du Connaught.

lancer des quartiers de roc, » la vraie Gauloise que décrit Ammien Marcellin.

En résumé, pour l'Irlande comme pour la France, le type blond et le châtain, intermédiaire entre le blond et le brun, et associé généralement, en Irlande, Galles et Bretagne, aux yeux de couleur claire, peuvent bien avoir été déjà associés quand les Celtes et Gaëls sont arrivés en Occident. Les Celtes purs paraissent avoir été blonds; les châtains et bruns au teint clair peuvent être issus des Vénètes, des Brigantes, et d'autres tribus aryennes que les Celtes auront entraînées avec eux sur leur passage et se seront assimilées durant leur longue route [1].

L'Ouest et le Nord-Ouest présentent un grand intérêt pour les sites et pour les monuments; l'antiquité celtique y a laissé de très-nombreux vestiges; après nos immenses agglomérations du Morbihan auxquelles rien ne saurait se comparer, il n'existe probablement point de réunion plus considérable de monuments druidiques que ceux de Carrow-More dans le Sligo; on n'y compte pas moins de soixante *dolmens* [2] et cercles de pierres, et plus de trente grands *raths* ou forteresses de terre des anciens Irlandais s'élèvent aux environs; mais l'exploration de ces contrées eût demandé un temps considérable, et il y avait certitude de retrouver, dans un rayon peu éloigné de Dublin, les groupes de monuments druidiques et chrétiens les plus importants et les plus décisifs de toute l'Irlande par

1. Ce serait toutefois aller trop loin que de nier qu'une partie des châtains ne puissent provenir du mélange des Celtes et des Ibéro-Ligures.

2. Nous employons ce terme suivant l'usage français; en Irlande, on dit *cromlech*.

l'originalité de leur caractère. Je me contentai de faire le tour de la province du Nord, de l'ancienne Ultonie, par une voie plus facile et plus rapide.

Les points principaux de cette route sont les deux colonies protestantes d'Enniskilleen et de Londonderry, célèbres par leur opiniâtre et invincible résistance contre les masses des Irlandais catholiques aux jours de Jacques II et de Guillaume III ; la guerrière Enniskilleen, aujourd'hui si paisible entre ses deux lacs aux sinuosités sans fin, aux innombrables îles vertes ; Londonderry, toujours active, commerçante, heureusement située à l'ouverture du bassin du Lough-Foyle, qui se déploie avec tant de calme et de grandeur entre la double chaîne montueuse du Donegal et du Derry. Ces contrées, ainsi que d'autres parties de l'Ulster, offrent un parfait contraste avec le Galway; l'énergique activité des colons écossais en a fait une terre d'excellente et abondante culture.

A quelques milles à l'est de l'embouchure du Lough-Foyle, se découvrent les hautes falaises basaltiques de la Chaussée des Géants, merveille naturelle qui attire également ceux qui ne recherchent de la nature que ses beautés et ceux qui interrogent ses secrets et aspirent à sa science. La forme étrange de ces milliers de blocs prismatiques qui jonchent les anses du rivage, les grands profils des colonnades de basalte qui font ressembler les falaises à des temples de géants, du haut desquels on voit bleuir à l'horizon les îles et les presqu'îles de l'Écosse, la féerique caverne où vient s'engouffrer la mer écumante sous une voûte aux reflets d'azur, ont été trop souvent décrits pour qu'on insiste davantage. La métropole ecclésiastique de l'Irlande depuis saint Patrice, Armagh, et la grande et prospère ville maritime de Belfast, qui possède un assez riche musée celtique, sont les lieux les plus notables de la région que l'on traverse pour regagner le Leinster et l'antique *Milieu Sacré* de l'Irlande, le comté de Meath, qui a gardé non-seulement la colline de Tara, où résidaient les rois milésiens[1] et où se tinrent les assemblées nationales de l'Irlande jusqu'au VIe siècle de notre ère, mais aussi les principaux des monuments plus anciens et plus mystérieux que les traditions attribuent avec toute vraisemblance aux Tuatha-Dé-Danann.

IX

Les Cairns des Dananiens. — New-Grange et Dowth. — Comparaison avec Kivik.

Je m'arrêtai dans la ville maritime de Drogheda, informé que les environs offraient, dans un rayon de cinq ou six milles, la matière d'une des journées les plus fructueuses que pût espérer un historien ou un antiquaire.

1. On y distingue encore, à deux longues levées percées de douze ouvertures, l'emplacement de leur salle des fêtes; elle avait 360 pieds (anglais) sur 40. La grande fête de Tara se célébrait tous les trois ans, durant les trois jours qui précédaient la fête de Samhain (le 1er novembre), et les trois jours qui la suivaient. Tous les chefs irlandais venaient camper en cercles dans la plaine de Breg, autour de la colline royale. Voyez La Villemarqué, *la Légende celtique*, p. 72; *Dr Petrie's Antiquities of Tara hill*; ap. *Transactions of Irish Royal Academy*, t. XVIII, et *Dr Todd's St Patrick*, p. 416. Tara fut abandonnée depuis le VIe siècle, par suite de l'adoption de la religion chrétienne par les rois d'Irlande.

Sans sortir de Drogheda, on voit surplomber sur sa tête un premier monument dananien: le fort qui commande la ville est situé sur une éminence faite de main d'homme; sous ce grand tumulus est une grotte qui n'a point encore été fouillée par les archéologues, mais qui passe pour l'avoir été, il y a dix siècles, par des mains qui y cherchaient d'autres trésors que ceux de la science, par les envahisseurs danois alors maîtres de Dublin. On ne peut donc signaler de ce tumulus que son nom, qui est digne de remarque. Ce tertre s'appelle le tombeau de la femme de Gobhann ou Gobha[1], un des cinq frères mythiques qui personnifient les corporations des Tuatha-Dé-Danann, pontifes, artisans et artistes. Ces frères sont Gobha, le forgeron, l'armurier, le métier par excellence aux temps héroïques; Creidné, le chaudronnier, le fabricant de chaudières d'airain, du chaudron magique, le fondeur; Diancecht, le médecin; Lachtain, le charpentier; Cairbre, le poëte; ils sont, dans la légende, issus de la lignée royale des Dananiens; mais, primitivement, ils avaient été des dieux; Diancecht signifie le dieu de la guérison (*diana-h-ice*).

Quant à Gobha le forgeron (prononcer Gova)[2], il est difficile de ne pas reconnaître son identité de nom et de fonction avec le Gao ou Kaw *au tablier de cuir*, le forgeron héroïque de la tradition iranienne, le vainqueur du roi-dragon Zohak. C'est un second rapport avec la Bactriane à noter après le pont des âmes, le pont Tchinevad des Mazdéens ou le pont du Cheveu des Irlandais.

1. *Goibnin*, dans le *Cormac's Glossary*.
2. Notre *Goff* breton.

On peut, après Drogheda, commencer par remonter quelque temps la charmante vallée de la Boyne, et passer devant le pont et la haute colonne qui marquent le point où Guillaume III franchit la rivière sous le feu des bataillons de Jacques II. Une colline, qui disparaît maintenant sous un bois épais, domine la rive par où descendirent Guillaume et Schomberg; la rive basse et commandée qu'occupait l'armée du Stuart est couverte des plus vertes prairies et des plus beaux ombrages. Ce gracieux paysage est d'un saisissant contraste avec les souvenirs que rappellent ces lieux. Le voyageur se sent disputé entre des sentiments contraires; la raison dit que Guillaume devait vaincre; que la pauvre Irlande catholique, alors comme aujourd'hui [1], s'était liée en Europe à la mauvaise cause, et pourtant le cœur murmure à la pensée de la Boyne et de Limerick.

Moins d'une heure suffit pour transporter le voyageur à bien des siècles en arrière. Son imagination voyait, aux bords ensanglantés de la Boyne, les régiments irlandais de Jacques II aux prises avec nos réfugiés protestants français, qui vengeaient les dragonnades sur les alliés de leur persécuteur; il quitte la vallée pour gravir sur les plateaux; le champ de bataille de la Boyne a disparu, et, tout à l'heure par la pensée contemporain de Louis XIV, le voilà maintenant en présence des énormes et rudes monuments d'un âge peut-être bien antérieur à la fondation de Rome. Trois collines construites par la main de l'homme, à un mille environ de distance l'une de l'au-

1. Dans les affaires d'Italie.

tre, forment comme une sorte de triangle; la première, celle de Cnoabh, aujourd'hui Nowth, est entièrement effondrée comme un cratère vide. La troisième apparaît de très-loin par sa masse prodigieuse; le *Cairn* de Dubhath (Dowth), qui dépasse en élévation tous les tumulus celtiques connus, est de beaucoup le plus colossal des trois, mais non le plus caractéristique à étudier. Allons au second, à celui du milieu; c'est New-Grange, ou plutôt, pour lui rendre son vrai nom, Achadh-Aldai, « le Champ d'Aldai, » l'ancêtre typique des rois dananiens.

Dans son état actuel, le tumulus de New-Grange ou d'Aldai, qui a beaucoup souffert à l'extérieur, n'a plus qu'environ 70 pieds anglais de hauteur, et présente l'aspect d'un tertre couvert de verdure et même de bouquets d'arbres. En approchant, on distingue, en avant du tumulus, plusieurs blocs d'assez grande dimension, et l'on reconnaît qu'ils ont dû faire partie d'un cercle de menhirs entourant la base de la colline : dix sont restés debout. Un grand menhir se dressait autrefois sur la cime du tumulus. En montant sur le tertre et en faisant le tour, on s'aperçoit que la terre n'est qu'à la surface, et, sous cette couche parfois largement interrompue, on découvre le corps véritable du monument, vaste entassement de grandes pierres amoncelées, entouré à mi-côte d'une tranchée ou fossé circulaire.

L'entrée de la grotte que recèle le cairn[1], s'ouvre vers le sud : autrefois masquée comme dans tous les

1. Le nom de *cairn* (*carn*, en cymrique) désigne les tumulus formés de pierres et non de terre, et la meilleure traduction en français serait *monceau* (*monticellus*).

monuments de ce genre, elle a été déblayée par hasard en 1699 ; son aspect est celui de l'ouverture d'un dolmen d'environ quatre pieds de haut. Avant d'y pénétrer, on est arrêté par un objet d'un caractère extraordinaire et qui produit une forte impression. Une immense pierre posée horizontalement forme le seuil qu'il faut franchir pour se glisser dans l'obscure profondeur de la grotte. Une même figure symbolique se répète sept ou huit fois sur cette pierre. C'est une espèce de serpent roulé sur lui-même en cercles qui vont s'élargissant toujours. Ce signe, placé à l'entrée d'un pareil monument religieux et funéraire, avait évidemment une grande valeur dans la symbolique des pontifes de la primitive Irlande.

On avance, non sans difficulté, dans une *allée-couverte* formée de grands blocs, dont quelques-uns, en s'inclinant, ont fort rétréci le passage. L'*allée-couverte*, d'environ cinquante pieds anglais de long, s'élève peu à peu et débouche dans une chambre sépulcrale, de dix-huit pieds de hauteur sur vingt-cinq de profondeur, disposée en une sorte de croix à trois compartiments. Les parois sont faites de puissants *menhirs* supportant pour plafonds d'énormes dalles.

Si les monuments bruts des druides étonnent et frappent l'imagination à la clarté du jour et au milieu des campagnes, l'effet de cette austère architecture est bien autrement émouvant dans ce silence et cette nuit, aux lueurs vacillantes d'un flambeau, qui agrandissent vaguement les proportions et redoublent le mystère. Des dessins étranges s'entrevoient sur les dalles du plafond et le haut des parois. Dans chacun des trois retraits de la chambre funéraire, on aperçoit une sorte de vasque ou de bassin, fait d'un large bloc de granit arrondi et légèrement creusé, tout à fait pareil, sauf les proportions bien plus grandes, à ces nombreux disques de basalte, polis et un peu évidés par les flots, qu'on rencontre parmi les prismes au pied de la Chaussée des Géants; mais, ici, la main de l'homme a complété l'ouvrage de la nature. Dans le retrait de droite, ou de l'est, de beaucoup le plus imposant, la vasque est double; deux bassins sont posés l'un sur l'autre.

Quelle était leur destination? Cela ne ressemble guère à des sarcophages. Etaient-ce des autels sur lesquels on aurait célébré le sacrifice des funérailles? Ce sont là de muets témoins qu'il serait hasardeux de prétendre faire parler ici. Là, comme à Drogheda, les Danois ont passé; les corps et les objets précieux qui pouvaient se trouver dans les sépultures, ont disparu. Les signes gravés sur les pierres en diront peut-être davantage. Ces signes, observation importante, ne sauraient être postérieurs à la construction de la grotte; ils ont été gravés avant que les blocs fussent mis en place, car ils en débordent les angles et on les entrevoit se prolongeant dans les interstices des pierres. Il n'y a point là d'oghams[1], point d'hiéroglyphes, mais de purs symboles et non des caractères d'écriture. Ce sont encore les cercles indéfinis du serpent roulé sur lui-même, associés à des losanges, à des dents de loup ou rubans dentelés, à des croissants accolés, à des disques redoublés et pointillés, à des ovoïdes.

Avant de rien conjecturer sur le sens de ces figures, il convient de s'assurer si elles donnent un caractère

1. Sauf sur une seule pierre; mais l'inscription est suspecte de supercherie moderne.

unique à la caverne de New-Grange, ou si elles se retrouvent sur d'autres monuments du même genre. Il n'est pas besoin d'aller chercher loin la réponse. L'immense cairn de Dowth, qu'entourait autrefois un double cercle de menhirs, a été fouillé par l'*Irish Royal Academy*, en 1847. On y a trouvé une *allée couverte* et deux chambres sépulcrales, beaucoup d'ossements à demi brûlés d'hommes et d'animaux, des débris de colliers composés d'étoiles de pierre finement travaillées, de globules d'ambre et de grains de verre coloriés et émaillés; et enfin de nombreux dessins gravés sur les pierres, analogues à ceux de New-Grange, mais plus grossiers.

Dans une autre partie de l'Irlande, à Donaghanic, dans le Donegal, un grand cairn, que je n'ai pas visité, mais qu'a décrit sir W. Wilde avec son exactitude ordinaire[1], contient ou contenait de nombreuses chambres sépulcrales, aux parois remplies de volutes, de cercles, de spirales, de zigzags (dents-de-loup), dans le style de New-Grange et de Dowth[2].

Si l'on compare les cairns de l'Irlande à notre célèbre caverne de Gawr'Ynys dans le Morbihan, nous retrouvons dans celle-ci les cercles, les ovoïdes, les croissants accolés, avec des formes plus complexes et plus variées, parmi lesquelles dominent des spirales sans fin, plus, des serpents allongés trois par trois et des coins ou triangles; mais toujours reparaît dans tous ces signes

1. *Catalogue of the antiquities of stone*, etc., p. 186. — On a retrouvé depuis plusieurs autres monuments couverts de figures variées qui se rapprochent de celles de Gawr-Ynys et d'autres dolmens de Bretagne; les dessins nous en ont été communiqués par M. Samuel Ferguson.

2. Il y a encore d'autres monuments attribués aux Tuatha-Dé-Danann dans le comté de Limerick et sur les *Pap Mountains*, dans le Kerry.

le même principe, c'est-à-dire des groupes de lignes diverses, impliquées les unes dans les autres, qui commencent par être très-petites et qui vont grandissant indéfiniment; en un mot, des séries toujours croissantes. Il y a donc avec l'Irlande non point similitude, mais étroite analogie; ce sont les dialectes très-voisins d'une même langue sacrée.

On peut essayer sans trop de témérité d'expliquer le principal symbole.

Dans ces cercles indéfiniment agrandis, dans ces séries progressives, serait-il invraisemblable de reconnaître l'emblème des cycles sans fin de l'existence et de la transmigration des âmes, cette doctrine fondamentale du druidisme? Les spirales irrégulières, et surtout les lignes brisées, pourraient représenter les vies inférieures de la transmigration, les séries d'existences violemment interrompues par la mort, comme les cercles du serpent infini représenteraient le déroulement régulier de la vie dans l'immortalité. Il faut s'arrêter ici et ne pas s'efforcer de tout expliquer, pour ne pas tomber de l'hypothèse plus ou moins probable dans des conjectures arbitraires.

D'autres ont voulu tout interpréter dans le sens d'un symbolisme astronomique[1]; il n'y a point là incompatibilité avec l'opinion qui vient d'être émise, la haute antiquité ayant toujours mêlé l'astronomie à la théologie. Le sens astronomique n'est point apparent à New-Grange ni à Gawr'Ynys; mais il paraît très-probable quant aux curieuses pierres de Bannoge et de Goulane,

1. Nous faisons allusion au savant suédois M. Nilsson, dont nous reparlerons tout à l'heure.

qui semblent bien figurer les sphères célestes et leurs orbites.

L'intérêt de ces symboles n'est pas tout entier dans leur signification religieuse. Une autre révélation historique doit sortir, pour tout visiteur un peu versé dans les antiquités celtiques, du premier coup d'œil jeté sur les pierres sculptées de New-Grange : elle n'a pas échappé aux savants irlandais; mais ils ne lui ont pas donné tout le retentissement dont elle était digne, et nous ne pensons pas que, hors de l'Irlande, elle ait encore pénétré dans l'érudition européenne.

Cette révélation, c'est que les symboles des cairns irlandais, et surtout de New-Grange, ainsi que ceux des monuments de Bretagne, mais plus spécialement encore, sont le principe essentiel de l'ornementation celtique, telle qu'elle se montre en France, en Allemagne, dans la Grande-Bretagne, enfin dans toutes les régions habitées par les Celtes depuis l'Italie jusqu'à la Scandinavie, aussi bien qu'en Irlande. Cercles, disques pointillés, losanges, dents-de-loup, spirales, stries diversement combinées, apparaissent sur tous les objets civils ou religieux, domestiques ou militaires, de provenance gauloise, depuis les poignées des glaives et des poignards jusqu'aux urnes cinéraires, depuis les casques et les diadèmes royaux jusqu'aux jouets d'enfants; ce style survit aux âges druidiques et prolonge son règne dans l'ornementisme de l'architecture chrétienne d'Irlande et de Bretagne[1], et jusque dans les voussures des arcades de nos églises romanes jusqu'au douzième siècle.

1. Voir, dans le grand ouvrage du baron Taylor, *Voyages en France : la Bretagne;* les planches relatives aux églises si curieuses de Daoulas, de Lanleff, de Loctudy, de Sainte-Croix de Quimperlé; cette dernière

On touche donc, dans ces grottes vénérables, au fond, au tuf même de notre race. C'est là le point de départ ou, tout au moins, la trace la plus ancienne de ce que nos ancêtres ont eu d'art et de formes qui leur fussent propres, en dehors de leurs relations avec l'antiquité classique.

Nous disions tout à l'heure « de l'Italie à la Scandinavie : » en effet, ces symboles, ces ornements, ce style qui rend ce qui vient des Celtes généralement facile à distinguer de ce qui vient des Germains[1], on les retrouve, dans les conditions les plus inattendues et les plus frappantes, sur la pierre et sur le bronze, jusqu'au fond du Nord, en Suède. New-Grange et Gawr-Ynys reparaissent par delà le Sund, dans la grotte de Kivik.

Il a été question dans cette étude des nombreuses armes de bronze, de forme celtique, que l'on trouve dans les tumulus du Nord, et que nous avons attribuées aux Cimbres; voici que nous arrive la description d'une découverte encore plus rare et plus extraordinaire. Elle n'est pas récente; elle date de plus d'un siècle; mais elle était comme non avenue; personne ne l'avait expliquée sur place, et, hors de la Suède, on n'en avait

telle qu'elle était avant sa récente et bien regrettable ruine. Les dents-de-loup couronnent encore des baies de la galerie intérieure de Notre-Dame de Paris.

1. Rien n'a plus contribué en France à éclaircir cette matière que les excellents travaux de M. l'abbé Cochet sur les cimetières de l'époque mérovingienne. — M. Ferdinand de Lasteyrie, qui poursuit des études approfondies sur l'ensemble de la question, a bien voulu nous communiquer un mémoire inédit sur quelques monuments celtiques de la Grande-Bretagne. Nous y trouvons un nouveau renfort pour notre opinion sur l'attribution celtique du riche casque trouvé dans la Seine; la palmette signalée comme orientale se rencontre sur des objets provenant des anciens Bretons insulaires.

qu'une vague et confuse idée; on confondait ce monument avec ces rochers sculptés de figures grossières et de runes scandinaves, dont tout le monde a entendu parler et dont l'origine n'est pas contestée.

Aujourd'hui, grâce à la description détaillée qu'a donnée M. Nilsson, dans la nouvelle édition de son livre sur les *Habitants primitifs du Nord scandinave*, chacun peut pénétrer les mystères de la grotte de Kivik. Les livres du Nord se répandent difficilement en France; mais M. Geffroy a mis les lecteurs français à même de se rendre compte de l'œuvre du savant suédois[1].

Près de *Cimbrishamn*, notons bien ce nom! dans la Scanie, s'élevait une pyramide en pierres amoncelées de main d'homme, en d'autres termes, un cairn, pareil à ceux de l'Irlande. Dans l'intérieur de cette pyramide, aujourd'hui effondrée, était une chambre sépulcrale maintenant à découvert, dont les parois, formées de chaque côté par quatre grandes pierres, sont couvertes d'images gravées en creux. Les ornements ou dessins des parois intérieures du tombeau de Kivik sont pareils aux ornements des armes et des instruments de bronze qu'on trouve dans les tumulus du Nord; ils n'ont point de rapport avec le style germanique ou scandinave, mais, au contraire, une intime analogie avec les symboles de New-Grange et de Dowth; ce sont des

1. Voir *les Études archéologiques dans le Nord*, par M. A. Geffroy, *Revue des Deux Mondes* du 1er novembre 1862. — M. Nilsson a mis à la portée des lecteurs français la première partie de son important ouvrage, *l'Age de la Pierre*, par une traduction qu'a écrite M. le professeur Kramer, et qu'ont revue MM. Hébert et de Mortillet; 1868. Nous espérons que cette traduction sera continuée.

dents-de-loup, des cercles à quatre rayons[1], de doubles cercles concentriques, etc.

Une particularité tellement exceptionnelle que nous ne lui connaissons qu'un seul point de comparaison dans tout ce qui nous reste des Celtes, c'est que, parmi ces symboles, se trouvent des figures humaines, représentant une scène historique, un triomphe, et probablement les apprêts d'un sacrifice humain. On y voit un guerrier monté sur un char à deux chevaux, précédé de captifs les mains liées derrière le dos et de musiciens sonnant d'immenses trompes. Au-dessous, des hommes armés conduisent des prisonniers de guerre vers une cuve entourée de prêtres. Les seuls bas-reliefs gaulois, antérieurs aux Romains, que l'on connaisse en France, ceux d'Entremont, en Provence[2], et qui représentent, sur les faces principales, des guerriers gaulois, et, sur les côtés, des têtes coupées, quoique très-intéressants, ne présentent pas cet ensemble si frappant de symboles et de scènes de la vie réelle.

D'où vient cette dérogation à l'usage, qui semble un principe, de ne pas représenter la figure humaine dans les monuments druidiques[3]? Nous ne savons; mais les

1. La roue druidique des médailles gauloises.

2. Aujourd'hui au Musée d'Aix, les seuls incontestés, du moins. Les bas-reliefs du Donon sont d'époque gallo-romaine. Les cavaliers sculptés sur les pierres d'Entremont portent à la main des lances à courte hampe et à longue pointe, et, au côté droit, de longues épées pareilles aux épées de bronze qu'on trouve dans les tumulus celtiques. Un d'eux, dont la tête est fort mutilée, paraît avoir été coiffé d'un casque à cornes. Ces cavaliers nous semblent des Celtes et non des Ligures. Voyez *Bas-reliefs gaulois trouvés à Entremont*, etc., par M. Rouard; Aix, 1851.

3. Ce principe n'était pas absolu comme chez les musulmans orthodoxes; car la figure humaine, aussi bien que les figures d'animaux, apparaît sur nos médailles gauloises.

détails donnés par M. Nilsson, qui a visité et a pu comparer New-Grange et Dowth avec Kivik, sont trop précis pour nous laisser aucun doute sur l'origine de ce dernier tumulus.

Résumons-nous sur ce qui le concerne.

Le grotte de Kivik n'est pas scandinave.

Elle est l'ouvrage du peuple auquel appartenaient les armes de bronze que fournissent les fouilles du Nord. Ce peuple, c'était celui qui a laissé son nom à la petite ville maritime près de laquelle s'élève la pyramide de Kivik : CIMBRISHAMN.

Ce peuple, c'étaient les Cimbres.

La grotte de Kivik est pareille aux grottes de New-Grange et de Dowth. Les armes de bronze du Nord sont pareilles[1] aux armes de bronze d'Irlande, de la Grande-Bretagne, de la France, etc. Les Cimbres du Nord avaient donc les mêmes symboles, les mêmes armes, le même goût dans leurs ornements que les Gaëls et les Cymrys de l'Occident et du Centre.

Les Cimbres étaient d'une autre race que les Teutons.

Les Cimbres étaient de race celtique, et les auteurs latins voisins du temps de Marius, Cicéron, Salluste et autres, avaient raison, quand ils confondaient les Gaulois avec les Cimbres, et appelaient Marius, comme plus tard, César, le vainqueur des *Gaulois*[2].

1. Très-analogues, du moins. Il y a quelques différences secondaires.

2. ..... *Adversùm Gallos ab ducibus nostris Q. Cæpione et M. Manlio malè pugnatum.* — Cépion et Manlius combattirent avec un mauvais succès contre les *Gaulois*. Sallust., *de Bello jugurth.*, CXI. — *Ipse ille C. Marius..... influentes in Italiam Gallorum maximas copias repressit.....* — *Marius Gallos de Italiâ expulit.* — Marius repoussa les grandes forces des *Gaulois* qui débordaient sur l'Italie..... — Marius chassa les

Enfin, l'identité de style dans les monuments religieux et funéraires et dans les instruments de la vie guerrière et civile prouve que les diverses branches de la race celtique étaient extrêmement rapprochées de mœurs et d'idées, et qu'il y avait entre elles, aux temps anciens, la même étroite affinité qu'on a signalée entre les diverses branches de la race teutonique et scandinave. Cette affinité semble permettre d'induire qu'il avait existé, ou, pour mieux dire, subsisté entre les Celtes ou Gaëls d'Occident et les Cimmériens, Cymrys ou Cimbres[1] du bas Danube et du Pont-Euxin, des

Gaulois d'Italie. Cicer., *De Prov. consular.*, § XIII; Cf. *De Oratore*, liv. II, § XXI. — Sext. Ruf., *Breviar. de vict. et prov. pop. rom.*, c. VI. — Voilà les témoignages formels que nous opposons à M. de Belloguet et à tous ceux qui font les Cimbres Germains. — Remarquons que ce furent, en effet, les *Gaulois*, c'est-à-dire les Cimbres, qui pénétrèrent en Italie, tandis que leurs alliés, les Teutons, les Germains, furent détruits en Provence. — Il n'est pas admissible que Cicéron, Salluste, etc., comme le veut M. de Belloguet, n'aient pas su distinguer les Gaulois des Germains : ils avaient vu dans les rues de Rome des milliers de captifs cimbres et teutons, et ne pouvaient ignorer que ce fussent deux peuples différents, parlant des langues différentes. Un passage très-important de Pline nous apprend le nom que les Cimbres donnaient, dans leur langue, à la Baltique. — *Philemon Morimarusam a Cimbris vocari, hoc est Mortuum mare, indè usque ad promontorium Rubeas, ultrà deinde Cronium..... refert.* — Philémon (Grec contemporain d'Aristote), rapporte que les Cimbres l'appellent *Morimarusa*, c'est-à-dire *mer Morte*... et, par delà, *Cronium*. — Plin., *Hist. nat.*, liv. IV, c. XIII. Si l'on demande à un Gallois, à un Cymry d'aujourd'hui, comment se traduit *mer Morte* dans sa langue, il répondra *Môr-marwaidd* (prononcez *marouaiss*). *Cron*, en gallois, veut dire courbe, forme arrondie : même valeur que le *Crom* gaëlique, le *Kroum* breton et le *Krumm* allemand. — Ajoutons qu'au temps de Tacite, un dialecte voisin du breton se parlait encore chez les Estiens (Estoniens). Tacit. *De morib. German.*, c. XLV. Nous avons cité de préférence les écrivains à peu près contemporains de la guerre des Cimbres; parmi les auteurs plus éloignés des événements, Plutarque, Appien, Dion, Cassius considèrent également les Cimbres comme une race gauloise ou celtique; ils emploient l'un et l'autre terme. Voyez Plutarq., *Mar.*, 39 ; — Sertor., 3. — Appien, Bill. civ., 1, 29; *Bell. Gall.*, 1. — Dion. Cass., XLIV, 4.

1. Sur l'identité des Cimmériens et des Cimbres, voyez Strabon,

rapports antérieurs à l'émigration de ces derniers vers l'Occident et le Nord de l'Europe, rapports provenant de leur commune origine dans leur berceau primordial de l'Arie.

X

Monuments chrétiens. — Monasterboyce. — Glendalough ou les Sept-Églises.

Des rives de la Boyne, nous avons fait, par la pensée, une excursion jusqu'aux bords de la Baltique, pour y chercher les frères d'origine de nos Gaëls. Revenons aux rudes monuments des Dananiens, pour les saluer d'un adieu, avant de terminer cette étude par un coup d'œil sur quelques intéressants débris des premiers siècles chrétiens de l'Irlande. S'il en faut croire les légendes populaires, les Dananiens peuvent entendre notre voix fraternelle. Comme Merlin dans le cercle magique où il est enchanté, les Tuatha-Dé-Danann sont toujours vivants; leurs grottes sacrées, par des passages invisibles aux profanes humains, conduisent à une brillante région souterraine qu'ils habitent avec les fées, leurs amantes et leurs épouses. Le peuple irlandais, devenu chrétien, n'a pu se résoudre à damner

liv. VII, p. 293, d'après Posidonius, la plus grande autorité de l'antiquité en ce qui concerne les Gaulois. Posidonius avait voyagé dans la Gaule indépendante, au lendemain, pour ainsi dire, de la guerre des Cimbres. Voir aussi Plutarque, *Vie de Marius*. M. de Belloguet divise ce qu'unit Posidonius, en faisant les Cimmériens Celtes et les Cimbres Germains.

ces pontifes de ses pères; il a créé pour eux un monde de féerie qui n'est ni le paradis ni l'enfer.

En quittant les tumulus, une route de quelques milles, traversant des sites variés et des parcs verdoyants, conduit aux élégantes ruines de l'abbaye de Mellifont, qui contrastent singulièrement avec les masses énormes et sombres des cairns druidiques. Dans le creux d'un vallon, au bord d'un joli ruisseau, on rencontre les restes de l'enclos et des tours d'un monastère, ceux d'une église ou grande chapelle de la première époque ogivale, et, à quelques pas de l'église, une rotonde aux arcades romanes, d'un style très-pur, un de ces baptistères si rares hors de l'Italie et qui rappelle l'église bretonne de Lanleff, avec plus de grâce et moins d'austérité.

L'artiste s'arrêterait volontiers à Mellifont; mais l'antiquaire trouvera, à trois milles plus loin, d'autres monuments d'un passé plus reculé, dont l'effet pittoresque est pour le moins égal et le caractère bien autrement original et exceptionnel.

Dans une campagne déserte, au milieu du cimetière antique de Monasterboyce, s'élève une tour ronde de cent dix pieds anglais de haut, du jet le plus svelte et le plus hardi et du plus bel appareil, en grandes pierres sans ciment, avec baies et portes d'un dessin très-pur et très-ancien. A l'entour apparaissent les ruines de deux petites églises, dont l'une appartient à des siècles antérieurs à la tour elle-même, et deux magnifiques croix de pierre, dont la plus grande a vingt-sept pieds anglais de hauteur, couvertes entièrement toutes deux de figures et d'ornements d'un style aussi étrange qu'énergique. Ces croix, d'après l'inscription gaëlique que porte l'une d'elles, ne sauraient être postérieures au commencement du dixième siècle et remontent peut-être au neuvième, c'est-à-dire qu'elles sont du temps des successeurs de Charlemagne, époque qui a laissé si peu de vestiges sur le sol de la France. Les costumes, les physionomies, les légendes, les ornements de la vieille Irlande ont été là miraculeusement conservés à la postérité. Les deux guerriers aux longues chevelures, aux énormes moustaches, au menton rasé, qui figurent par deux fois aux deux côtés d'un saint abbé, le menacent de leur glaive, puis finissent par prier avec lui, ces deux chefs de Gaëls du moyen âge sont encore les Gaulois que décrivent Strabon et Diodore de Sicile. La plus haute des deux croix a un peu souffert des injures du temps et des hommes; la seconde est intacte d'une façon vraiment surprenante. Une troisième, dont on a réuni les débris, a été brisée et en majeure partie détruite. Les deux premières mériteraient à elles seules le voyage de la vallée de la Boyne, car il n'existe absolument rien de pareil sur le Continent; les nombreuses croix sculptées de notre Bretagne sont du quinzième ou du seizième siècle.

Comme spécimen de l'art gaëlique chrétien, rien n'est comparable à Monasterboyce; comme étude des premiers âges chrétiens, de la période si intéressante de transition du druidisme au christianisme, d'autres points de l'Irlande présentent des monuments plus anciens, des livres de pierre, pour ainsi dire, sur lesquels sont écrites les révélations que Monasterboyce laisse seulement entrevoir par cet unique indice, que ses troix croix inscrivent leurs têtes et leurs bras dans un cercle. Le recueil manuscrit vraiment unique de

M. Dunoyer (*Dunoyer's Sketchs*), à la bibliothèque de l'*Irish Royal Academy*, nous avait donné bien des lumières sur ce sujet; mais rien ne supplée à l'impression des lieux, à l'aspect des monuments sur place. Entre plusieurs localités qui ont conservé les débris de l'époque que nous recherchions, celle qui en présente le groupe le plus considérable est, comme pour les monuments dananiens, à une assez courte distance de Dublin, mais dans la direction opposée, vers le sud, dans un des cantons les plus pittoresques de l'Irlande et proche de la contrée d'où les *Lagéniens de l'or* extrayaient le métal qui leur avait valu ce surnom; nous voulons parler de Glendalough.

De retour à Dublin, on prend le chemin de fer de la côte; on côtoie la baie de Dublin, une des plus belles du monde; on passe entre l'île de Dalkey et la haute colline de Killiney, qui domine un prodigieux panorama, des abîmes de verdure et de flots, campagnes et cités, palais et montagnes, la terre et la mer; puis on tourne le massif de Bray's Head, corniche suspendue sur l'Océan, qui n'est surpassée que par les merveilles de notre sublime traversée de l'Esterelle entre Fréjus et la Napoule. Après avoir franchi Wicklow, on quitte le chemin de fer à Rathdrum pour s'engager dans la vallée de l'Avon-more; la route serpente entre des hauteurs aux épais ombrages et qui s'élèvent peu à peu à la proportion de vraies montagnes, au-dessus de la rivière profonde, sinueuse et resserrée, jusqu'à ce qu'après le haut village de Laragh s'ouvre l'austère vallon de Glendalough (le Val-des-deux-Lacs) ou des Sept-Églises. Ce nom et ce fait de la réunion de sept églises se retrouve sur plusieurs points de la vieille Irlande, évidente réminiscence des sept églises de l'Apocalypse, des sept églises d'Asie et de S.-Jean; c'est là une des nombreuses traditions grecques du premier âge gaëlique chrétien. Un menhir, sur lequel est sculptée une croix grecque, s'élève sur le bord du chemin, annonçant déjà cette association des symboles des deux croyances qui va se montrer dans toute la vallée. Presque au même instant se découvrent les ruines de la première des sept églises, la Trinité, appelée vulgairement l'église du Lierre (*Ivy Church*), à cause du manteau de lierre qui revêt sa belle porte antique à platebande et l'arcade de son chœur croulant. A quelque distance apparaît la haute et fière Tour Ronde de Glendalough. Comme celle de Monasterboyce, elle s'élance du milieu d'un cimetière, mais le sien est beaucoup plus vaste.

Deux des sept églises sont situées dans l'intérieur du cimetière: la plus grande, ou la moins petite, au toit effondré, qu'on appelle la cathédrale, et le très-intéressant édifice qui porte le nom de l'apôtre et du fondateur de Glendalough, saint Kevin, un des successeurs immédiats de saint Patrice. Nous voyons dans cette dernière construction une église gaëlique primitive, du septième ou peut-être du sixième siècle, à peu près intacte, avec son toit de pierre plus élevé que le corps de l'édifice; de l'extrémité du toit sort une petite tour ronde, construite postérieurement à l'église, quoique bien ancienne encore, et tout à fait de même apparence que les Tours Rondes détachées des églises. Il y a là une preuve parlante, entre bien d'autres, de la vérité du système du docteur Petrie sur l'origine chrétienne des Tours Rondes.

Les quatre autres églises sont éparses dans la vallée; celle de Notre-Dame (*Lady's Church*) est remarquable par la dimension et le style imposant de sa porte d'aspect étrusque; celle qui porte le nom du Monastère ou de Saint-Sauveur (*Saint-Saviour*) est entièrement écroulée et a disparu sous un bouquet d'aulnes et de peupliers; mais les plus curieux débris jonchent la petite butte qui marque sa place dans ce fourré : des chapiteaux, des fragments de frises et de corniches, décorés d'ornements très-variés qui indiquent un développement d'art postérieur à l'église de Saint-Kevin et contemporain de Monasterboyce, mais empruntant exclusivement ses formes de décoration à l'ancien goût celtique.

Beaucoup de précieux restes semés dans toute la vallée ont été détruits par l'ignorance ou le vandalisme; il en reste toutefois encore une riche moisson, surtout dans le cimetière. Il n'y a point là de ces somptueuses croix comme à Monasterboyce; mais de nombreux menhirs de petite dimension remplissent le cimetière et encombrent jusqu'à l'intérieur de la cathédrale; les uns portant la croix grecque inscrite dans le cercle, les autres dépourvus de tout signe; quelques-uns, percés de ces trous circulaires dont on ignore le sens et l'usage. Sur des croix apparaissent les disques pointillés de l'ornementisme druidique; d'autres croix sont inscrites, non-seulement dans le cercle simple ou multiple, qui est sans doute à la fois un signe solaire et un emblème druidique de l'infini, mais aussi dans l'antique roue solaire[1], telle qu'elle figurait sur les médailles gauloises.

1. Qui est aussi la roue magique des druides. Ils devinaient l'avenir

Les Dananiens, dans un symbole qui n'est probablement qu'une roue grossièrement figurée, avaient une fois, au fond de la grotte de Dowth, tracé une sorte de croix dans le cercle; les chrétiens irlandais empruntent constamment le cercle à l'antiquité celtique, et non-seulement le cercle, mais, dans les premiers temps, la *pierre levée.* Nous voyons, à Glendalough, que le menhir a consacré la place des premières tombes chrétiennes; dans d'autres cimetières, de vrais dolmens sont consacrés au même usage, et, quoique l'alphabet gaëlique chrétien apparaisse dès l'origine du christianisme en Irlande, et qu'on en trouve la trace dans ces primitifs oratoires, qui dépassent, en antiquité, même les plus anciennes églises de Glendalough, cependant l'ogham lui-même, que cet alphabet nouveau devait remplacer, n'a pas été d'abord exclu de l'alliance générale des deux symboles. La croix, le cercle, l'ogham et le menhir sont associés dans un certain nombre des plus anciens monuments funéraires chrétiens. Le musée de l'*Irish Royal Academy* possède une des pierres sépulcrales qui réunissent tous ces caractères. Au cimetière de St-John's Point, les tombeaux chrétiens sont disposés en cercle, les pieds des morts convergeant vers le centre.

A Kilnasaggart, se voit un double cromlech, un double cercle de pierres, avec un menhir au milieu et des oghams; partout la croix est inscrite dans le cercle. Ces croix paraissent marquer une prise de possession d'un

d'après les mouvements de la roue. Dans les légendes sur le héros Cuchulainn, celui-ci fait une descente dans une île enchantée dont la forteresse est défendue par une roue magique qui tourne perpétuellement avec rapidité. Voyez d'Eckstein, *le Catholique,* novembre 1823, p. 324.

monument druidique par les chrétiens. Ailleurs, des oghams associés à des croix ont été reconnus pour des épitaphes où les noms propres gaëliques ont le génitif en *i*, commun à l'ancien gaulois et au latin[1].

Glendalough et tous les monuments primitifs du christianisme irlandais semblent un vaste commentaire de l'axiome des bardes gallois : « Bonne est la pierre (le menhir) avec l'Évangile[2]. » Si l'on ne consultait que les apparences, cet art tout celtique, ces symboles demi-druidiques, demi-chrétiens, induiraient à soupçonner dans la vieille Irlande un fonds de croyance mixte comme les signes extérieurs si frappants qu'on vient de décrire. Cette croyance a existé ; on n'en peut plus douter, maintenant qu'on en connaît les documents secrets. Ces documents sont les *Cyfrynach* ou *Barddas*, les *Livres des Arcanes* du néo-druidisme cymrique, dont une partie sera bientôt publiée en France[3], et qui contiennent un fonds de traditions antérieures au christianisme et combinées avec la croyance en Jésus-Christ. Les monuments figurés de l'Irlande semblent indiquer que cette doctrine secrète aurait été commune aux Gaëls et aux Cymrys ; il ne faudrait pas néanmoins se hâter de conclure par l'affirmative sans de grandes réserves ; si, à côté du mouvement purement chrétien des Patrice, des Colomba, etc., il s'est tenté quelque mélange des deux croyances[4],

1. Le même fait s'est produit dans le pays de Galles, sur des inscriptions doubles, en caractères latins et en oghams, que nous avons déjà mentionnées, et que les antiquaires gallois pensent être du ve ou au moins du vi^e^ siècle.

2. *Da'r Maen gyd ar Efengyl.* Devise de la chaire bardique de Morganwg (Glamorgan).

3. Voir ci-dessous, VIII, *le Mystère des Bardes*.

4. C'était l'opinion du baron d'Eckstein. « Les héros irlandais, écri-

cela ne s'est pas perpétué comme en Galles. Le fait singulier du néo-druidisme, qui a pu se produire sur divers points chez les peuples celtiques, n'a subsisté que chez les bardes gallois, ou, plus exactement, dans un groupe de bardes gallois, ayant son centre principal en Glamorgan. Il n'y a point de traces que l'Irlande moderne ait conservé de pareils arcanes, et que le druidisme y ait laissé autre chose que des légendes populaires; mais la transition d'une religion à l'autre a été douce dans la verte Érin, et n'y a point soulevé de luttes violentes et sanglantes; un christianisme très-national, très-indépendant de Rome et du Continent, y a conservé toutes les formes antiques en y infusant un esprit nouveau.

La légende de la conversion de sainte Brigitte et de la conservation du feu sacré, que nous avons citée plus haut, est une parfaite expression idéale de cette pacifique transformation. Une anecdote relative à saint Columba, le plus grand saint de l'Irlande après son apôtre Patrice[1], a tout à fait la même valeur et la même signification. L'ordre des bardes, rapportent les biographes du saint, avait abusé de ses grands priviléges; il y eut

vait-il, étaient, jusqu'à un certain point, des initiés aux mystères druidiques..... et cette initiation s'est conservée sous le christianisme même. Il y avait alors des écoles spéciales pour les Féniens (Finiens), que l'on initiait à quelque doctrine secrète, sans doute à quelque système sur l'immortalité de l'âme. De là cette couleur mystique répandue sur l'Ossian et même sur le Fingal irlandais, qui se trouvent en rapport avec les mystères du monde souterrain et avec ceux du monde supérieur; mystères que, selon toute apparence, on enseignait aux héros d'une manière symbolique, dans le purgatoire de saint Patrick, institution originellement druidique. » *Le Catholique*, octobre 1829; p. 148.

1. Ne pas le confondre avec son compatriote et presque contemporain saint Colomban, qui joua un rôle si important dans la Gaule mérovingienne.

contre eux un tel soulèvement que, dans une des assemblées générales de la nation, qui se tenaient tous les trois ans à Tara, on proposa l'abolition de l'ordre; saint Colomba intervint éloquemment en faveur des bardes, et détourna le coup qui les menaçait. Il n'y eut point, en Irlande comme en Galles, une lutte sourde entre le bardisme et l'Église, et l'alliance des bardes et des saints dura autant que l'indépendance irlandaise.

Il est temps d'arrêter ici cette esquisse, déjà longue pour de simples notes de voyage, et qui serait toujours trop courte et trop incomplète pour prendre les proportions d'un véritable voyage archéologique en Irlande. Le but de l'auteur sera atteint, s'il a pu éveiller quelque intérêt parmi les personnes qui se préoccupent de nos antiquités et de nos origines, et contribuer à montrer l'utilité de multiplier nos relations trop rares avec les hommes instruits qui poursuivent les mêmes études dans les régions, étrangères à la France, qu'ont habitées nos communs ancêtres. Quant à l'Irlande en particulier, l'écrivain qui voudra entreprendre de tracer le tableau dont nous avons à peine indiqué quelques lignes, sera largement payé de ses soins. Le savant qui portera dans les travaux relatifs à l'Irlande l'esprit sévère de la critique historique, et qui cherchera surtout à démêler l'histoire vraie d'entre les fables amoncelées par les siècles, trouvera bien préparé, par toute une génération de travailleurs patients et sagaces, un terrain presque inabordable il y a trente ans [1]. Le litté-

1. Quelqu'un, pourtant, l'avait abordé, il y a trente ans, en avait reconnu les grandes lignes, et avait, pour ainsi dire, tracé à ses successeurs la carte des terres nouvelles à parcourir; mais il avait fallu, pour une

rateur, attiré de préférence par la poésie de ces traditions, qu'anime une imagination si féconde et souvent si charmante, et qui sont souvent des auxiliaires indispensables de l'histoire, rencontrera bien des trésors chez les bardes ossianiques comme chez les légendaires chrétiens, et l'ingénieux Crofton Croker sera pour lui un guide séduisant et fidèle à travers ce monde féerique. Pour l'érudit et pour le poëte, l'Irlande est une mine qui ne sera pas facilement épuisée.

NOTE

L'étude publiée par le doyen de la science du Nord, M. Nilsson, sur la grotte de Kivik, dans la nouvelle édition de son beau livre des *Habitants primitifs du Nord scandinave,* nous a conduit à des conclusions qui ne sont pas, nous devons le dire, celles de l'auteur. M. Nilsson constate fort nettement que le monument de Kivik, de même que les armes de bronze trouvées dans les tumulus du Nord, ne peuvent être scandinaves; mais il veut établir que ces armes et cette grotte sont phéniciens, et va jusqu'à attribuer une origine phénicienne aux cairns de New-Grange et de Dowth. Il appuie en partie ce thème sur des considérations relatives au culte solaire de Baal, dont il croit retrouver la trace dans la caverne de Kivik, comme dans toutes les traditions celtiques et germaniques se rapportant au culte du feu. Bel ou Bélénos, que M. Nilsson identifie avec Baal, a été le dieu du soleil et de la guerre chez tous les peuples celtiques, et son culte avait, parmi eux, une telle popularité que le terme *Belek*, en breton, *Baelok*, en gallois, *Bailek*,

pareille tentative, le profond génie du baron d'Eckstein et sa surprenante intuition des âges primitifs. — Écrit en 1862.

en irlandais, qui signifiait prêtre de Bel [1], est devenu synonyme de prêtre en général et même de prêtre catholique. Lors même qu'on admettrait que notre Bel dériverait du grand dieu chamito-sémitique, le Baal des Phéniciens, le Bel des Chaldéens, il est certain que son culte, qui d'ailleurs ne formait qu'un des éléments du druidisme, était devenu tout à fait celtique, et les traces qu'on en trouve dans le Nord ne sauraient prouver la présence des Phéniciens. Si ce peuple de commerçants habiles et de navigateurs intrépides, mais qui ne songeait guère à propager des dogmes et des dieux, a pénétré jusqu'au fond de la Baltique, il n'y a nulle apparence qu'il y ait fondé de grands établissements religieux et militaires. M. Nilsson n'eût peut-être pas cherché si loin la solution du problème, s'il eût examiné en détail les musées celtiques des îles Britanniques et de la France, et qu'il eût parcouru des yeux ces innombrables débris de nos pères qui sortent partout de notre sol, pareils ou analogues aux vestiges antiques qu'il a crus phéniciens.

Il est regrettable qu'il ne s'établisse pas des rapports plus habituels entre les hommes qui s'occupent des mêmes études d'un bout de l'Europe à l'autre : toute découverte étant à tous, la science avancerait plus vite.

Ceci soit dit sans déprécier en aucune manière les travaux des savants du Nord; les archéologues de France et des Iles Britanniques ne peuvent, au contraire, qu'applaudir à leurs constants efforts et aux très-beaux et très-grands résultats qu'ils ont obtenus; nulle part les antiquités n'ont été découvertes dans une plus vaste proportion ; le musée de Copenhague est devenu l'objet de l'admiration générale, et les théories, même hasardées, de M. Worsaaë et de ses émules (et M. Worsaaë paraît avoir, depuis, tempéré et limité les siennes), leurs hypothèses, disons-nous, ont soulevé des discus-

1. Nous devons dire que le sens de ce terme est aujourd'hui fort débattu (1870). M. de Belloguet donne au nom de *Belenos* une origine qui n'aurait rien de commun avec *Bel* ou *Baal*. Il le fait venir de *Melen* (*Belen*), en cymrique, jaune d'or. M. Chavée voit, dans Bel comme dans Belenos, la racine aryenne *Bhara*, qui se transforme en *Bhala*, ce qui brille et ce qui brûle. Le nom de *Belenos* se retrouve en France sous les formes Belin, Belaine, Blin, Blain, dans beaucoup de noms de lieux et de noms propres; la question du nom de Bel n'est pas aussi claire, à cause de la confusion facile à faire avec *bellus*, beau.

sions éminemment utiles. La Scandinavie aura sa grande part dans le mouvement historique de notre siècle [1].

—Depuis que nous écrivions ces lignes, une obligeante communication de M. Geffroy nous a permis d'examiner les planches qui accompagnent le texte de M. Nilsson. Le style celtique nous a paru dominer, en effet, dans l'ornementation de la grotte de Kivik. Les figures humaines sont d'un dessin très-barbare. La marche triomphale et les guerriers conduisant des captifs sont néanmoins fort distincts : les figures prises pour des prêtres sont si informes, que nous n'oserions rien affirmer; pourtant l'interprétation est vraisemblable; elles semblent enveloppées d'une longue draperie avec une sorte de capuchon.

Un symbole remarquable se trouve sur une des parois de la grotte : c'est une pyramide ou triangle allongé, portant sur une assise étroite et placée entre deux haches à manche courbe. Les coins ou triangles allongés se rencontrent, trois par trois, dans notre caverne de Gawr-Jniz.

Nous publions, à la suite de notre étude, deux chants bardiques propres à nous servir de pièces justificatives : l'un païen, l'autre chrétien. Le premier est ce chant sur le Paradis des Féniens, auquel nous avons fait allusion et dont nous n'avions point alors le texte en main; le second est attribué à saint Colomba et porte bien le cachet de l'époque à laquelle le christianisme avait encore devant lui le vieux druidisme.

Le premier chant est païen, quoique l'œuvre d'un barde chrétien du moyen âge; c'est-à-dire qu'il expose la croyance des temps antérieurs, telle qu'elle était conservée dans la tradition.

1. Ceci a été écrit de 1862 à 1863. Voir ci-dessous, IX, LE NORD SCANDINAVE.

I

LE TIR-NA-N-OG

OU LA TERRE DE L'ÉTERNELLE JEUNESSE

Tir-na-n-Og est le plus beau pays qui se puisse rencontrer,
Le plus fécond qui soit sous le soleil;
Là, les arbres ploient sous les fruits et les fleurs,
Tandis que l'épais feuillage monte jusqu'à la cime des buissons.

Le vin et le miel y abondent,
Et toutes choses y ont toujours paru comme elles y paraissent;
La maladie ne vous y tourmentera point durant votre vie,
Et vous n'y verrez jamais la mort ni la dissolution de votre corps.

Vous y trouverez les banquets, les jeux et les boissons qui réjouissent;
Vous y entendrez les sons enchanteurs de la harpe;
Vous posséderez l'or et l'argent;
Vous aurez maints brillants joyaux.

On vous donnera cent épées, sans brèches à la lame,
Cent vêtements de satin et de fine soie,
Cent coursiers fougueux dans la bataille,
Avec cent chiens de chasse au flair infaillible.

Vous obtiendrez le diadème du roi de l'Éternelle Jeunesse,
Qu'il n'a jamais donné à personne sous le soleil;
Il vous protégera, soit de nuit, soit de jour,
En batailles, rencontres et rudes combats.

On vous donnera une cotte de mailles bien faite pour la défense,
Une épée à garde d'or, forte et prompte à frapper,
A laquelle nul n'a échappé vivant,
Qui ait vu l'arme au tranchant aiguisé.

Vous recevrez cent tuniques de satin,
Cent vaches et cent veaux,
Cent moutons à la toison d'or,
Et cent pierres précieuses, comme il n'y en a point dans le monde.

On vous donnera cent gaies jeunes filles,
Belles et resplendissantes comme le soleil;
Accomplies de taille, de port et de visage,
Et dont les voix sont plus douces que le chant des oiseaux.

On vous donnera cent champions, très-experts dans la bataille,
Tous bien versés dans toute œuvre d'action,
Armés et vêtus à point pour vous servir,
Dans Tir-na-n-Og, si vous venez avec moi.

D'après la traduction anglaise d'O'Donovan, dans l'introduction aux *Transactions of the Ossianic Society*, vol. I, p. 23 et suivantes.

Ce fragment est tiré du poëme où Ossian (Oisin) raconte ses aventures à saint Patrice. C'est la fée du Lough-Leanne, fille du roi de Tir-na-n-Og et amante d'Ossian, qui lui fait cette description pour l'attirer dans le royaume de son père, ce qui peut faire croire que le don des cent jeunes filles n'avait pas le caractère que nous lui avions attribué, et qu'il ne s'agit là que d'un ornement de plus dans le séjour de merveilles qu'on promet au héros.

II

LE CHANT DE COLUMB-KILL [1]

« Columb-Kill a chanté quand il marchait seul, et ce chant rotégera qui le répétera en allant en voyage :

Je suis seul sur la montagne,
O royal soleil de voie heureuse!
Rien n'est à redouter pour moi;
Quand j'aurais affaire à six mille [2].

Si j'avais affaire à six mille,
Et qu'ils voulussent défendre ma peau,
Lorsque le temps fixé pour ma mort sera venu,
Il n'y aura point de forteresse qui puisse me protéger.

1. Saint Columba.
2. « A soixante centaines; » locution irlandaise.

Tandis que les réprouvés sont mis à mort jusque dans une église,
Jusque dans une île au milieu d'un lac,
L'heureux (le béni) est protégé de sa vie
Jusque sur le front d'une bataille.

Nul ne peut me tuer,
Quand je m'opposerais à lui au fort du péril;
Nul ne peut me sauver,
Le jour où ma vie sera venue à son temps prédestiné.

Ma vie!
Qu'elle soit comme il plaît à mon Dieu;
Rien ne lui peut être ôté;
Rien ne lui peut être ajouté!

L'homme en santé devient malade;
L'homme malade devient sain;
Le malheureux se retrouve en bon état;
L'heureux tombe dans la détresse.

Ce que Dieu a destiné à quelqu'un,
Il ne sort pas de ce monde qu'il ne l'ait rencontré.
Qu'un prince cherche davantage,
Il n'en obtiendra pas la grosseur d'une mite.

Une garde,
Une garde peut l'accompagner sur son chemin;
Mais quelle protection, quelle,
Le gardera contre la mort?

Une herbe [1] est coupée pour le troupeau,
Après sa descente de la montagne;
Qui fait que le possesseur du troupeau
Ne coupe pas une herbe pour lui-même?

Nul fils d'homme n'a su
Pour qui il a fait la moisson,
Ni s'il moissonne pour lui-même,
Ou moissonne pour quelque autre.

Aux privations (aux austérités)
Ne songe pas en ce moment;
Songe à la large hospitalité; c'est chose meilleure pour toi;
Le fils de Marie te fera prospérer;
Chaque hôte aura sa portion.

Il arrive souvent
Que la chose passée (dissipée, détruite) renaît,

1. Une herbe qui guérit.

Et que la chose qui n'est point passée,
Quoiqu'elle ne soit point passée, s'évanouit.

O Dieu vivant!
Malheur à celui qui fait mal en quelque chose;
La chose qu'un homme voit ne lui arrive pas,
Et la chose qu'il voit s'évanouit de sa main.

Ce n'est pas d'un éternuement [1] que dépend notre destinée,
Ni d'un oiseau perché sur une branche [2],
Ni de la racine d'un arbre noueux,
Ni du bruit d'un battement de mains [3];

Meilleur est celui en qui nous croyons,
Le Père, l'Unique et le Fils.
La distribution pour chaque soir dans la maison de Dieu,
C'est ce qu'a fait mon roi;

Il est le roi qui a fait nos corps,
Qui ne me laissera pas aller de nuit sans asile.

Je n'adore pas la voix des oiseaux,
Ni l'éternuement, ni les sorts (sortiléges, en ce monde,
Ni un enfant, ni le hasard (la chance), ni une femme;
Mon druide est le Christ, le Fils de Dieu,

Le Christ fils de Marie, le grand abbé,
Le Père, le Fils et le Saint-Esprit;
Mes domaines sont chez le Roi des rois;
Mon ordre (ma congrégation) est à Cenannus [4] et Moen [5].

Tiré des *Transactions of Irish archæologic Society*; *Miscellany*, vol. I, p. 2. Nous traduisons sur la version anglaise d'O'Donovan, revue et corrigée par le Dr Todd; *saint Patrick, apostle of Ireland*, p. 122. — Il résulte des documents cités par le Dr Todd, qu'au VIe siècle le druidisme dominait encore dans le Connaught, et que ses pratiques restaient en faveur à la cour suprême d'Irlande, à Tara, bien que le christianisme y eût été adopté dès le temps de saint Patrice. Ce singulier mé-

1. On sait qu'on tirait des présages de l'éternuement.
2. Probablement le roitelet (*drean*), l'oiseau fatidique que les Cymrys appellent *dryw*, druide.
3. On battait des mains en cadence dans les incantations.
4. Kells, dans l'East-Meath, où Columb-kill ou saint Columba fonda un monastère au VIe siècle.
5. *Maen Choluim chille;* Moone, dans le Kildare, où l'on conserve la croix ou crosse abbatiale de saint Columba.

lange ne cessa qu'après l'abandon de Tara. Non-seulement il y avait encore des druides, mais les saints de l'Irlande sont eux-mêmes le sujet de légendes fort étranges : ils se font la guerre entre eux à coups de miracles, comme les ascètes des poëmes brahmaniques. Un des disciples de saint Colomba, un Breton appelé Odhran, meurt de mort volontaire pour enlever au pouvoir magique des druides l'île de Hyou-Jona (l'île du dieu Hu?), en s'y faisant ensevelir, lui premier, entre les chrétiens : prise de possession d'un caractère assurément beaucoup plus druidique que chrétien ; surtout si, comme le soupçonne le Dr Todd, il faut entendre qu'Odhran s'est fait enterrer vivant dans la terre de Hy. *Ibid.*, p. 125.

Nous ajouterons seulement à cette étude sur l'Irlande l'observation suivante, quant à l'ethnographie irlandaise :

Ce qui regarde les Tuatha-Dé-Danann et les Scotts ou Milésiens nous paraît très-nettement acquis à l'histoire, quant aux traits caractéristiques de ces deux peuples celtiques, dont les dominations se sont succédé dans l'île d'Erin.

Avant le plus ancien des deux, les Dananiens, on aperçoit deux autres éléments en Irlande :

1° Les Fir-Bolgs, ces prétendus Belges que, dans leur fond primitif, nous accorderions volontiers à M. de Belloguet comme Ligures.

2° Les Némédiens, espèce de patriarches celtiques, tout ce qu'il y a de plus pur et de plus primitif dans la race, qui avaient sans doute apporté aux Fir-Bolgs quelques rudiments de civilisation et s'étaient fondus avec eux en leur faisant adopter la langue celtique, ce qui expliquerait comment les traditions irlandaises ne considèrent pas les Fir-Bolgs comme des *Fomoriens*, c'est-à-dire comme des étrangers à la famille celtique. Les monuments qui passent pour les plus anciens entre les grands tumulus à dolmens se relient traditionnellement à la légende des Némédiens.

Nous n'entrerons pas dans la question des *Cruithne* ou des Pictes, qui nous mènerait trop loin.

IV

LES ANTIQUITÉS BRETONNES

(1864)

I

Les monuments celtiques. — La région de l'Ouest. — Du Mans à Vannes.

Un jeune astronome d'un esprit élevé et hardi a écrit un livre d'un vif intérêt sur ces mondes, sans doute habités comme le nôtre, que l'espace sépare de nous [1]. Le temps sépare aussi bien que l'espace, et les vieux âges dont les débris nous entourent sont pour ainsi dire d'autres mondes dans lesquels nous pouvons voyager sans quitter notre planète.

Ces mondes du passé, l'imagination les a peuplés de

1. *La Pluralité des mondes habités*, par M. Flammarion. 1 vol. in-12. Didier et Cie.

bien des chimères; mais la science s'efforce, avec un succès croissant, d'en dissiper les ombres. Les empires lointains, l'Egypte, l'Inde, la Perse, nous livrent leurs secrets; la vieille Gaule, notre mère, ne doit pas nous être plus inexorable.

Il subsiste cependant une grande difficulté en ce qui la concerne. Les monuments des Grecs, nos maîtres dans les choses de l'esprit, et des Romains, nos dominateurs par les armes et par la politique, parlent d'eux-mêmes; les monuments de l'ancienne Gaule, les monuments de pierre brute, ou, pour parler plus poétiquement et plus exactement tout à la fois, les monuments de pierre vierge, sont ou paraissent silencieux; monuments muets, peuples muets, les Gaulois n'ayant pas laissé de livres.

On s'efforce aujourd'hui de les obliger à rompre ce silence. Ces monuments et ces peuples avaient toujours paru liés ensemble. Puisqu'il ne subsiste en Occident aucune autre sorte d'architecture antérieure aux Romains, et qu'on ne peut admettre que des nations nombreuses et puissantes, telles que les confédérations celtiques, qui avaient une religion savante, de grandes corporations sacerdotales et scientifiques, n'aient laissé aucune trace sur le sol, on leur attribuait tout naturellement ces rudes et grandioses constructions.

On les leur conteste aujourd'hui, et, parce qu'on rencontre des monuments du même genre dans des régions qui n'ont point été habitées par nos aïeux, les Celtes ou Gaulois, au lieu d'en conclure que les constructions de pierres non taillées ont été un usage commun, dans une ère patriarcale, aux Gaulois et à d'autres peuples historiques, tels que les Juifs, les Lybiens, les Indiens, les Aryens primitifs de l'Asie centrale, etc., on les attribue en masse à un peuple antéhistorique qui aurait semé ses œuvres gigantesques à travers le monde, sans qu'il se conservât de lui aucune tradition, aucun souvenir. Ces inconnus auraient tout fait, et les peuples gaulois ou celtiques, qui ont dominé l'Occident durant une vingtaine de siècles avant l'ère chrétienne et peut-être davantage, ne nous auraient pas laissé une pierre-levée!

Il y a deux moyens d'élucider la question : 1° étudier ce qui peut se rapporter à ces monuments, d'une part, dans les livres des Grecs et des Romains, de l'autre, dans les traditions des peuples qui parlent encore maintenant les dialectes celtiques et dont les écrits peuvent suppléer jusqu'à un certain point à l'absence de documents gaulois antérieurs à l'ère chrétienne ; — 2° étudier directement en eux-mêmes les monuments de pierre vierge, moins muets peut-être qu'on ne l'imagine.

C'est de ces monuments, accumulés en si grand nombre dans notre Bretagne, qu'il s'agit ici d'entretenir le lecteur : je dirai seulement plus tard, en passant, quelques mots des traditions écrites.

J'avais examiné récemment, à la suite de plusieurs voyages dans le pays de Galles, les monuments des Gaëls d'Irlande et ceux des Pictes d'Ecosse[1], et j'y avais trouvé des indices très-significatifs pour l'objet qui me préoccupait : il me restait à revoir le quatrième des vieux pays celtiques, la Bretagne, parcourue autrefois à une époque où je n'étais point en mesure d'inter-

1. Nous n'avons encore rien écrit sur l'Écosse, et nous espérons y revenir.

préter scientifiquement ce qui frappait mes regards. Et d'ailleurs, visiter de nouveau la Bretagne eût été nécessaire en toute circonstance, l'archéologie bretonne se renouvelant et se développant à vue d'œil par les résultats progressifs du système de fouilles poursuivi dans ces dernières années avec une activité et une habileté croissantes. Au lieu d'ouvrir, comme autrefois, au hasard, à de longs intervalles et sans les précautions et les constatations nécessaires, tel ou tel *tumulus* isolé, des hommes, dont l'expérience et la capacité égalent le zèle, exécutent actuellement, parmi les monuments du Morbihan, le principal centre de cette antique architecture, une exploration combinée et conduite avec une rigueur et une précision scientifiques sans exemple jusqu'ici.

Comme point de départ de toute étude ultérieure, je n'avais rien de mieux à faire que de visiter sous leurs auspices l'ensemble de leurs travaux et de leurs découvertes, dont une partie seulement était arrivée à ma connaissance.

Je partis donc pour ces contrées de l'Ouest, au fond desquelles se conservent la langue et une foule de traditions des âges antérieurs aux Romains. L'extrême ouest, les trois départements de la Basse-Bretagne, gardent seuls la langue antique ; mais les traditions, dont le reste de la France montre d'ailleurs aussi de nombreux vestiges, se maintiennent dans un rayon plus étendu que la langue, et l'Ouest, qui, sous le rapport moral, a bien des traits communs à ses diverses parties, se présente, quant à l'aspect physique et géographique, comme une seule et même région aux regards du voyageur. Dès qu'on a franchi le grand plateau à blé de la Beauce, le paysage ondulé du Perche vous introduit bientôt dans la *terre verte,* dans la terre des beaux bois, des belles eaux, des longues collines, où l'œil se repose largement des tristesses du défrichement forestier qui a dénudé d'autres parties de la France. Maine, Anjou, Basse-Normandie, Bretagne, ne font qu'un même groupe qui va finir en Poitou.

Les monuments des hommes participent en quelque façon de l'unité des aspects de la nature. On est frappé, en s'arrêtant au Mans, de voir à quel point les deux belles églises de cette ville sont marquées d'un certain système d'ornementation qui a pénétré plus ou moins dans toute notre architecture romane, et dont on trouve des traces dans le temple de Saint-Jean de Poitiers dès le ve siècle, et dans Notre-Dame de Paris jusqu'à la fin du XIIe, mais qui domine surtout entièrement parmi nos édifices religieux et civils de l'Ouest durant la plus grande partie du moyen âge. Cette ornementation, sur laquelle j'aurai à revenir plus loin, est d'origine celtique, ainsi que je l'ai indiqué dans une étude sur les antiquités irlandaises.

Un *menhir,* une haute pierre-levée des anciens Cénomans, débris peut-être d'une enceinte druidique remplacée par la basilique chrétienne, est adossé à l'une des entrées de la cathédrale du Mans, comme pour traduire en action l'adage des bardes : « Bonne est la *pierre* (druidique) avec l'Evangile [1]; » et pour signaler l'entrée de la mystérieuse région d'Occident. C'était encore une excellente introduction au voyage de Bretagne que de visiter aux environs du Mans le

1. *Da'r maën gyd an Efengyl.*

médaillier celtique de M. Hucher. C'est là une de ces précieuses collections spéciales qui gardent toute leur valeur même en présence de la magnifique collection générale celtique formée par M. de Saulcy[1].

Là se rencontrent les types numismatiques les plus originaux et les plus curieux des tribus de l'Ouest. On y reconnaît l'antique importance et la civilisation relative des Pictons (Poitou), des Namnètes (Nantais), et celle des habitants mêmes du Maine, les Cénomans, qui avaient pour emblème le cheval marin et l'ont transmis à leurs voisins d'Armorique. On voit dans ces monnaies comment les types empruntés aux Grecs se nationalisent et se transforment en types vraiment gaulois ; comment, par exemple, le cheval grec et macédonien devient le fantastique cheval à face humaine. La fameuse *danse du glaive,* la danse guerrière des anciens Gaulois, dont M. de la Villemarqué a retrouvé l'air et le refrain dans la bouche des paysans bretons, est figurée sur trois de ces médailles : dans l'une, un guerrier bondit en brandissant d'une main la hache de bataille et rejetant, de l'autre, en arrière sa longue chevelure flottante ; sur une seconde, un guerrier danse devant un glaive suspendu : il semble répéter l'invocation du chant des *Barzaz Breiz :* « O glaive ! ô grand roi du champ de bataille ! — O glaive ! ô grand roi ! »

Après le Mans, je traversai la pittoresque Laval, aux vieilles rues fièrement suspendues parmi d'épais om-

1. M. Hucher va publier les types de sa collection agrandis à la loupe ; très-heureuse idée, et qui devrait trouver des imitateurs. (Écrit en 1864.) — M. Hucher a réalisé son projet avec grand succès dans sa belle publicatiou de *l'Art gaulois.*

brages au-dessus de sa grande vallée et de sa large et claire rivière de Mayenne. Il est superflu d'ajouter que ses églises semi-romanes ont la même ornementation que celles du Mans, cette ornementation ne disparaissant que là où règne le style ogival dans sa plénitude.

En quittant Laval, on entre en Bretagne par Vitré, ville du XIIIe au XVe siècle, merveilleuse encore au clair de lune, malgré les trop larges brèches que le chemin de fer a faites à ses antiques remparts. Vitré arrête le voyageur au passage par d'autres souvenirs bien plus éloignés encore de ceux que j'allais chercher dans la Basse-Bretagne. A quelques pas du moyen âge, le siècle de Louis XIV vous appelle par ce qu'il eut de plus vif et de plus attrayant. Les Rochers, le manoir de madame de Sévigné, sont là dans les bois, à une heure de marche de la ville. Le manoir et le jardin, le couvert où elle venait se reposer et lire, sont intacts : le dessin du jardin au moins, sinon les vieux arbres. Elle-même, elle apparaît encore là, au fond du manoir, souriante et sérieuse dans sa blonde beauté, parmi la compagnie aimée des Chantal, des la Fayette, des Coulanges. Une main habile a su fixer dans une heureuse image tant de choses exquises, si difficiles à saisir et à rendre.

En touchant à Rennes, la capitale administrative et parlementaire du duché de Bretagne, la route de Basse-Bretagne tourne au sud et vous mène, à travers une succession de grands et riches paysages cinq ou six fois traversés et animés par le cours sinueux de la Vilaine, jusqu'à Redon, jolie ville qu'appelle à un avenir prospère sa situation à la jonction de plusieurs cours d'eau et des chemins de fer de Bretagne.

De Redon je me dirigeai à l'ouest sur Vannes. Si

Rennes est relativement moderne, c'est-à-dire renouvelée par la monarchie, la cité vénète a gardé assez fidèlement son caractère du moyen âge, et il est fort à désirer qu'on ne mutile pas sa vieille enceinte de tours enveloppées de verdure, et dont les fossés sont de beaux jardins. Le moyen âge abrite à Vannes la haute antiquité : c'est dans une tour dite du *Connétable*, où fut enfermé Olivier de Clisson, prisonnier du duc Jean de Montfort, qu'est le dépôt des trésors que l'on recueille dans les dolmens de la contrée : colliers, bracelets, haches, et les moulages des pierres chargées d'hiéroglyphes encore indéchiffrés.

J'étais, à Vannes, au centre des opérations archéologiques, en plein théâtre de cette guerre faite aux secrets du passé. Vannes est le siége de la société polymathique, qui, de concert avec ses sœurs, les sociétés archéologiques des autres départements bretons, travaille de son mieux à réparer les graves inconvénients qu'a eus pour la science la suppression de l'association bretonne. C'est de là que rayonne ce groupe d'explorateurs dont j'ai déjà parlé, et qui, dérogeant aux habitudes de notre temps, c'est-à-dire faisant beaucoup avec peu, presse, aussi vivement que le permettent ses ressources trop restreintes, l'étude à fond des monuments du Morbihan ; étude que le docteur Fouquet et ses zélés collaborateurs avaient entamée il y a onze ans par l'ouverture du grand tumulus de Tumiac. L'autorité départementale, on doit le reconnaître, seconde ce mouvement avec une sympathie éclairée, et le préfet du Morbihan, M. Lefebvre, y a pris personnellement une part très-active.

Mon ami M. de la Villemarqué, dont le nom dit

tout quand il s'agit de la Bretagne, m'avait mis en rapport avec l'habile directeur des fouilles, M. René Galles, qui applique à cette entreprise son énergique esprit d'organisation et d'action: l'archéologie aura lieu de compter comme une bonne fortune les circonstances qui ont appelé M. René Galles à exercer ses fonctions d'administration militaire dans le pays de Vannes[1]. L'obligeance de M. René Galles me mit en mesure de faire avec lui et M. de la Villemarqué, en une seule journée, la reconnaissance presque générale du théâtre de ses opérations, et dans la compagnie la meilleure pour rendre l'expédition aussi fructueuse que possible : M. de Cussé, qui assure à la science, par des moulages exécutés avec une précision absolue, la connaissance et la conservation des symboles ou hiéroglyphes, parfois très-frustes, sculptés à l'intérieur d'un certain nombre de dolmens[2]; M. de Limur, qui nous apportait les notions géologiques si nécessaires dans un sujet où la détermination et l'origine des roches qui ont fourni les matériaux peuvent décider plus d'un problème d'archéologie; enfin M. Lallemand, très-versé dans l'histoire et la légende de l'antique Vénétie armoricaine.

Une grande tournée par terre et par mer, sur la lagune du Morbihan et sur la côte, me fit visiter, outre des monuments que j'avais vus autrefois, et dont plusieurs ont été ouverts à une époque inconnue, quatre des six tumulus fouillés par M. Galles. Après cette re-

1. Son frère, M. Louis Galles, a beaucoup coopéré aussi aux découvertes.

2. M. de Cussé doit publier prochainement la collection de ces curieuses figures. (Écrit en 1864.) — Plusieurs livraisons ont paru.

connaissance d'ensemble opérée sur ces constructions, aujourd'hui reconnues comme funéraires, je revins, sous la direction d'un archéologue bien connu par ses excellents travaux sur les antiquités bretonnes, M. de Keranflech, examiner l'autre espèce de monuments qui a fait la renommée des landes morbihannaises, les fameux *alignements* de pierres-levées; puis je visitai, avec M. de la Villemarqué, un tumulus situé hors des limites du Morbihan, mais auquel la nature des objets découverts dans son caveau funèbre donne une importance particulière, le tumulus de Carnouët, près Quimperlé; enfin j'étudiai à loisir les mémoires dans lesquels M. René Galles et ses collaborateurs ont exposé les résultats de leurs recherches.

C'est d'après ces études que je vais essayer d'indiquer la physionomie générale des monuments du Morbihan, les objets mystérieux qu'on y trouve, et les conséquences qu'on peut en tirer pour l'histoire.

II

La grande nécropole du Morbihan.

Si, du haut d'un aérostat, armé d'une longue-vue de portée suffisante, on planait sur l'*arvor* ou plage marine de l'ancien pays des Vénètes, aujourd'hui le département du Morbihan, c'est-à-dire sur cette ligne de côtes qui s'étend de l'embouchure du Blavet à celle de la Vilaine, et que coupe en deux moitiés à peu près égales la presqu'île de Quiberon, l'on serait surpris de reconnaître quelle place occupent encore dans cette contrée, après tant de destructions séculaires, les monuments des âges antérieurs aux Romains. En partant du Blavet et de Port-Louis, on verrait d'abord apparaître, sur le territoire de Plouhinec, les débris de vastes alignements de pierres-levées; puis, avec un intervalle qui était probablement moins étendu autrefois, au delà du village d'Erdeven, les *menhirs* (*pierres longues*, en breton) se rencontrent par centaines; de grandeur très-variable, ils font foule pour ainsi dire, et sont trop rapprochés les uns des autres pour que, dans cet état de bouleversement où les uns sont debout, les autres abattus et déplacés, on puisse se rendre compte du nombre de lignes droites qu'ils dessinaient durant près de deux kilomètres.

Un des côtés des alignements d'Erdeven, vers les trois quarts de leur longueur à partir du village, effleure la base d'un tertre qui semblerait avoir été entouré d'un cercle de pierres, et que surmontent trois *dolmens* (en breton, *tables de pierre*). Ces monuments consistent en grandes pierres aplaties, espèce de tables posées horizontalement sur des supports verticaux et formant ainsi des grottes artificielles.

Depuis Erdeven, les monuments ne cessent plus d'occuper l'horizon. Des groupes de hauts et larges menhirs, de beaux dolmens, s'élèvent de distance en distance, principalement sur les hauteurs. Près du village de Plouharnel apparaît un triple dolmen dont les caveaux sont précédés d'allées couvertes ou galeries de pierres verticales, et qui garde encore les restes du *tumulus* ou tertre artificiel dont il était enveloppé.

A deux kilomètres de l'extrémité des alignements

d'Erdeven, le hameau de Menech, dont le nom peut signifier le lieu du *souvenir* ou de la mémoire, est enveloppé en partie dans les restes très-reconnaissables d'un vaste *cromlech* ou cercle de pierres, près duquel un très-grand dolmen. Les *menhirs* de cette enceinte étaient contigus, particularité assez exceptionnelle dans les cercles de pierres. Le terme de cercle n'est pas ici rigoureusement exact : c'est un trois-quarts de cercle, un arc très-tendu, dont la corde est formée par une ligne imposante de grands *menhirs*. A cette ligne aboutissent perpendiculairement onze lignes immenses de pierres-levées, parallèles les unes aux autres : elles s'allongent durant au moins trois kilomètres, et, quoique une multitude de *menhirs* aient été détruits, il n'y a nulle part de lacune complète, et la disposition générale peut être partout suivie et constatée.

Le terrain s'accidente en avançant vers la fin des alignements ; il y a ensuite un vide durant quelques centaines de pas ; vide non pas complet, quelques menhirs isolés ou groupés l'interrompent çà et là ; puis, au delà d'un moulin et d'un bois de pins qui couronnent une hauteur, on aperçoit les restes d'un second cercle imparfait, beaucoup plus détruit et moins distinct que celui de Menech ; à ce cercle aboutissent treize lignes de *menhirs* qui occupent un demi-kilomètre de long. Autrefois, les alignements de ce côté s'étendaient jusqu'au bras de mer appelé la rivière de Crac ou de la Trinité.

C'est là l'ensemble de ce qu'on nomme les *alignements de Carnac*, du nom du bourg le plus voisin.

Il restait, dit-on, il y a une vingtaine d'années, environ 1,900 *menhirs*, tant debout qu'abattus, et il ne paraît pas que le nombre ait sensiblement diminué depuis. Si les ponts et chaussées voulaient bien ne pas se montrer plus redoutables aux monuments de Carnac que les habitants des campagnes, nous pourrions espérer les conserver assez longtemps encore ; mais ces monuments, sans rivaux dans leur genre, méritent mieux que de subsister provisoirement par tolérance ; ils valent bien que l'État les prenne sous sa protection directe, et il n'est assurément, parmi les monuments classés comme *nationaux*, rien qui les surpasse en importance historique[1].

Les antiquaires anglais du siècle dernier, par une hypothèse que les découvertes modernes sur l'Orient tendent à confirmer, avaient cru les druides initiés à un grand symbolisme asiatique où le serpent est l'emblème de l'Être infini : ils en concluaient que les alignements de pierres levées, dans la Gaule et les Iles Britanniques, étaient de gigantesques images du dragon, du serpent divin. Que ces *dracontia*, comme ils les appelaient, aient, ou non, existé ailleurs, les alignements, à Erdeven et à Carnac, n'ont jamais dessiné la figure d'un serpent ; ce ne sont point des courbes, mais des lignes droites, sans être d'une rectitude géométrique. Ils présentent bien une disposition symbolique, mais d'un autre caractère, et qui consiste en ceci : qu'à partir d'une certaine distance du cercle de Menech, les pierres, d'abord très-basses, vont grandissant à mesure qu'elles approchent du cercle. Les plus élevées ne dépassent pas cinq à six mètres : comme l'a observé

1. Depuis 1864, rien n'a encore été fait pour assurer le salut des monuments de Carnac, et l'on nous a signalé de nouveaux actes de vandalisme.

M. R. Galles dans un de ses intéressants mémoires, c'est la quantité et non l'énormité qui signale les monuments de Carnac. La même disposition de menhirs croissants se répète trois fois dans l'ensemble des alignements.

Aux environs des alignements sont semés, dans la lande et sur les hauteurs, une multitude de dolmens et de tumulus ou tertres artificiels, qui, si l'on se rapporte aux expériences faites jusqu'ici, contiendraient tous un ou plusieurs dolmens dans leurs flancs. Le plus considérable des tumulus, qui couronne une colline assez élevée et supporte une chapelle, a reçu le nom de Saint-Michel : on sait que l'archange chrétien a remplacé d'ordinaire le Mercure latin, qui s'était lui-même substitué au Teutatès gaulois. Au sommet de plusieurs de ces tumulus est planté un grand *menhir* qui domine au loin la lande solitaire. Il en était probablement ainsi de tous autrefois. M. de Keranflech a constaté soixante-trois dolmens sur le seul territoire de la commune de Carnac. En breton, Carnac signifie le lieu des tumulus ou des *monceaux*, des tertres funéraires (*locus acervorum*).

Au delà il n'apparaît plus d'autres alignements; mais les dolmens ou les tumulus sont assez multipliés encore sur les communes de Plouharnel et de Crac et sur la presqu'île de Quiberon. Bientôt l'on atteint un autre territoire qui rivalise d'importance avec Carnac et qui a pour lui la grandeur des proportions monumentales, si Carnac a le nombre : c'est Locmariaker.

L'archéologie, l'histoire et la nature rivalisent d'intérêt dans ces lieux singuliers, vrai labyrinthe de bras de mer, d'îles, de golfes et de promontoires. La presqu'île de Locmariaker fait face à celle de Rhuys; entre les deux débouche dans la baie de Quiberon le *Morbihan*, la petite mer intérieure du pays vénète. C'est par ce détroit que sortit jadis la flotte des Gaulois pour aller livrer en haute mer, contre le lieutenant de César, cette bataille navale où périt la liberté armoricaine avec la marine des Vénètes, la plus puissante tribu maritime qui ait existé parmi les races gauloises.

L'autre côté de la baie, où s'allonge et se recourbe la tragique presqu'île de Quiberon, évoque, en face de ces catastrophes antiques, les drames de nos modernes guerres civiles. Ici, César et les héros vénètes, et les promontoires du haut desquels un peuple désespéré vit s'engloutir la flotte qui portait son destin; là-bas, Hoche et Sombreuil, et la plage où les émigrés vaincus mirent bas les armes pour aller mourir dans les fossés de Vannes, sans que leur généreux vainqueur pût les sauver.

Dix-huit siècles et plus avaient passé entre ces deux sanglantes épopées, entre la chute de la vieille Gaule et la Révolution qui a commencé une Gaule nouvelle. Combien d'autres siècles séparaient l'invasion romaine de la fondation des monuments qui couvrent les presqu'îles et les îles de la petite mer (*Mor-bihan*) vénète?

Une réponse positive est impossible. Les monuments eux-mêmes aideront peut-être à entrevoir une réponse approximative.

Ici plus d'alignements de pierres-levées; mais deux longues rangées de dolmens et d'allées couvertes, les uns dégagés de la carapace de terre et de pierres qui paraît les avoir autrefois enveloppés; les autres encore engagés dans leurs tumulus, anciennement ou récemment ouverts. Au sud-est s'élève, en tête d'une série de monuments, le *Mané-er-Hroëk*, le monceau de la Vieille ou de la Féc [1], que deux menhirs de huit mètres, aujourd'hui couchés par terre, précédaient, comme les pylônes d'un temple égyptien; au nord-ouest se développe une série plus imposante encore : les *Pierres-Plates*, le *Mané-Lud*, ou plutôt *Mané-n-Hellud*, le *Dol-Merch* ou Table de la Vierge (de la jeune fille ou de la druidesse?), appelé par erreur Table des Marchands, et bien d'autres. Un menhir présidait à tout ce groupe d'austères et puissantes constructions, mais quel menhir! On n'a retrouvé son pareil que dans les solitudes de cette Tartarie centrale où ont pénétré jadis les essaims des premiers Aryas, pères communs des Celtes et de toute la famille indo-européenne. Qu'on se figure un monolithe, un obélisque brut de granit gris, un peu plus haut et trois fois plus gros que l'obélisque de la place de la Concorde; plus de 22 mètres (67 pieds de hauteur)!

La pierre énorme est là gisante, brisée en quatre morceaux dans sa chute. On ignore quelles mains ont abattu ce géant. Celles qui le relèveraient se feraient grand honneur, et les ingénieurs ne regardent pas l'opération comme bien difficile. Le colosse dominerait et marquerait de son mystérieux caractère un paysage immense; on le verrait de la grande baie, de la mer intérieure, des quatre presqu'îles de Locmariaker, Baden, Rhuys et Quiberon, et des tumulus de Carnac. Ce serait là une œuvre de patriotisme breton à laquelle devrait s'associer quiconque s'intéresse à nos origines

1. *Mané*, *menez*, est l'augmentatif de *men* ou *maën* (pierre) : terme plus général que *carn*, il désigne également un tertre artificiel et un sommet de montagne.

nationales et aux origines de tout l'Occident. Ou, mieux encore, pourquoi en faire une entreprise spécialement bretonne? On érige en ce moment une statue à Vercingétorix et un musée aux antiquités gauloises : relever le Grand Menhir compléterait l'évocation de la vieille Gaule. Cette œuvre triple et une résumerait l'ensemble de nos traditions antérieures aux Romains.

Au Grand Menhir et aux tumulus de Locmariaker répondent d'autres monuments sur les îles du Morbihan et sur la presqu'île de Rhuys. Une de ces constructions, ainsi que l'a fait remarquer M. René Galles, s'aperçoit, comme s'apercevait le Grand Menhir, de tous les dolmens et de tous les tumulus de la côte. C'est le tumulus de *Gawr-Iniz* (l'île du Géant, et non, comme on l'appelle vulgairement, *Gavr-Iniz*, l'île de la Chèvre). Ouvert à une époque inconnue, il a le premier appelé l'attention des archéologues par les étranges sculptures dont l'intérieur de son dolmen est entièrement couvert, et il reste encore le plus remarquable des monuments figurés de cet ordre. Un autre tumulus à dolmen sculpté se montre dans *Iniz-Hir* (l'île Longue). Enfin, sur le rivage opposé, dans la presqu'île de Rhuys, un tertre artificiel de soixante pieds de haut, le plus grand de toute la contrée, couronne la hauteur de Tumiac-en-Arzon.

Là se termine l'ensemble immense de monuments de pierre vierge dont on reconnaît sans peine les lignes principales et les groupes sur un espace d'au moins cinq lieues, depuis Erdeven jusqu'auprès d'Arzon, sans parler des alignements que l'on retrouve vers Plouhinec, à dix ou douze kilomètres au nord-ouest, ni d'autres groupes moindres.

Pénétrons maintenant dans le flanc de ces collines, élevées de main d'homme, que nous avons vues dessiner au loin leurs profils et leurs masses; entrons sous les tables massives des sombres dolmens, et demandons-leur quels secrets elles abritent depuis de longs âges.

Le système de construction des tumulus présente une certaine variété : néanmoins, à l'exception d'un petit nombre, et particulièrement du *Mané-n'-Hellud*, dont le nom a dégénéré en *Mané-Lud* (le Monceau des Cendres), parce qu'il est composé de vases de mer desséchées qu'on avait prises pour des cendres, ces buttes artificielles consistent en un véritable *carn*, pour employer le terme celtique, c'est-à-dire en un monceau de pierres sèches enveloppant un ou plusieurs dolmens ou caveaux, souvent reliés ensemble par des galeries intérieures ou allées couvertes. Le *carn* de pierres sèches paraît avoir été d'habitude recouvert d'une couche de vases de mer ou de terre végétale, parfois surmontée à son tour d'une troisième carapace en pierres; le but évident de cette double ou triple enveloppe était d'empêcher l'infiltration des eaux dans les dolmens ou cryptes sépulcrales.

Sépulcrales, disons-nous; c'est ce qui ne peut plus faire doute, car on a retrouvé des restes humains dans tous les dolmens qu'on a récemment fouillés, si ce n'est dans le *Mané-er-Hroëk*, le Monceau de la Fée, qu'une tradition locale signale précisément comme un cénotaphe ou tombeau vide érigé à un absent.

Un second résultat nous paraît presque aussi assuré à la science : c'est que les dolmens funéraires, au moins ceux de cet âge et de cette contrée, auraient tous été primitivement cachés sous des *carns* ou tumulus, dont on reconnaît les débris autour d'un grand nombre de dolmens aujourd'hui mis à jour. J'incline à la même opinion quant aux monuments analogues que je connais en Galles et en Irlande.

Les alignements, au contraire, ne paraissent point être des monuments funèbres. Les menhirs ou pierres-levées isolées ont souvent en France le caractère funéraire; ils l'ont bien plus communément encore dans les Iles-Britanniques; les menhirs réunis en alignements ne l'ont point : on ne trouve pas de débris humains entre leurs rangs à Erdeven ni à Carnac; nous ne saurions y voir autre chose que des monuments religieux dont la valeur symbolique précise nous est inconnue, mais auxquels un lien moral relie indubitablement cette multitude de sépultures imposantes qui se pressent autour d'eux, et même, selon toute apparence, les vastes groupes de Locmariaker et tout le reste des constructions sépulcrales du pays.

C'est l'analogue de ce qui se voit en Angleterre avec des formes différentes et des proportions plus régulières et moins gigantesques : le *Côr-gawr* (grand-cercle) de Stone-Henge, sanctuaire qui consiste en un double cercle et un double ovoïde, est entouré d'un groupe circulaire de collines funèbres.

Les alignements du pays vénète sont sans doute, eux aussi, mais dans des dimensions incomparablement plus vastes qu'à Stone-Henge, un sanctuaire entouré d'une nécropole.

Si ces monuments sont l'ouvrage des Gaulois, rien n'est plus naturel que l'association des tombeaux aux sanctuaires chez un peuple dont la religion portait tout entière sur les mystères d'outre-tombe. Les tombeaux mêmes devaient être pour lui, comme pour les Égyptiens, des lieux sacrés posés sur le seuil de l'autre vie et pleins des arcanes de la transmigration et de l'immortalité.

Nous verrons si les signes gravés sur les pierres des tumulus et les objets qu'on trouve à l'intérieur peuvent jeter quelques lueurs sur l'origine de ces monuments et sur les croyances de ceux qui les ont érigés.

Une première observation sera que les restes humains sont là beaucoup moins bien conservés et réduits en fragments beaucoup plus menus que les ossements donnés par les tombeaux de construction analogue et vraisemblablement de même âge dans certaines autres régions de la France, particulièrement dans les environs de Paris; le sol de la Bretagne n'est pas conservateur. L'analyse chimique des ossements fournis par les tumulus bretons donnerait, assure-t-on, un résultat fort inattendu : c'est que, de ces débris, les uns auraient été simplement inhumés, les autres incinérés avant l'inhumation. Ceci, bien constaté, renverserait la donnée en vogue : que la Gaule primitive n'aurait connu que l'inhumation, et que la coutume de brûler les morts aurait été introduite assez tard, peut-être par l'influence grecque, en Gaule comme en Italie [1].

Une autre donnée, celle de la détermination de périodes successives dans l'âge des monuments par la nature des objets qu'on y rencontre, nous semble également compromise : au lieu de trouver d'abord les armes de silex et les grossiers ornements en terre cuite

1. La co-existence très-antique des deux rites en Gaule ne paraît plus contestée maintenant (1870).

dans les cryptes les plus grossières, puis les belles haches de pierres rares et d'un poli parfait dans les dolmens à grands supports réguliers, puis enfin l'or et le bronze dans les triples dolmens à galeries ou allées couvertes, on rencontre parfois, dans les constructions les moins régulières et les plus dénuées d'art, les haches les mieux polies et les colliers de jaspe, d'agate, peut-être de turquoises, et, réciproquement, des objets sans valeur et sans art dans ce qu'on peut nommer les dolmens du grand appareil; enfin, si, à Plouharnel, c'est un des monuments les plus complets, les plus perfectionnés quant au système de construction, qui a livré aux explorateurs de grands bracelets d'or, à Carnouët, au contraire, c'est un simple dolmen sans allée couverte, engagé dans un simple tumulus en terre, qui a fourni les seules armes de bronze rencontrées jusqu'ici entre les huit ou dix tumulus ouverts dans ce pays avec des circonstances suffisamment connues. Ce point importe à fixer. Nous avons recueilli, M. de la Villemarqué et moi, de la bouche d'un témoin oculaire très-éclairé et parfaitement digne de foi, M. Julien, de Quimperlé, toutes les circonstances de la découverte de Carnouët. Lorsque M. Julien et ses compagnons d'exploration ont pénétré dans le dolmen inviolé de Carnouët, ils ont trouvé réunis, sur le sol du caveau, un collier d'or et un collier d'argent, un certain nombre de pointes de flèches en silex, six glaives et poignards en bronze et une petite hachette en bronze[1]. Les glaives et poignards de bronze sont de ce modèle triangulaire à rainures des deux côtés de la lame, si connu des antiquaires

1. Le collier formé d'anneaux d'or, quatre des glaives et poignards de bronze et sept flèches de silex sont au musée de Cluny, à Paris.

comme un type celtique, si commun dans les musées, surtout dans celui de l'Académie de Dublin, et qu'on voit souvent figurer parmi les trophées des guerres gauloises sculptés sur les monuments romains de la Gaule et de l'Italie.

Les hommes qui se servaient de ces armes seraient donc les mêmes qui ont élevé les menhirs et construit les dolmens. Il faut probablement reléguer ce qu'on appelle l'*âge de pierre* exclusif dans une antiquité totalement antéhistorique : l'âge des dolmens et des menhirs serait *âge de bronze* aussi bien qu'*âge de pierre*[1]; l'*âge de fer* seul est réellement distinct, en ce sens que le fer ne se rencontre jamais dans l'intérieur des monuments dont nous nous occupons. Le fer n'était peut-être pas entièrement inconnu à ces peuples, mais ils n'en forgeaient point encore des armes ou des instruments. C'est le cas de l'époque homérique en Grèce. Le glaive *bleu*, chanté dans la *Danse du glaive*, a remplacé plus tard le glaive de cuivre brillant comme de l'or. L'introduction des armes de fer et celle de la numismatique signalent les derniers siècles de l'indépendance gauloise.

Pourquoi l'or et le bronze sont-ils rares dans les tombeaux ouverts jusqu'ici sur ces côtes? Pourquoi le caractère si différent des objets rencontrés à Carnouët et des découvertes de Tumiac, de Saint-Michel-de-Carnac, de Locmariaker, où l'on ne voit que colliers de pierres fines et point d'or, que haches de pierres rares et polies et point de bronze?

1. Voir ci-dessous, VI, *De l'origine des monuments mégalithiques* : nous ne faisions pas encore ici la distinction essentielle qu'il faut faire entre l'âge de la pierre *éclatée* et l'âge de la pierre *polie*.

Hypothèse pour hypothèse; voici la nôtre : ces belles haches de pierre noire, verte, gris-argenté[1], ne seraient point des armes de guerre, mais des armes de sacrifices ou des armes destinées uniquement aux funérailles; les colliers de jaspe, agate, etc., seraient des colliers sacerdotaux; les tombeaux où on les découvre seraient des tombeaux de druides; les très-petites et fines hachettes, si souvent rencontrées en toute espèce de monuments funéraires, seraient purement symboliques. Quant aux colliers et bracelets d'or, nous ne sommes plus dans l'hypothèse : nous savons positivement que c'étaient les insignes des chefs militaires, des *chevaliers* gaulois, et les armes de guerre qui les accompagnent s'expliquent d'elles-mêmes. Les tombeaux druidiques seraient, en ce cas, beaucoup plus nombreux dans cette contrée que les tombeaux militaires[2].

Maintenant, quel est le caractère, quelle est la valeur, non plus des objets introduits dans les tombeaux avant cette clôture qu'on avait voulu rendre éternelle, mais des signes sculptés et incorporés avec les tombeaux mêmes? Si les constructeurs de nos monuments de *pierre vierge* obéissaient à la même pensée religieuse que la loi de Moïse formule en précepte positif, s'ils s'interdisaient d'altérer par le travail de l'homme la forme naturelle des matériaux de leurs édifices sacrés, cette prohibition n'allait pas jusqu'à leur inter-

1. D'après les observations du savant géologue et minéralogiste M. Damours, le vrai jade asiatique ne se rencontrerait pas, comme on l'a cru longtemps, parmi ces pierres : ces belles natures de roches se trouveraient toutes en Bretagne, et celle que l'on qualifiait plus spécialement de jade serait de la *fibrolithe*.

2. Notre hypothèse n'est pas neuve; nous la retrouvons dans l'ouvrage de M. le docteur Fouquet : *Des monuments celtiques dans le Morbihan* (1853).

dire de dégrossir la surface intérieure des dolmens ni de graver en creux ou en relief sur la pierre ces signes dont nous souhaitons si vivement aujourd'hui de pénétrer le mystère. — Première question à laquelle il nous est impossible de répondre : Pourquoi ces signes font-ils absolument défaut dans la région de Carnac, et sont-ils si communs sur les rives et dans les îles du Morbihan, dans la région de Locmariaker?

Ce ne sont point des lettres, des caractères alphabétiques, tels que l'*ogham* d'Irlande ou le *coelbren* de Galles ; sont-ce de simples représentations d'objets réels, des symboles ayant une certaine valeur générale, ou des hiéroglyphes de convention exprimant un sens déterminé? Nous pensons qu'il y a de tout cela dans ces décorations intérieures, beaucoup plus diverses entre elles que ne sont celles des monuments du même genre en Irlande [1], mais que les représentations d'objets réels, tels que serpents et haches emmanchées ou non emmanchées, ont une valeur symbolique aussi bien que les signes de pure convention.

Un des tumulus de Locmariaker, le *Mané-n'-Hellud*, présente dans son dolmen tout un ensemble de signes conventionnels qui ne se rencontrent point ailleurs jusqu'ici [2]. L'honneur de la découverte appartient à un archéologue d'outre-mer, M. Samuel Ferguson, de Dublin.

Un seul de ces signes, consistant en une sorte de double crosse dont les courbes sont placées en sens inverse, se retrouve multiplié en séries croissantes

1. On en a découvert, depuis, de nouvelles et variées en Irlande.
2. On les a retrouvés en partie ailleurs.

dans le fond d'un autre monument, le *Dol-Merc'h* (Table de la Vierge), et reparaît un peu modifié sur une monnaie des Namnètes (Nantais) que possède M. Hucher, du Mans. Cette antiquité inconnue se trouverait donc ainsi reliée aux fastes historiques des derniers temps de l'indépendance gauloise.

Des espèces de coupes arrondies ou segments de cercles sont creusés sur les tables du Monceau de la Fée (*Mané-er-Hroëk*), du Mont-Saint-Michel-de-Carnac et de plusieurs autres monuments de Bretagne ; nous les avons revus sur un des deux menhirs du cap Saint-Mahé, le Bout-du-Monde (*Pen-ar-Bed*) des Gaulois, et sur un monument chrétien du moyen âge, le prétendu tombeau de Conan Mériadec, à Saint-Pol de Léon.

Les serpents tiennent une place importante dans nos principaux dolmens figurés, quelquefois trois par trois, comme les coupes ; quelquefois associés à des croissants. On sait par Pline quelle figure faisaient le serpent et les rites lunaires dans le symbolisme des druides. Les serpents et les croissants sont très-fréquemment réunis sur les médailles celtiques.

Dans le fameux dolmen de Gawr-Iniz, le plus riche de tous en sculptures, ce qui frappe davantage, avec les serpents et les coins ou haches sans manche, ce sont des séries de cercles, d'ovoïdes, de croissants accolés, impliqués les uns dans les autres, et s'élargissant graduellement ; partout le même principe avec des formes différentes, c'est-à-dire quelque chose qui va du plus petit au plus grand par une dilatation progressive [1].

1. Nous apprenons qu'un nouveau dolmen, couvert de figures analogues à celles de Gawr-Iniz, vient d'être ouvert en Bretagne.

Ces mêmes cercles redoublés et grandissant se retrouvent dans la décoration moins complexe des tumulus d'Irlande, comme nous l'avons dit plus haut.

Au même symbolisme semblent se rattacher ces figures de haches qui apparaissent, quelquefois avec de très-grandes dimensions, non-seulement dans trois des principaux dolmens de Locmariaker, mais sur plusieurs autres monuments de divers cantons de la Bretagne, sans parler de celles qu'on sait avoir été détruites. Il semble probable que l'espèce de cognée sculptée en relief sur une multitude de tombeaux gallo-romains, avec l'inscription *sub asciâ*, (sous la hache), n'est que le vieil emblème celtique conservé dans les Gaules romaines jusqu'à l'avénement du christianisme. Cette hache serait l'arme symbolique qui tranche les liens de la vie terrestre.

Une découverte récente vient à l'appui de cette interprétation. Lorsque M. René Galles et ses collaborateurs pénétrèrent dans le *Mané-er-Hroëk* (Monceau de la Fée), près de l'entrée du dolmen ou chambre funéraire qui est au centre du tumulus, ils rencontrèrent une grande pierre chargée de sculptures : c'étaient des formes de haches parmi des dessins bizarres ; au milieu, une sorte d'écusson ou de cartouche où figuraient des serpents, mêlés, à ce qu'il semble, à des croissants frustes.

A l'intérieur du dolmen, quand les explorateurs soulevèrent les premières des dalles qui le pavaient, ils trouvèrent par-dessous, près de l'entrée, un grand nombre de *celts* ou haches brisées ; plus loin, au contraire, sur le sol du caveau, c'est-à-dire au-dessus du dallage, leurs regards furent frappés d'une série d'objets disposés en ligne droite, du sud-est au nord-ouest, et, à ce qu'il semble, orientés sur la voie lactée; c'étaient des *celts* ou haches de *jade*, et des pendeloques ou gros grains de collier en jaspe et agate, tous intacts et du plus beau travail ; la ligne aboutissait à une très-grande hache de *jade* [1] (35 centimètres), pénétrant par la pointe dans un large anneau ou cercle d'un très-beau *jade* vert ressemblant au malachite.

Le symbole ne devient-il point ici suffisamment clair ? Ces armes brisées, ne sont-ce pas les existences fragiles et passagères de la transmigration ? la grande hache et le cercle, n'est-ce pas, pour parler le langage des bardes, la *délivrance de la mort*, qui met fin à la transmigration et introduit l'âme dans le *gwynfyd*, le cercle d'immortalité ? La voie lactée semble avoir été, dans leurs traditions, la principale région du *gwynfyd*.

Tous les objets susceptibles d'une interprétation quelconque dans nos monuments paraissent donc favoriser la tradition qui rattache aux Gaulois cette antique architecture. D'autres confirmations affluent de diverses parts dès que l'on descend la chaîne des temps.

Nous avons parlé, au commencement de ces études, d'un système d'ornementation qui domine dans l'architecture romane jusqu'au douzième siècle, surtout dans nos régions de l'ouest, et nous avons dit que cette ornementation était d'origine celtique. Ces ornements, dont les principaux consistent en disques ou cercles souvent redoublés et pointillés, en zigzags ou dents de

1. Nous employons ce terme usuel, sous la réserve faite tout à l'heure : cette hache serait, paraît-il, en fibrolithe.

loup, en losanges, en croissants accolés, en spirales, en torsades, se retrouvent habituellement, en effet, sur les objets de provenance celtique : armes, vases, ustensiles, ornements, figurines réunies dans nos musées de France, de Grande-Bretagne et d'Irlande, ou gravés dans les ouvrages d'archéologie ; pour le dire en passant, les lignes de disques pointillés qui ornent les figurines gallo-romaines du curieux recueil de M. E. Tudot, dessinent en broderie, aujourd'hui encore, le contour du corsage des paysannes bretonnes.

Notre moyen âge est donc relié à la Gaule romaine et aux derniers siècles de la Gaule indépendante par ce qu'on peut nommer le style ou le goût celtique ; maintenant, peut-on faire remonter ce style jusqu'à nos monuments bretons de la haute antiquité ? On en retrouve véritablement là quelques traits caractéristiques ; les figures compliquées de Gawr-Iniz, cercles et ovoïdes multiples, accolades de croissants, reparaissent parfois sur des auges chrétiennes d'époque mérovingienne [1] et dans les ornements d'architecture.

Il paraît naturel aussi d'admettre que le serpent emblématique des dolmens soit le prototype de ces innombrables figures qui, sur les chapiteaux, dans les voussures, parfois autour des piliers romans, comme dans la crypte de Lanmeur, rappellent les replis et les enroulements du serpent, et, particulièrement sur les chapiteaux, transforment en serpents les volutes classiques. Le grand tumulus de Tumiac, ouvert en 1853, présente l'exemple d'une transmission plus extraordinaire, car elle franchit sans intermédiaire la série des

1. Voir les musées de Nantes et de Poitiers.

siècles ; au fond du dolmen est sculpté un double collier qui est véritablement le modèle des doubles et triples colliers figurés en broderie sur la poitrine des paysans de la Cornouaille et des montagnes d'Arès.

Les preuves, cependant, pourraient ne pas sembler assez nombreuses pour être décisives. Ce que la Bretagne ne nous donne pas suffisamment, l'Irlande va nous le fournir. Il y a là d'autres monuments auxquels nous avons déjà fait allusion, des tumulus plus vastes encore que les nôtres, et que la tradition attribue, non pas comme chez nous aux fées, aux nains ou aux géants, mais très-nettement à la race historique appelée le *peuple des dieux de Dana* (*Tuatha-dé-Danann*). Eh bien ! les dolmens de ces tumulus, les sculptures de New-Grange, de Dowth, etc., nous offrent précisément à l'état primitif ces disques, ces losanges, ces dents-de-loup, ornements ou emblèmes qui se reproduisent à l'infini sur tous les objets celtiques et passent de là dans l'architecture du moyen âge.

La filiation ininterrompue de la haute antiquité au moyen âge s'établit encore plus facilement pour les menhirs ou pierres-levées que pour les dolmens ; là encore les Iles Britanniques suppléeraient, et bien plus largement, à notre Bretagne ; les menhirs funéraires s'y rencontrent en fort grand nombre avec figures ou inscriptions ; en Irlande, on voit succéder aux emblèmes druidiques les emblèmes chrétiens, les inscriptions chrétiennes aux inscriptions oghamiques, et souvent inscriptions et figures des deux systèmes s'entremêlant : la croix sur le menhir et la croix dans le cercle. C'est encore plus frappant et plus complet chez les Pictes d'Ecosse qu'en Irlande, les Pictes étant le peuple qui nous a laissé le plus de menhirs figurés, et l'usage de ces espèces d'obélisques sculptés se prolongeant jusque sous les rois d'Écosse.

Nous serions entraînés trop loin si nous voulions aborder les traditions écrites ; contentons-nous de dire que les poésies des plus anciens bardes gallois, écossais et irlandais contiennent d'assez fréquentes allusions aux monuments de pierre et indiquent que, de leur temps, on élevait encore, sinon de grands tumulus, au moins des dolmens simples et des menhirs sur la tombe des héros.

Nous avons vu, par l'étude de l'ornementation, la ligne continue de la tradition se prolonger depuis les dolmens du Morbihan jusqu'aux églises du douzième siècle, jusqu'aux vieilles maisons bretonnes du quinzième, car elles portent encore les mêmes ornements sur leurs frises et sur leurs arcades, et enfin jusqu'aux vêtements des paysans bretons de nos jours, encore marqués des mêmes signes et des mêmes emblèmes.

Reste à nous enquérir si la tradition ne remonte pas plus haut encore ; s'il n'y a pas en Bretagne des vestiges d'une antiquité supérieure à celle de Carnac et de Locmariaker, et qui soit néanmoins encore celtique. Nous ferons maintenant un petit voyage à leur recherche.

III

Ages primitifs. — Les autels. — La lande de Trégunc.

Deux objets nous préoccupaient, M. de la Villemarqué et moi : visiter les lieux d'où l'on avait tiré les grands matériaux des monuments du Morbihan, et où nous avions chance de rencontrer des antiquités tout à fait primordiales, puis rechercher des autels druidiques présentant des indices suffisants de leur origine.

Pour le premier point, nous tenions de nos compagnons d'exploration dans le Morbihan des indications très-formelles. Si les pierres-levées de médiocre dimension, à Erdeven et Carnac, sont prises sur place parmi les granits communs qui affleurent là partout entre les joncs et les bruyères, les grands menhirs, les tables et les supports des dolmens viennent d'ailleurs. Les constructeurs de ces monuments utilisaient les matériaux qui se trouvaient sous leur main ; mais, quand ils n'en rencontraient point sur place qui répondissent à la hardiesse de leur pensée, ils savaient se les procurer à tout prix.

Quant aux autels druidiques, autrefois on croyait en voir partout ; pas un dolmen qui ne fût un autel ; pas une dépression sur une pierre qui n'eût été une rigole destinée à faire écouler le sang d'un sacrifice humain ; aujourd'hui, par un excès contraire, beaucoup d'antiquaires n'en veulent plus voir nulle part. On peut bien admettre qu'ils aient été détruits par les Romains et surtout par les chrétiens, plus systématiquement que les autres monuments; toutefois, ces destructions ne sont jamais universelles, et il doit certainement subsister quelques restes des tables ou pierres de sacrifices.

Un savant qui a rendu beaucoup de services à l'archéologie bretonne, M. le docteur Fouquet, a cru reconnaître dans le Morbihan de nombreux débris d'autels : ce sont des blocs présentant des espèces de bassins ou de coupes de forme irrégulière, et qui ont, à leur base, « une gorge largement évidée et donnant à la partie inférieure du rocher-autel la forme d'une marche, d'un gradin.... » L'explication que donne M. Fouquet de l'origine des bassins nous paraît invraisemblable, mais son observation sur la disposition systématique de ces blocs en gorge ou évasement est à considérer, et la destination religieuse qu'il leur assigne est au moins une hypothèse à examiner sérieusement.

Quoi qu'il en soit, nous ne retournâmes point dans la contrée dont M. Fouquet a décrit les autels supposés : les souvenirs de jeunesse de M. de la Villemarqué nous promettaient une moisson à recueillir dans des parties de la Bretagne moins explorées par les archéologues.

Nous nous dirigeâmes vers les vastes landes qui s'étendent de Pont-Aven à Concarneau.

La route passe auprès des ruines pittoresques du manoir de Rustefan, dont le nom rappelle une touchante ballade sur la fille du seigneur morte d'amour pour un jeune clerc contraint à se faire prêtre[1]. Des souvenirs d'un autre caractère allaient bientôt se pres-

1. Voir le t. II des *Barzaz-Breiz*, de M. de la Villemarqué.

ser autour de nous. Les dolmens sont nombreux dans ce pays de bois, de ravins, de bruyères et de collines. Dans une lande qui porte le nom significatif de *Ker-lan*, (la ville du lieu saint), quoiqu'il n'y ait là maintenant que le désert, un monument que nous prîmes d'abord pour un dolmen attira notre attention.

C'était bien un *dol-men* dans le sens étymologique, une *table de pierre*, et nous n'en avions jamais vu de si belle. La table monolithe avait bien dix mètres de long et une largeur proportionnelle; mais elle ne formait pas le toit d'une chambre funéraire : elle était simplement posée sur une autre masse allongée. On remarquait à sa surface quelques dépressions ou petits bassins plus ou moins analogues à ceux dont parle le docteur Fouquet, et qui pouvaient, à la rigueur, être naturels; mais deux cavités plus larges et plus profondes, se correspondant sur les deux côtés de la table, étaient évidemment pratiquées de main d'homme, dans un but qui n'avait rien d'équivoque.

Deux blocs étaient couchés à droite et à gauche de la table; on montait sur ces blocs, puis de là, on mettait le pied dans les cavités pour gravir sur la table, où pouvait se tenir un groupe de prêtres en vue d'une nombreuse assistance.

Ce monument n'avait jamais dû être, comme les dolmens funéraires, engagé sous un tumulus : le paysan kervenote qui nous y avait menés l'appelait *an aoter*, l'autel, et nous restâmes persuadés que le paysan avait raison, ce qui arrive souvent, pour ces sortes de choses, dans ce pays traditionnel par excellence.

C'était, je le crois, le premier autel druidique que j'eusse jamais vu.

A mesure que nous avancions vers le village de Trégunc, centre de notre exploration, les blocs naturels se multiplaient, entremêlés çà et là de quelques menhirs : bientôt ce fut comme des traînées d'énormes masses d'un granit magnifique semées sur les sommets et sur les pentes des collines. Nous voyions là ce que nous avaient annoncé nos compagnons d'études : ce granit était celui des grands monolithes de Locmariaker et de Carnac : c'étaient là ces traînées de blocs erratiques que les eaux avaient emportées de la chaîne centrale de Bretagne et charriées çà et là sur le double revers de la péninsule.

Au fond d'un petit vallon, nous rencontrâmes un paysage de grand caractère dans son étroit horizon. Au-dessus de nous montait la lande ; sur la pente, les blocs dessinaient une sorte de vaste cercle, un cromlech naturel, dominé par un haut menhir qui profilait sa silhouette grise sur l'azur : on ne voyait que la lande, les grandes pierres et le ciel ; c'eût été un horizon tout druidique si, à quelque distance plus bas, un autre grand menhir de trente pieds n'eût montré à sa cime la croix grecque qui signale les premiers âges chrétiens chez tous les vieux peuples celtiques.

Ces croix plantées sur des menhirs sont communes en Bretagne comme dans les pays celtiques d'outremer ; des chrétiens, mieux inspirés que les destructeurs d'antiquités, conservaient souvent ainsi les monuments de leurs pères en les marquant du signe du Christ.

La main de l'homme et celle de la nature s'étaient mêlées évidemment dans cette espèce de rude sanctuaire, dont la nature avait tracé la forme.

Nous eûmes plus loin la même impression avec plus de force encore. Sur le territoire d'un village appelé Ker-Aoter, la Ville de l'Autel, nous nous engageâmes dans un labyrinthe de petits ravins, de coteaux et d'ajoncs épineux; un aigle blanc voletait sur la bruyère comme pour nous servir de guide. Nous arrivâmes devant une masse formidable, monument ou rochers, — une espèce de dolmen informe et colossal composé de deux blocs posés sur deux autres.

L'homme avait-il construit cette grotte? Qui pourrait le dire? — Mais l'homme l'avait consacrée; trois courbes ou croissants frustes étaient creusés sur une des grandes pierres, et la grotte était entourée d'un cercle en terre levée avec douve.

Nous étions certainement devant une antiquité qui dépassait Carnac et Locmariaker.

Mon compagnon demanda au paysan qui nous conduisait le nom de la grotte.

« C'est le *Lech-ar-Chrom.*

— La pierre ou le monument de *Crom.* »

Ce nom était formé des mêmes éléments que celui de *cromlech*, que nous donnons aux cercles de pierres, et que les antiquaires d'outre-mer donnent à nos *dolmens.*

C'est le nom du dieu de la plus vieille race celtique, des Gaëls d'Irlande; nom qui tient aux racines même de la haute antiquité; il a dans les langues celtique et germanique le sens de *courbe*, la *courbe* génératrice du *cercle;* c'est l'Éternité engendrant le Temps; le dieu Crom répond en ce sens à ce qu'est, dans la mythologie grecque, *Ouranos*, le Ciel, engendrant *Kronos* ou Saturne, le Temps[1].

Le nom de Crom nous reporte à une époque où les Gaëls primitifs occupaient l'Armorique et où les Cymrys et les Vénètes habitaient encore autour de la mer Noire. Depuis, j'ai eu des indices attestant que ce n'était point là un fait isolé en Bretagne; M. de la Villemarqué m'a cité des noms de fontaines et d'enceintes rappelant leur consécration à Crom, et il n'est pas impossible que le nom de la plus haute cime des montagnes d'Arès, ce *Méné-Hom* ou *Méné-Com* qui domine au loin la Cornouaille, ses rades et ses baies, ne soit qu'une altération de *Menez-ar-Chrom;* le plus haut sommet aurait été consacré au Dieu suprême.

Après avoir passé auprès d'une seconde grotte moins grandiose, nous allâmes traverser Tregunc, village dont les maisons, avec leurs murs formés de hautes pierres verticales, semblent des allées couvertes bâties de menhirs. Des monuments d'un autre genre nous attendaient au delà de Tregunc. Près de la route de Concarneau apparaît une de ces fameuses pierres branlantes qui ont donné lieu à tant de débats et qui sont devenues assez rares. C'est un bloc énorme posé tout simplement en équilibre sur le sol.

En le touchant à un certain point de l'une ou l'autre de ses extrémités, un enfant le fait osciller sans peine : en toute autre manière, un géant ne l'ébranlerait pas.

Faut-il voir là l'emblème du libre arbitre, de ce *point de liberté* ou *point d'équilibre* qui définit la vie

1. La racine *crom* a le sens de *courbe;* la racine *cron* a le sens de *cercle;* elle a en latin et en allemand le sens dérivé de *couronne,* sous les formes *corona* et *krone.*

humaine (*l'état d'humanité*) chez les bardes, grands ennemis du fatalisme?

Quoi qu'il en soit de cette interprétation métaphysique, les traditions qui se rattachent presque partout aux pierres branlantes indiquent qu'elles avaient un emploi tout pratique dans les coutumes des Gaulois, et qu'elles servaient à des épreuves judiciaires, analogues dans le principe, sinon dans la forme, aux épreuves en usage chez les autres peuples anciens et jusqu'à la fin du moyen âge.

Cette idée d'interroger les forces secrètes de la nature sur les secrets de la vie humaine a été aussi universelle que la magie, et procédait du même principe ou de la même illusion ; on croyait faire parler dans la nature extérieure le Dieu qui ne parle que dans la conscience de l'homme.

Les accusés qui ne parvenaient pas à mettre en mouvement la pierre étaient sans doute réputés coupables. Il n'y a pas bien longtemps encore que des maris qui soupçonnaient la fidélité de leurs femmes les obligeaient à subir cette épreuve.

A quelques pas de la pierre branlante de Tregunc, un autre bloc beaucoup moindre est évidé en forme de banc à peu près circulaire; c'est là probablement que s'asseyaient les juges de l'épreuve : la partie supérieure de ce bloc, par suite de cet évidement, se relève en une très-forte saillie présentant la figure d'un œuf gigantesque parfaitement dessiné. Nous ne croyons pas téméraire de voir là l'œuf du dragon, l'*ovum anguinum*, qui, au rapport de Pline, joue un si grand rôle dans la mythologie druidique, et dont l'étude des cosmogonies orientales nous a révélé la signification. C'est l'œuf du monde couvé par le serpent divin, par ce dragon qui forme le cercle de l'éternité en se repliant sur lui-même.

Un peu plus loin, entre des pierres qui semblent les restes d'un cercle ou *cromlech*, s'élève une petite grotte ou dolmen informe, dont un bloc, ainsi que dans la grande grotte de Crom, remplace la table ; mais ce monument-ci est évidemment construit de main d'homme, et, sur la face intérieure de la pierre qui le couvre, on distingue la forme très-grossière et très-fruste d'une grande hache, près de laquelle plusieurs de ces coupes ou *cupules* que nous avions vues sur d'autres monuments.

Ainsi, les symboles qui se répéteront jusqu'à l'époque gallo-romaine apparaissent dès l'antiquité première.

Nous avions touché enfin le tuf du vieux monde celtique. Voilà bien les monuments primitifs où l'on peut distinguer à peine l'œuvre de l'homme et l'œuvre de la nature. *Hic incunabula.* C'est ici le berceau ; c'est ici que les patriarches celtiques, les Némèdes, les *fils du ciel* [1], dont les traditions irlandaises nous ont gardé un vague souvenir, arrivant de l'Asie centrale, se sont arrêtés au *bout du monde*, avant de dépasser ce *Finis-terre*, cette fin du grand continent, pour jeter leurs colonies dans les îles de l'ouest ; c'est ici qu'ils se sont essayés dans cette architecture primordiale ; c'est d'ici que leurs successeurs ont charrié à Carnac et à Locmariaker les pierres géantes traînées par des milliers d'hommes.

1. Littéralement les *célestes ;* de *neimhe, nem,* en gaëlique, devenu *nef* (*nev*) en gallois, et retourné sous la forme *env* en breton. Ce mot, qui signifie *ciel,* est la racine de divers composés.

Malheureusement, la *carrière* des druides a recommencé d'être carrière pour des constructions moins solennelles; quelques monuments seront préservés sans doute, mais ceux qui voudront voir les blocs de Tregunc dans un ensemble imposant encore feront bien de ne pas trop différer le voyage.

IV

Ages primitifs. — Les autels. — Le Finistère. — Le Roch-Moloch et Ker-Rohou.

Une autre puissante traînée de blocs erratiques, plus ou moins marqués par la main de l'homme et appropriés au culte de nos aïeux, se retrouve dans des lieux très-retirés, sur le revers opposé de la péninsule bretonne; je savais qu'il y avait à vérifier là l'existence de quelque chose de plus extraordinaire encore que ce que j'avais vu à Tregunc.

Je partis, non pas en ligne directe, mais en faisant le tour du Finistère. Tout a du caractère et de l'intérêt dans ces contrées : le pays, les monuments et les hommes. Les hommes sont des monuments aussi, quand ils se montrent, comme ceux-ci, de vivantes médailles du passé. Ces Vanetais, ces Kernevotes, ces gens de la montagne Noire et de la montagne d'Arès, n'ont pas plus changé de type et guère plus changé d'habitudes que de langue. Leurs longues chevelures, leurs vêtements bordés de couleurs tranchantes, leurs larges ceintures à plaques métalliques, pareilles à celles des bas-reliefs gallo-romains, les *bragou-vraz* (*latæ braccæ*), ou grandes culottes gauloises, que portent encore beaucoup d'entre eux, les colliers représentés en broderie sur l'encolure de leurs gilets, les couleurs diverses qui distinguent entre eux les divers cantons, comme elles distinguent les clans chez les montagnards écossais; veste noire bordée de velours chez les Vanetais, blanche bordée de noir sur les confins de Vannes et de Cornouaille, bleu de ciel en Cornouaille, rose-bruyère dans les montagnes de l'intérieur, écarlate à Plougastel (rade de Brest); tous ces traits originaux frappent moins encore chez les paysans bas bretons que les traits de leurs visages. Dans plusieurs marchés où je les ai vus réunis en grand nombre, la moitié au moins montrait dans toute son énergie ce fier type de race pure, que le savant ethnographe W. Edwards qualifiait de type cymrique. C'est toujours la race au long visage, au grand nez droit ou aquilin, au menton pointu, au front élevé et ouvert. Tous gardent invariablement un des caractères que les anciens attribuent aux Celtes : les yeux bleus; quant à leur chevelure, bien habile qui en tirerait des conclusions ethnographiques; ces flottantes crinières étalent toute la gamme de nuances imaginables, du blond cendré au brun noir, si ce n'est tout à fait au noir bleu du Midi. Le blond, cependant, comme je l'ai dit plus haut, domine chez les enfants, puis, chez la plupart, passe au châtain avec l'âge.

Les yeux bleus, au reste, n'appartiennent pas exclusivement à ces Cymrys, si l'on veut leur donner ce nom; l'autre type, au visage rond, à la tête courte, le Gaël de W. Edwards, a aussi, très-souvent, les yeux bleus ou gris clair. Mais ce n'est pas la Bretagne seule, c'est tout l'ouest de la France qui a les yeux bleus, jusqu'à Bordeaux, où l'œil noir de l'Ibère commence à disputer le terrain au Celte. Mais pourquoi parmi nous autres, gens du nord[1] ou du centre, compte-t-on les yeux bruns ou *vairs* en majorité? Nous sommes, selon toute apparence, aussi bons Gaulois que nos voisins d'occident. Quelles influences physiologiques inconnues nous ont modifiés? et pourquoi, dans l'ouest comme dans l'est de notre Gaule, la stature humaine a-t-elle baissé depuis les temps antiques?

Voilà des problèmes plus difficiles encore à résoudre que celui des monuments celtiques.

Puissent les Bretons ne pas oublier leur langue, la langue de nos aïeux, tout en apprenant la nôtre, et accepter le mouvement de la civilisation sans la plate uniformité de cet habillement européen qu'on ne peut plus appeler un costume! Le pittoresque se laissera-t-il chasser de la contrée qui est presque aujourd'hui son unique asile?

Reprenons notre bâton de voyage, et mentionnons seulement en passant les nombreux monuments druidiques des environs de Penmarch et ceux de la presqu'île de Crozon. Une particularité remarquable m'a été signalée par M. de la Villemarqué : les habitants du petit territoire situé entre l'Odet (la rivière de Quimper) et la lagune de Pont-l'Abbé, portent le nom de *Combris;* diverses traditions et dénominations locales les rattachent à une colonie de Cymrys d'outre-

1. Sauf l'extrême nord wallon, où les yeux bleus reprennent la majorité. Ils l'ont aussi çà et là dans certaines parties de la Picardie et de la Lorraine *welche* et nullement germanique.

mer venus du ve au vi^{e} siècle. C'est la seule trace connue du vieux nom cimbrique dans notre Bretagne.

Je ne décrirai pas, après tant d'autres, la beauté sévère des baies et des côtes de la Cornouaille, ni de l'incomparable rade de Brest. En allant visiter, au delà de Brest, le Bout-du-Monde (*Pen-ar-Bed*) des Gaulois, ce cap Saint-Mahé d'où l'on plane sur tant de promontoires, de golfes et d'îles semés dans le vaste Océan, d'Ouessant jusqu'à la mystérieuse Sein ou Sizun [1], je rencontrai, non point la trace des anciens Cymrys dont je parlais tout à l'heure, mais la main de leurs descendants, les Gallois actuels, fraternellement imprimée sur le rivage breton. Dans l'humble cimetière de Lochrist, le dernier village du continent, un monument funéraire avait attiré mes regards. J'approchai et reconnus une inscription galloise.

Elle disait que cette pierre avait été érigée par les peuples frères de la Petite et de la Grande Bretagne, à l'homme de bien, au patriote qui avait restauré la langue et composé la grammaire des Bretons, et traduit pour la première fois dans cette langue l'ensemble des livres saints.

C'était le tombeau de Legonidec. Sa colonne funéraire, dressée par les Bretons Armoricains en 1845, ayant été renversée bientôt après par la foudre, les Bretons Gallois avaient réclamé l'honneur et le droit de la relever, en signe de cette antique fraternité que n'ont pu dissoudre les siècles.

Après avoir examiné les débris celtiques très-variés

1. Était-ce bien l'île sacrée des druidesses? Le nom breton, Sizun, est fort éloigné de *Sena*.

de la presqu'île de Kermorvan et visité le beau menhir de Plouharzel, le plus grand que j'aie vu debout (au moins 12 mètres)[1], je gagnai le Léonnais, où les monuments celtiques, fort nombreux, sont éclipsés par la richesse et l'éclat des constructions du moyen âge. Le Folgoat nous étale les splendeurs de l'art breton du XVe siècle; la charmante et silencieuse cité de Saint-Pol semble endormie depuis le XIVe, aux bords de sa baie abritée et tranquille, avec ses vieilles maisons de grand style et ses belles et mélancoliques églises, la cathédrale et le *Kreizker*, pleines d'ossuaires qui étalent, aussi bien que les chapelles de l'imposant cimetière, les restes, tout récents encore, des trépassés. C'est là qu'on voit se manifester dans toute sa force cette *familiarité avec la mort*, dont Jean Reynaud a si grandement parlé dans son *Esprit de la Gaule*. On vit là non-seulement en présence de la tombe, mais en face de ces tristes dépouilles qu'on ensevelit partout ailleurs dans les profondeurs de la terre comme un objet de désolation et d'effroi.

Le haut et svelte clocher du Kreizker, tant célébré par les dictons et les poésies populaires, est le roi des campagnes du Léonnais et l'orgueil de la Bretagne ; il n'avait point de rival ; il en a deux maintenant, les deux flèches récemment élevées sur les tours de Saint-Corentin de Quimper par un architecte breton, M. Bigot, à l'aide d'une vaste souscription populaire bretonne. Il est impossible d'accomplir, avec un sentiment plus juste et plus respectueux de l'art ancien, la périlleuse

1. Celui de Dol, que j'ai vu depuis, est à peu près de même dimension.

entreprise de compléter un édifice du moyen âge sans le dénaturer. Plût au ciel qu'on eût partout ce respect de la tradition et de l'histoire! On ne verrait pas, dans d'autres départements, des monuments uniques, inappréciables, détruits tout entiers, pièce à pièce, afin de les refaire.

Mais le moyen âge n'est pas en ce moment notre objet. En sortant de la ville du XIVe siècle, de Saint-Pol, nous allons retrouver, à l'île de Bas, les vestiges de la haute antiquité.

Entre Saint-Pol et l'île de Bas est le très-jeune et très-vivant petit port de Roscoff, renommé parmi les touristes par sa pittoresque situation, par la fécondité phénoménale de son territoire, et par son figuier géant, un vrai *baobab* d'Europe. C'est là que je connus l'aimable et savant docteur Goulven Denis, qui est, on peut le dire, la tradition vivante pour ce curieux pays de Léonnais, et qui a recueilli dans les campagnes un trésor de légendes et de *guerz* (lais bretons) appelé, nous l'espérons, à un autre destin que de rester enfoui dans les grèves roscoviennes.

L'île de Bas, qui n'est séparée de Roscoff que par un étroit bras de mer, garde, parmi tous ces souvenirs celtiques, d'étranges vestiges d'une autre origine, que me fit connaître M. Goulven Denis. J'avais ouï dire plus d'une fois qu'il subsistait, sur deux ou trois points de la Bretagne, des traditions relatives à de *mauvais prêtres* qui sacrifiaient de petits enfants; il y a une allusion à ce sujet dans les *Barzaz-Breiz* de M. de la Villemarqué. Ceci ne pouvait rien avoir de druidique. Les Grecs et les Latins, qui ont décrit avec beaucoup de précision, d'une part, les hécatombes d'enfants pratiquées à Carthage, et, de l'autre, les sacrifices humains des druides, n'ont jamais confondu ces deux espèces de sacrifices. Mais alors d'où venaient ces lugubres légendes en Bretagne? L'île de Bas nous donnerait la réponse. Sur une de ses plages, dit-on, se lamentaient les mères auxquelles on avait enlevé leurs enfants. Audessus s'élève un rocher qui commande toute l'île. On l'appelle encore le *Roch-Moloch*. Ce nom en dit assez. Le dieu infanticide des Phéniciens, Moloch l'impitoyable, aurait donc eu là son autel.

Rien n'est moins invraisemblable que l'existence d'un établissement phénicien dans cette île, très-bien placée comme situation commerciale, entre la Gaule et l'île d'Albion. C'est probablement de l'île de Bas que partaient les Phéniciens pour aller chercher l'étain aux Cassitérides (les îles Scilly ou Sorlingues), près de la pointe de la Cornouaille anglaise. Un indice confirmatif c'est que, tandis que le reste de la Bretagne, de même que les autres pays de langue celtique, appelle l'Angleterre le *pays saxon* (*Bro-Saozon*), l'île de Bas lui donne encore aujourd'hui le nom de *pays de l'étain* (*Bro-Stéan*).

En face du rocher de Moloch surplombe sur la mer, au bord du continent, une autre masse appelée le *Roch-Chrom*, comme si le dieu celtique, le vieux Crom, se levait pour défier le dieu étranger.

J'avais à visiter le dieu des Celtes dans un de ses plus mystérieux et de ses plus antiques sanctuaires, pour terminer l'ensemble de mon exploration. Je rentrai donc dans l'intérieur des terres, afin d'aller saluer au pied de son autel Crom, — ou Esus, — le même dieu, sans doute, sous des attributs divers. Je dus passer, chemin faisant, devant un monument qui est à l'autre bout de l'échelle des âges, une création d'hier, ouvrage vraiment imposant de la civilisation moderne. Celle-ci brille rarement par le pittoresque et le grandiose, mais on ne saurait dénier l'un et l'autre de ces caractères à l'étonnant viaduc dont les doubles arcades s'élancent d'une montagne à l'autre par-dessus les rues, les places et la rivière de Morlaix. Ces constructions seront les vrais monuments de notre temps.

Le mouvement de la vie moderne gagne sensiblement ces contrées. On est frappé du large progrès matériel qui coïncide, dans les Côtes-du-Nord, avec un remarquable réveil de l'esprit public. Les populations bretonnes, qui ont gardé leur séve originale, iront loin quand elles marcheront, et elles commencent à marcher. Aujourd'hui, c'est encore le pays des contrastes. A quelques lieues de ces belles côtes du nord, qui sont un des territoires les mieux cultivés de la France, s'étend un pauvre et sauvage canton de hautes landes, de collines incultes, de prés marécageux, point de partage d'où cinq ou six rivières prennent leurs cours en sens opposé vers la Manche et vers l'Atlantique; c'était là que je devais évoquer la mémoire des ancêtres.

A mesure que j'avançais, à partir de Pestivien, les blocs erratiques, ainsi qu'aux landes de Tregunc, se multipliaient sur les sommets et sur les pentes, peut-être encore plus volumineux et affectant le plus souvent une forme arrondie.

Les proportions allaient grandissant. Au-dessus d'une vallée marécageuse et d'une lande où sont épars les débris d'un double et peut-être d'un triple cromlech ou cercle druidique de grande étendue, un spectacle majestueux frappa mes yeux. Un groupe d'énormes blocs, dessinant une espèce d'enceinte, couronnait une colline. Ces masses ne portaient aucune trace de la main de l'homme, mais elles étaient dominées par une autre masse qui ne pouvait être l'ouvrage de la seule nature : c'étaient deux piles colossales, formées chacune de trois rochers superposés ; vrais colonnes de Titans, qui attestent l'audacieux génie des Celtes primitifs et la sauvage grandeur des croyances exprimées par de telles œuvres, car on ne saurait douter que ce ne fût un monument religieux.

Mais ce n'était point là un autel, et c'était un autel que je cherchais.

A un mille de là, près du manoir de Ker-Rohou, un bois couvre les pentes d'une colline, couronnée comme la précédente d'un groupe de grands blocs arrondis. Il y a là encore deux imposants piliers bruts commandant un vaste paysage ; mais ils ne se composent chacun que de deux roches, au lieu de trois. Un autre bloc, tout à côté, montre une saillie, une sorte de bosse travaillée de main d'homme. J'en avais vu deux pareilles sur le grand menhir de Plouharzel, et la même superstition s'y rattache ; les femmes stériles viennent encore le toucher pour faire cesser leur stérilité ; ici, le nom explique la croyance ; le roc s'appelle *Men-ar-Dragon*, la pierre du dragon. C'est le dragon cosmogonique dont nous avons vu l'œuf représenté à Tregunc, et l'on s'adressait à lui comme à la source de toute génération et de toute vie.

Ce roc était la pierre de la vie : à quelques pas était la pierre de la mort. Sur un bloc brut, que sa forme, à distance, ne distinguait point des autres, une dépression singulière attira mon regard. J'approchai, et je vis, par le travers de cette masse, une grande figure s'allonger en creux : c'était une forme humaine parfaitement reconnaissable ; la tête, l'encolure, le torse, le bassin, puis une gaîne pour les membres inférieurs ; la figure suivant la pente de la pierre, la gaîne des jambes était plus basse que la tête ; un homme de grande taille pouvait s'étendre facilement dans ce moule étrange.

Il était de toute impossibilité que ce fût là un jeu de la nature. Ce que j'avais ouï dire de l'existence de quelques débris d'autels de ce genre était donc vrai ; M. de la Villemarqué, qui m'avait signalé celui-ci pour l'avoir vu il y a bien des années, n'avait point été trompé par ses souvenirs de jeunesse. Un vieux chant cymrique, interprété comme l'hymne que chantait la victime volontaire au moment du sacrifice, me revint en mémoire :

« Hu, aux ailes étendues, ton fils..., ton serviteur, ô père de qui a reçu le don, t'invoque [1] !...

« Ma langue entonne mon chant de mort : elle appelle du monument de pierres qu'entoure le cercle du monde [2]... »

Un texte des documents secrets des bardes gallois jette une vive lumière sur cette association des sacrifices humains avec une religion élevée et philosophique, qui rend le druidisme si étrange. On savait bien que, à part les immolations d'ennemis vaincus, il y avait deux

1. Hu est une divinité bretonne qui, dans quelques chants bardiques, se confond avec le Dieu suprême.

2. *Glodiat Byt.* Littéralement : le fossé du monde. Le sens ne semble pouvoir être que : le fossé circulaire qui est l'emblème de l'orbe du monde. Voir le texte dans W. Skene, *the Four ancient Books of Wales.*

catégories de victimes, les judiciaires et les volontaires, les dévouements expiatoires des Curtius et des Decius, exceptionnels chez les Romains, étant érigés en institution chez les Gaulois. Le texte gallois nous explique les conséquences qu'on attribuait au sacrifice pour l'âme de la victime. — Le coupable qui *acceptait* la mort méritée *transmigrait* dans une nouvelle existence humaine, au lieu de retomber, en châtiment de son crime, dans les existences animales; — le coupable qui *provoquait* la mort méritée en dévoilant son crime, *sur la sommation de justice entendue dans sa conscience*, échappait à la transmigration et entrait dans l'immortalité. — Enfin, l'innocent qui mourait volontairement, par dévouement (pour racheter ses amis, sa patrie, etc.), allait droit au plus haut du ciel.

Ce texte n'est pas antique dans sa forme, mais il nous transmet certainement des idées antiques[1].

En résumé, nos conclusions sur les monuments de Bretagne et sur leurs frères d'Occident, nous les avons déjà posées et ne pouvons que les répéter : c'est qu'ils sont bien celtiques et n'ont rien à faire avec cette humanité primitive dont l'héroïque obstination de M. Boucher de Perthes a retrouvé les informes débris et imposé l'existence au monde savant[2].

Quant à l'interposition d'un âge intermédiaire entre le monde primitif et le monde celtique, âge que les savants commencent à désigner sous le nom d'*âge du renne*, et qui a pu coïncider avec une expansion des

1. Voir ci-dessous, VIII, *le Mystère des Bardes*.

2. Il est juste d'associer à M. Boucher de Perthes MM. Lartet, Tournal, Garrigou et autres savants qui, dès avant 1830, avaient signalé l'existence de vestiges humains mêlés à des ossements d'animaux de races disparues.

races du nord, Lapons, Samoyèdes, peut-être jusque dans notre patrie; quant à l'expansion postérieure, plus ou moins étendue, de la race méridionale des Ibères immédiatement avant l'ère celtique, ce sont là des questions pleines d'intérêt que nous ne pouvons que réserver ici, en applaudissant aux efforts des patients et courageux chercheurs qui fouillent de toutes parts notre sol pour lui arracher ses secrets[1].

1. Depuis la publication de notre étude, un des tumulus de la presqu'île de Rhuys, le Petit-Mont, a été ouvert, et M. de Cussé a bien voulu nous faire part de la découverte de curieuses sculptures symboliques trouvées à l'entrée : deux pieds humains, parmi des lignes serpentantes analogues à celles que nous connaissions déjà.

Dans une excursion aux environs de Saint-Brieuc, en 1867, nous avons vu plusieurs de ces pierres dites à bassins, sur lesquelles on a tant discuté, et un second bloc creusé en une sorte de forme humaine; mais, ici, cette figure était vague, informe, et vraisemblablement une simple dépression naturelle. Cela nous suggéra la pensée que la figure de Ker-Rohou avait été un accident naturel, travaillé et achevé ensuite par la main de l'homme. Quant aux pierres à bassins, elles ne nous donnèrent pas l'impression d'une œuvre humaine.

V

NUMISMATIQUE GAULOISE

(1866)

I

Études sur le symbolisme des plus anciennes médailles gauloises antérieures au système épigraphique, par M. E. Hucher; Blois, 1850-1855. — L'art gaulois ou les Gaulois d'après leurs médailles, par M. E. Hucher; Paris, Le Mans, 1865-1866. — Description d'un trésor composé de trente-six médailles gauloises, trouvé à Breth (Bridiers), près la Souterraine, par A. Fillioux, conservateur du musée de Guéret. — Description supplémentaire des médailles gauloises trouvées à Pionsat et à Bridiers (Breth); nouvel essai d'interprétation et de classification des monnaies de la Gaule, par A. Fillioux; Guéret.

Si la numismatique est un élément important de l'histoire des peuples de l'antiquité classique, au point de vue de leur art, de leurs symboles, de leurs idées, aussi bien que de la chronologie et des annales politiques, à plus forte raison cette branche des sciences historiques prend-elle une valeur capitale quand il s'agit d'un peuple dont les fastes et l'enseignement sacré, confiés à la tradition orale, se sont perdus, et qui n'a jamais eu d'autre art plastique que ses médailles.

La numismatique gauloise, cependant, a été longtemps négligée et dédaignée : les enthousiastes *celtisants* de la fin du siècle dernier et du commencement de celui-ci, tandis qu'ils s'égaraient trop souvent dans des voies sans issue, ont passé à côté de cette mine inépuisable sans en soupçonner la richesse ; ce n'est que depuis un petit nombre d'années qu'on a compris enfin quelle source abondante pouvait s'ouvrir là pour nous dans la pénurie où nous étions de documents anciens sur nos pères, et quel supplément la connaissance des monnaies celtiques apporterait aux notions que nous ont laissées les Grecs et les Romains. Nous devions retrouver là bien des lumières, et, pour ainsi dire, bien des traits d'union entre les données de l'antiquité grecque et romaine, les signes mystérieux que l'on a commencé d'apercevoir sur les monuments dits druidiques, depuis qu'on les étudie de plus près, et enfin les traditions écrites des peuples qui ont gardé jusqu'à nos jours le dépôt des langues celtiques.

Nous ne pouvons pas même effleurer ici l'ensemble considérable de travaux qui ont eu pour objet la numismatique gauloise depuis une trentaine d'années, et auxquels se rattachent les noms des Lelewel, des Lenormant, des La Saussaye, des Duchalais, des Saulcy, des Longpérier, des Lambert, etc. Rappelons seulement que ces travaux ont rendu de très-grands services à l'histoire de l'ancienne Gaule, et qu'on est arrivé non-seulement à distinguer et à classer une quantité considérable de types caractérisant et les grandes divisions et les groupes particuliers des nations celtiques, mais à retrouver la mémoire vivante d'un grand nombre de chefs gaulois, les uns contemporains de César et de la guerre des Gaules, Vercingétorix entouré des principaux personnages des *Commentaires*, les autres un peu antérieurs, personnifiés en quelque sorte dans les médailles auxquelles leurs noms servent d'épigraphes. Nous ne voulons toucher rapidement ici qu'un seul point, mais capital, non pas l'histoire, ni l'ethnographie, mais la symbolique, l'interprétation des figures idéales et des signes conventionnels gravés sur les monnaies celtiques.

Deux savants numismatistes, MM. Hucher et Fillioux, en s'aidant des vues qu'ont jetées en diverses occasions, sans les systématiser, les savants que nous avons cités plus haut, nous semblent être entrés à ce sujet dans une direction très-féconde et commencer à saisir un ensemble de données acceptables pour la critique et pour l'archéologie.

Le point de départ incontestable de la numismatique gauloise est l'imitation des types grecs et spécialement macédoniens, ce qui en rattache l'origine à la célèbre expédition des Gaulois en Macédoine, en l'an 281 avant l'ère chrétienne.

M. Hucher établit très-bien que des types généraux précédèrent l'adoption des types particuliers aux diverses nations gauloises, et que ces types particulières ne furent d'ailleurs le plus souvent que des modifications des types généraux et primitifs.

Sous le rapport de l'art, les monnaies les plus anciennes sont les plus belles, ce qui semblerait confirmer l'opinion que nous avons émise d'après d'autres inductions, à savoir : que le troisième siècle avant notre ère a été l'époque la plus florissante de l'ancienne Gaule.

Le type dominant de la première époque est l'imitation des *statères* macédoniens. Au droit, la tête d'Apollon ; au revers, sur les pièces les plus anciennes, le *bige* ou char à deux chevaux, conduit par un personnage féminin ; mais bientôt les deux chevaux sont remplacés par la figure fantastique d'un cheval à tête d'homme. Le personnage qui conduit le char fait flotter au bout d'une bandelette une sorte de tableau carré au-dessus de la tête du cheval. Sous le ventre du cheval vole un génie ailé. De petites figures d'animaux ou de plantes, des cercles ou disques, des étoiles, des croissants, etc., apparaissent le plus souvent autour de la tête d'Apollon et autour du cheval.

Les variantes qui s'introduisirent plus tard dans les divers types nationaux sont trop nombreuses pour que nous puissions même les indiquer ici.

M. Hucher propose tour à tour une double interprétation du groupe symbolique qui occupe le revers des médailles en question. Sur les statères d'or macédoniens, le char et le personnage qui le conduit symbolisent les victoires des jeux Olympiques. Selon l'une des deux interprétations, les Gaulois auraient substitué au triomphe olympique un triomphe guerrier. Le petit tableau flottant est le même qui se voit fréquemment sur les vases grecs ou étrusques, le même que l'on portait dans les triomphes romains ; c'est le tableau sur lequel on inscrivait les victoires. La conductrice du char est une Victoire ; le génie ailé qui accompagne le cheval est un génie de la Victoire, qui se retrouve sur des vases et sur des monnaies grecques.

L'autre interprétation verrait, dans le groupe du revers, non plus un triomphe guerrier, mais le triomphe symbolique du dieu solaire et l'emblème du cours du soleil ; ce qui s'accorde naturellement avec la présence, sur l'endroit de la médaille, de la tête d'Apollon, identifié par les Gaulois à leur dieu solaire Belenus.

Ces deux explications nous paraissent très-conciliables. Le *sol invictus*, l'invincible soleil, est chez les anciens le type idéal de tous les triomphes ; l'idée de la victoire s'associe parfaitement à l'idée du triomphateur céleste ; mais, seule, elle ne suffirait pas à expliquer tous les emblèmes de nos médailles ; car il en est beaucoup qui ne sauraient se rapporter directement à une victoire terrestre et qui ont un sens évidemment astronomique.

Enfin, M. Hucher cite des preuves que le génie ailé, considéré comme un génie de victoire, a remplacé sur les médailles gauloises un symbole plus ancien, emprunté aussi aux Grecs, et qui est incontestablement un signe solaire.

Le caractère astronomique de ces figures une fois admis, on arrive à reconnaître que cette représentation solaire ne se rapporte pas uniquement aux phénomènes matériels du cours du soleil ; que ce n'est là que l'extérieur de cette symbolique, extérieur qui enveloppe un sens intérieur et mystique. Chez les Gaulois comme chez les Égyptiens, le soleil était le centre de la puissance divine, et, suivant une doctrine druidique citée par Plutarque, il aurait été le séjour principal des âmes bienheureuses ; les phénomènes de la destinée de l'âme et de ses existences successives étaient liés mystiquement à ceux du cours du soleil et de ses douze stations zodiacales.

Le génie ailé qui accompagne le char et le coursier du soleil, et auquel nous avons déjà reconnu, avec M. Hucher, la double valeur d'emblème de victoire et d'emblème solaire, prend ici un troisième caractère plus mystérieux, et que M. Hucher a clairement aperçu. Il signale l'identité de ce génie avec le personnage représenté sur une fameuse médaille d'or gauloise de la Bibliothèque, et dans lequel M. de la Saussaye a reconnu Abaris, ce prêtre de l'Apollon hyperboréen ou cimmérien, c'est-à-dire druidique, qui, selon les légendes grecques, franchissait incessamment l'espace en chevauchant une flèche d'or. Abaris est évidemment un génie solaire, mais il est en même temps, selon toute apparence, un génie des voyages d'outre-tombe et de la transmigration des âmes, le génie qui préside à la victoire de l'âme sur la mort, c'est-à-dire l'analogue du Mercure ou Hermès conducteur des âmes.

M. Hucher a très-bien vu le rapport du Mercure aux talons ailés avec le génie des médailles gauloises, et il est à remarquer qu'une petite figure de cheval marin accompagne fréquemment ou le génie ailé, l'Abaris, ou la tête d'Apollon-Belenus. Le cheval marin, chez les Grecs comme chez les Gaulois, est à la fois symbole de victoire et symbole des voyages de l'âme, qu'il transporte dans l'autre monde à travers la mer d'Occident.

Un seul type des monnaies gauloises, particulier à l'ouest et au nord de la Gaule, postérieur au précédent, comme lui sans épigraphe et d'une exécution généralement plus rude, a paru également à M. Hucher susceptible de deux explications différentes, l'une guerrière, l'autre mystique.

Le revers de ces médailles présente, comme dans la plupart des précédentes, le cheval à tête d'homme entouré de figures et de signes divers; mais, à l'endroit, au lieu de l'Apollon-Belenus au visage serein, aux cheveux bouclés, ceints d'une couronne de laurier ou d'une bandelette, apparaît un visage sévère et vieilli, aux longues mèches désordonnées qui semblent agitées par le vent; du front et de l'occiput partent des chaînes ou des cordons de perles au bout desquels flottent quatre petites têtes humaines.

Ces têtes ne seraient-elles que des emblèmes trop parlants de victoires sanglantes? Des têtes coupées d'ennemis vaincus figurent sur des bas-reliefs et sur des monnaies : il est quelques médailles où, soit la conductrice du char triomphal, soit le génie qui accompagne le cheval, portent des têtes à la main.

Cependant ces médailles, examinées avec attention et d'ensemble, ne nous paraissent pas admettre ce sens exclusif d'un sauvage triomphe. M. Hucher a rappelé le rapport si frappant qu'elles offrent avec un passage très-connu de Lucien. Le satirique grec décrit une représentation qu'il a vue du dieu gaulois Ogmius, identique pour lui à Hercule, à cause de certains attributs, mais pourtant ne ressemblant guère à Hercule : c'est un vieillard de la bouche duquel partent des chaînes qui vont attacher par l'oreille des figures humaines. Ce symbole indiquerait que la force de cet Hercule était la force morale, la force de l'éloquence.

Dans une des médailles que nous citions, les chaînes, au lieu de partir du front de la tête principale, partent, en effet, de sa bouche : c'est une modification postérieure.

Ainsi, le personnage de nos médailles serait le dieu Ogmius de Lucien, et la victoire qu'il personnifie serait, dans son sens intime, une victoire morale.

Ogmius devrait être identifié non à Hercule, mais à Mercure, un Mercure associé à des symboles solaires : Teutatès, le Mercure gaulois, nous semble réunir très-bien en lui les deux solutions du problème; il est à la fois un dieu favorable et protecteur, comme génie de la transmigration et conducteur des âmes, et un dieu terrible, comme génie de la mort et des sacrifices humains.

Certaines des têtes qui figurent sur nos médailles expriment, on peut le croire, la victoire matérielle et le sacrifice sanglant; mais celles qui sont suspendues à la tête divine, que ce soit à son front ou à sa bouche, symbolisent, comme Lucien nous l'a dit, un enseignement et non une immolation. Les quatre têtes suspendues à la tête divine sont, sur quelques médailles, remplacées par des feuilles de chêne, et l'on sait la valeur du chêne dans le symbolisme druidique : les feuilles de chêne personnifient ici les druides, les *hommes-chênes,* enseignés par leur dieu.

Le sanglier, qui accompagne très-fréquemment la tête que nous prenons pour Ogmius-Teutatès, est, dans le symbolisme druidique et bardique, l'intime associé du chêne.

Le cheval marin et la lyre, très-souvent placés aussi à côté de la tête divine, confirment encore notre interprétation du symbole. Sur une médaille décrite par M. Fillioux, un cheval marin est placé au-dessus de la tête d'Ogmius, et c'est du front et de la bouche du cheval marin que partent les chaînes où sont attachées les têtes humaines. Ici l'idée du conducteur des âmes se manifeste sans équivoque.

II

Nous avons exposé ci-dessus ce qui résulte pour nous des savantes et sagaces études de M. Hucher sur les deux types les plus importants de la numismatique gauloise, à savoir : le sens complexe de ces représentations réunissant des emblèmes de victoire, un symbolisme se rapportant au cours du soleil, et enfin un symbolisme mystique relatif à la transmigration des âmes.

Nous ne quitterons pas M. Hucher sans le remercier du nouveau service qu'il rend à la science par sa publication en cours d'exécution sur l'art gaulois.

C'est une très-heureuse idée que de reproduire, grandies à la loupe, les principales médailles gauloises; rien n'est plus propre à faciliter l'étude de figures et de signes souvent frustes et de petites dimensions, et l'on ne peut que recommander vivement l'art gaulois aux amateurs des antiquités celtiques, non-seulement en France, mais dans les îles Britanniques, en Allemagne et dans le Nord.

Les travaux de M. Fillioux se raccordent très-heureusement avec ceux de M. Hucher et en étendent le cercle. Au symbolisme solaire reconnu sur nos médailles, M. Fillioux ajoute tout un symbolisme lunaire et stellaire dont les éléments sont communs à la Gaule, à l'antiquité classique et à l'Orient, mais ne présentent nulle part un ensemble aussi étendu ni aussi systématique qu'en Gaule. M. Fillioux cherche à interpréter, par la représentation des diverses constellations et des signes du zodiaque, presque toutes les figures jusqu'alors inexpliquées des monnaies celtiques, et ses interprétations ne nous semblent pas seulement ingénieuses, mais appuyées sur de sérieuses inductions.

Cette place principale, sinon exclusive, faite aux représentations des corps célestes et des phénomènes astronomiques serait en parfait accord avec les idées gauloises sur les voyages de l'âme humaine à travers les mondes, et c'est là un rapprochement qui n'a point échappé à M. Fillioux : sans idée préconçue à ce sujet, il a été conduit par l'étude des monuments à cette donnée conforme, comme il le dit, aux vues historiques émises par Jean Reynaud dans l'*Esprit de la Gaule*.

Les conclusions générales de M. Fillioux sont les suivantes :

1° Que les monnaies de la Gaule ont pour champ ordinaire le ciel;

2° Qu'à l'endroit, elles représentent d'ordinaire des têtes de dieux ou de déesses, ou des symboles qui leur sont consacrés;

3° Qu'au revers, elles représentent habituellement, soit d'une manière directe et naturelle, soit par des emblèmes, les principaux corps célestes et probablement leurs lois telles qu'on se les figurait;

4° Que, dans une proportion plus limitée, elles rappellent les mythes nationaux des Gaulois.

L'auteur croit le sens religieux intimement uni au sens astronomique et y voit les symboles de la transmigration des âmes associés aux symboles du cours du soleil et des autres astres. Les idées qu'il exprime sur toute cette interprétation astronomique de la numismatique gauloise lui viennent, au moins quant au point de départ, de M. Duchalais, celui de nos numismatistes qui s'était occupé le plus spécialement de la Gaule et qui est mort avant d'avoir pu formuler les opinions dont il avait été préoccupé sur cette matière dans les dernières années de sa vie.

La pensée de M. Duchalais, indiquée dans une lettre adressée à M. Fillioux, était que les Gaulois avaient d'abord imité simplement les monnaies grecques et romaines dans un but purement commercial, puis qu'ils y avaient introduit leurs idées religieuses, en empruntant aux Grecs et aux Romains la manière d'exprimer ces idées.

Nous croyons qu'il y a une réserve à faire pour la seconde des deux grandes périodes de la numismatique gauloise, si l'on divise cette numismatique en deux âges, l'âge des médailles *muettes* (sans épigraphes) et l'âge des médailles épigraphiques. La seconde période, tout en conservant les symboles, prend un caractère plus historique, et aujourd'hui l'on incline, avec raison, pensons-nous, à regarder comme des types humains, comme des effigies réelles de chefs gaulois, les têtes ou un certain nombre de têtes qu'accompagnent des noms propres : le *Vercingétorix* et autres.

L'examen plus développé des études de M. Fillioux nous conduirait à des observations de détail d'une nature trop spéciale pour être ici à leur place ; nous espérons avoir occasion de revenir ailleurs sur ce sujet si intéressant pour nos antiquités nationales.

Bornons-nous à quelques remarques sur deux des symboles commentés par M. Fillioux, le disque pointillé et la hache. Le globule entouré d'un cercle, ou disque pointillé, est à la fois un signe solaire et peut-être, dans certains cas, un signe stellaire, comme le pense M. Fillioux, et il est aussi un symbole des destinées de l'âme. Ce signe figure dans le symbolisme hiéroglyphique de l'Égypte comme l'emblème d'Ammon-Ra, le dieu solaire : on le découvre dans les plus anciennes grottes funéraires d'Irlande, que la tradition attribue aux druides primitifs, appelés la *race des dieux de Dana*. On le trouve partout, sur les statuettes, sur les armes, sur tous les objets de provenance celtique de tous les temps, et, comme le fait observer M. Fillioux, il est encore en usage dans la science moderne pour désigner le soleil.

Il a gardé ainsi sa valeur astronomique depuis les prêtres d'Égypte jusqu'à nous, et les paysans bretons le portent encore en broderie sur leurs vêtements. Quand ce signe se trouve répété trois fois, ainsi qu'il arrive souvent sur nos médailles, on peut penser qu'il représente les trois cercles de l'existence, les trois mondes de la théologie celtique. Sur une des médailles publiées par M. Hucher, les trois disques se trouvent remplacés par trois haches, et ceci confirme l'opinion de M. Fillioux, qui voit dans la hache, parfois figurée sur nos médailles, l'équivalent de la faux du temps. Cette hache serait celle qui tranche notre existence, et qui nous introduit d'une sphère dans une autre. C'est là une explication très-probable non-seulement d'un symbole numismatique, mais des haches sculptées sous la table de pierre ou sur les parois de plusieurs des principaux et des plus antiques monuments de la Bretagne.

On voit de quel usage peut être et doit être la numismatique pour pénétrer dans la connaissance si difficile de l'antiquité gauloise ; il ne s'agit plus ici des chimères dont se berça trop souvent le premier âge de la science celtique ; nous avons affaire aujourd'hui à des hypothèses vraiment scientifiques, suggérées par des études bien liées et bien conduites et qui arrivent à la certitude sur quelques points, à un haut degré de vraisemblance sur beaucoup d'autres. Nous serions heureux, pour notre part, d'avoir contribué à faire rendre justice aux érudits pénétrants et consciencieux qui contribuent ainsi à éclairer les origines de notre histoire.

VI

DE L'ORIGINE

DES

MONUMENTS MÉGALITHIQUES[1]

(1867)

Lorsqu'à la suite du grand mouvement de la Renaissance, on commença d'étudier, après les monuments littéraires de l'antiquité, les monuments archéologiques d'une autre nature, l'attention des savants de France et des îles Britanniques fut attirée par un vaste ensemble de monuments antérieurs à la domination romaine, et dont la mystérieuse simplicité et la rude grandeur étonnaient l'imagination et sollicitaient la pensée.

Leur caractère commun consistait en ce qu'ils étaient exclusivement formés, non de matériaux transformés par la main de l'homme, mais de blocs naturels, de *pierres vierges*, telles qu'elles sont sorties des mains

1. Nous reprenons ici, d'ensemble et plus méthodiquement, la question entamée dans notre étude sur la Bretagne.

de l'auteur de la nature. C'étaient tantôt de simples pierres levées, quelquefois comparables par leurs proportions colossales aux monolithes de l'Égypte ; tantôt des espèces de grottes artificielles formées de quatre grandes pierres ou davantage, parfois jusqu'à un nombre de blocs et à des dimensions considérables, avec subdivisions en plusieurs compartiments. Un très-grand nombre, et probablement le plus grand nombre de ces grottes, avaient été ou étaient encore recouvertes de tumulus de terre ou de pierres, de proportions diverses. D'autres, placées le plus souvent sur des tertres ou naturels ou artificiels, au lieu d'être enveloppées dans des tertres, semblaient toujours avoir été à découvert.

Assez souvent, les pierres-levées étaient réunies par groupes. Elles entouraient fréquemment d'un ou de plusieurs cercles les tumulus qui enfermaient des grottes de pierres, ou qui en étaient surmontés. Souvent aussi, les cercles de pierres formaient par eux-mêmes des monuments spéciaux, sans être associés aux tumulus. Quelquefois, les pierres étaient assemblées en lignes parallèles par centaines, et même, sur un point de la Bretagne, par milliers, présentant ainsi le spectacle le plus extraordinaire et le plus grandiose.

Enfin, un monument en Angleterre, cru longtemps unique dans son genre [1], présentait quatre cercles ou ovoïdes, dont deux de pierres-levées et deux d'imposants portiques composés de trilithes ayant chacun deux supports et un linteau.

1. Voir, à ce sujet, Belloguet, *Ethnologie gauloise*, 3e part. p. 520.

Nos antiquaires, des deux côtés de la Manche, voyant ces monuments répandus dans la plus grande partie de la France et des îles Britanniques, et les principaux groupes placés dans les pays où s'étaient conservées le plus fortement les traditions et même les langues celtiques, n'hésitèrent pas à les attribuer aux Celtes ou Gaulois, en donnant à ces noms leur acception la plus générale. Cette attribution était d'autant plus naturelle que c'était la seule catégorie de monuments importants qui eût précédé dans nos contrées l'Empire romain, et, que, s'ils n'eussent appartenu aux Gaulois, ceux-ci n'eussent laissé sur notre sol aucun vestige notable, ce qui n'était pas à présumer.

Toutes sortes de légendes populaires se rattachaient à ces monuments; nous ne voulons pas toucher, en ce moment, à la question des traditions écrites. Pour ne parler que des grottes, le peuple les appelait le plus souvent, en France, *grottes aux fées*, ou de quelque autre nom analogue; dans la Bretagne de langue celtique, *ti-korrigan*, ce qui a le même sens; en Irlande, *lits des géants* ou *tombeaux des géants*; le monument d'Angleterre que nous citions tout à l'heure, et que les Anglais nomment *Stone-Henge*, s'appelle, dans la tradition galloise, le *Cor-gawr*, ce qui peut s'interpréter par le *grand cercle* ou par le *chœur de danse des géants*.

Les antiquaires imposèrent à ces monuments des noms celtiques relatifs à leur forme; mais ils ne s'entendirent pas des deux côtés de la Manche. Les Franco-Bretons appelèrent *menhir*, pierre longue, les pierres levées; les Anglo-Celtes les appelèrent *dolmen*, table de pierre. Les Franco-Bretons appliquèrent ce nom de *dolmen* aux grottes composées de quatre pierres ou davantage, parce que la pierre ou les pierres qui recouvrait la grotte sont posées comme une table sur ses supports. Le terme de *dolmen* paraît en effet mieux appliqué aux grottes qu'aux pierres levées, qui, étant plantées debout, ne rappellent pas l'idée d'une table.

Les antiquaires d'outre-mer donnèrent le nom de *cromlech* à ce que les nôtres appelaient *dolmen*.

Ici nous comprenons encore moins les motifs des savants des îles Britanniques. Ils interprètent *cromlech* par pierre courbe ou pierre inclinée ; or, les pierres des dolmens ne présentent point de courbes, et la table n'est inclinée intentionnellement que dans un très-petit nombre de monuments. Les Franco-Bretons appellent les cercles de pierre *cromlechs*, c'est-à-dire pierres disposées en courbe, en cercle. La vraie interprétation serait-elle : pierres du dieu *Crom?* et les antiquaires auraient-ils emprunté un nom traditionnel? Cela n'est établi ni sur des textes écrits, ni sur une tradition bien constatée.

L'opinion assez générale s'accrédita que les grottes découvertes étaient des autels druidiques, sur la table desquels on avait célébré des sacrifices humains. On n'avait pas encore remarqué les vestiges des tumulus qui avaient enveloppé une multitude de ces *dolmens* actuellement découverts, fait incompatible avec une telle attribution.

Cependant on signala peu à peu, en d'autres régions, un grand nombre de monuments du même genre. On en trouva une multitude dans le nord de l'Allemagne, en Danemark et jusque dans la Scanie, la province méridionale de la Suède. Là, ainsi qu'en Espagne, où l'on en reconnut quelques-uns[1], et en Italie, où l'on avait nié qu'il en existât, mais où l'on en retrouve maintenant[2], on pouvait encore les croire celtiques, puisque les Celtes ont conquis une très-grande partie de l'Espagne et de l'Italie, et qu'il y a les plus fortes raisons historiques de croire que les Cimbres, qui ont dominé en Danemark et aux environs, étaient des Celtes. Ajoutons qu'il est fort à croire que les Cimbres avaient été précédés dans le Nord par d'autres Celtes.

Mais on reconnut l'existence des monuments dits celtiques dans les contrées les plus diverses et les plus lointaines, où il ne semblerait nullement admissible que les Celtes eussent possédé des établissements. Il y en a quelques-uns en Grèce et un bon nombre dans la Palestine; en écartant les monuments primitifs des îles de la Méditerranée, qui, pour la plupart, ne paraissent pas se rapporter à nos types, nous retrouvons des types très-analogues aux nôtres, en très-grand nombre, en Algérie, et, plus ou moins, dans tout le nord de l'Afrique. Nous les retrouvons sur la côte orientale de l'Inde, et au pied de l'Himalaya[3]; nous les retrouvons dans la Tartarie centrale; on en signale enfin jusque dans l'Amérique du Nord et du Sud; il serait nécessaire, à la vérité, de constater, pour l'Amérique, si les caractères sont suffisamment analogues. Cette analogie n'existe pas dans les très-curieux monuments antiques du Pérou, dont les photographies

1. Nous pouvons ajouter maintenant : « Et où l'on en retrouve de plus en plus. » (1870.)

2. Il y en a en Toscane. V. l'*Essai sur les dolmens*, de M. de Bonstetten.

3. On a retrouvé bien plus; une tribu de l'Indoustan, les Khazyas, en élève encore à l'heure qu'il est!

ont été présentées au récent congrès anthropologique et archéologique de Paris. Ce ne sont pas des monuments de pierres vierges. Quoi qu'il en soit, il n'est plus douteux que ces monuments ne dépassent le cercle d'action des Celtes.

D'une autre part, l'examen plus attentif des monuments et les fouilles pratiquées, soit dans l'intérieur, soit aux alentours, établirent qu'en général les grottes, les *dolmens*, pour employer l'expression franco-bretonne, étaient des tombeaux et non des autels, et que, si ce n'est dans le sud-ouest de la France, on n'y rencontrait les métaux que par exception. Ceci était constaté, en même temps que les études de la philologie comparée sur les langues aryennes et leur source commune amenaient à l'induction que les Celtes, comme les autres peuples de la famille aryenne, connaissaient les métaux avant d'arriver en Europe.

On se préoccupait aussi de plus en plus de la découverte des débris multipliés d'une primitive industrie humaine dans des lieux et dans des conditions qui reculaient à très-grande distance les commencements de la société en Occident, et qui faisaient plonger dans la géologie les racines de l'histoire.

Ces hommes inconnus, dont on retrouve enfin quelques restes après avoir retrouvé les innombrables instruments de leur grossière industrie, ne pouvaient pas sans doute être des Celtes.

Ceci était l'œuvre de la science française. Les savants scandinaves, retrouvant de leur côté de très-anciens débris, essayèrent les premiers une classification des âges antéhistoriques et furent suivis, chez nous et ailleurs, dans cette voie. On posa, au point de départ, un âge de la pierre *éclatée*, ou travaillée par éclats, qui se subdiviserait en plusieurs âges, dont le dernier serait celui de ces cavernes où l'on rencontre des outils finement travaillés et des figures d'animaux tracées sur l'os ou la pierre avec une certaine justesse de forme et même une certaine élégance. Puis viendraient l'âge de la pierre *polie*, l'âge de bronze et l'âge de fer[1].

On avait remarqué que le fer ne se trouve point dans l'intérieur des dolmens, et que le bronze et l'or ne s'y trouvent pas souvent; l'or, toutefois, moins rarement que le bronze. Au contraire, les armes de fer d'une forme antérieure à l'invasion romaine, et les armes de bronze de l'époque qui a précédé ces armes de fer, se rencontrent en abondance dans de petits tumulus dont les petites chambres ou caveaux ne présentent ni les grands blocs ni l'aspect imposant des dolmens[2].

On ne pouvait douter que ces grandes épées de fer qu'on trouve parfois ployées en deux, et qui rappellent ces lames flexibles et de mauvaise trempe dont parlent les historiens latins, n'eussent appartenu aux Gaulois des derniers temps de l'indépendance; et il n'était pas douteux non plus que les armes de bronze, de même

1. Voyez, dans le volume de l'année 1867 de la *Revue des Cours littéraires* (p. 801) et dans le premier numéro de l'année 1868 (p. 9), des articles de sir John Lubbock sur l'*Emploi de la pierre et du bronze dans l'antiquité antéhistorique* (avec 93 figures dans le texte). — Voyez l'ouvrage du même auteur, *l'Homme avant l'Histoire* (un volume in-8°, avec 156 figures). —Voyez, dans la *Revue des Cours scientifiques*, t. IV, p. 1 (1er décembre 1866), une conférence de M. Virchow sur *les tumuli et les habitations lacustres*; p. 615 (24 août 1867), un article de M. Broca; p. 701, un article de M. de Mortillet sur l'*art dans les cavernes*; p. 701 (12 octobre 1867), une conférence de M. Simonin sur l'*histoire du fer*; enfin, dans le t. II (1865), p. 618, 649, 666 et 812.

2. Et aussi dans de grands tumulus qui ne renferment pas de dolmens, mais seulement aussi des chambres à petits matériaux (1870).

modèle et de même ornementation que les armes de fer, ne provinssent de l'époque gauloise antérieure[1].

Des archéologues distingués conclurent de ces observations que la classe de petits tumulus que nous venons de citer étaient les tombeaux des Gaulois, mais que les grands tumulus à dolmens, et, en général, les dolmens couverts et découverts, dans lesquels dominent les armes et objets divers de pierre polie, comme les métaux dominent dans les petits tumulus, avaient été attribués par erreur aux Celtes, et qu'ils appartenaient à une race antérieure et à un autre âge, l'âge de la pierre polie.

Ainsi qu'autrefois on avait attribué exclusivement les monuments de pierres vierges aux Celtes, on posa cette hypothèse qu'ils appartiendraient à un autre peuple unique, qui serait venu du nord le long de la mer, élevant ses principaux groupes de monuments sur les côtes et le long des grands fleuves, et faisant le tour de l'Occident pour aller finir dans le nord de l'Afrique.

Nous ferons en passant la remarque que, si, en ce qui regarde notre France, l'Ouest est incontestablement la région la plus riche en monuments de grandes pierres, tandis que l'Est est d'une pauvreté inexpliquée[2], il y a

1. On employait encore des armes de bronze à l'époque des armes de fer, et l'on avait continué d'employer des armes de pierre à l'époque des armes de bronze; les pauvres gens se servaient certainement encore de haches de pierre et de flèches de silex, même à l'époque du fer. Ces catégories ne peuvent être prises dans un sens absolu.

2. Les forêts des Vosges contiennent un grand nombre de blocs sur lesquels on discute : les uns, ceux des *heidenmaüer*, par exemple, nous paraissent des groupes naturels que leur situation et leur aspect ont pu faire consacrer au culte : d'autres, tels que la magnifique pierre *kerlinkin*, dans la forêt de Fossard, au-dessus de Remiremont, ont été certainement des monuments religieux. — Ce ne sont point des dolmens, mais on retrouve maintenant des dolmens en Bourgogne (1870).

cependant des groupes très-considérables dans certaines contrées qui sont tout à fait dans l'intérieur des terres, comme l'Aveyron, par exemple, l'ancien pays des Ruthènes, où dernièrement, au congrès de Paris, on nous énumérait six cents dolmens. L'hypothèse que nous venons de mentionner ne paraît pas avoir prétendu embrasser tout l'ensemble des monuments de pierres vierges; elle semble rompre l'unité de ce grand ensemble, et laisser à part les *menhirs* et les *cercles*, quand ils ne sont point associés aux *dolmens*, pour ne s'attacher qu'à ceux-ci, considérés comme une forme de monuments funéraires qui aurait précédé chez nous une autre forme, celle des petits tumulus.

Si cette hypothèse allait jusqu'à attribuer à un même peuple tous les *dolmens*, funéraires ou non, qui se rencontrent sur le globe, il faudrait que ce fût là un peuple universel; car il y a des dolmens dans la Galilée et sur la rive orientale du Jourdain; et il y en a sur la côte de Coromandel, et, à ce qu'il paraîtrait, en Amérique. Mais ces derniers ont-ils une destination funéraire?— Ceux de la Palestine ne l'ont point. Les monuments de pierres vierges que nous décrit fort clairement la Bible ne sont pas des tombeaux. Ce sont, les uns des autels, les autres des pierres du *Témoignage*, des *monimenta*, dans le sens précis du mot.

L'hypothèse en question serait renversée à l'instant si elle prétendait envelopper tous les monuments à forme de dolmen, puisque la Bible nous atteste que ces monuments étaient en usage, dès le temps d'Abraham, parmi les Térachites, d'où est sorti le peuple hébreu; ils l'étaient également, selon toute apparence, chez les autres tribus sémitiques, et l'on en a retrouvé, de nos jours, un certain nombre dans les contrées habitées d'ancienneté par ces peuples. Or, il est bien certain que ce ne sont pas les Hébreux, ni leurs devanciers les Sémites primitifs, qui sont venus construire des dolmens jusqu'au fond de l'Occident.

Mais ne forçons pas la thèse qu'il s'agit d'examiner, et renfermons-la dans les conditions précises où elle a été formulée pour l'Occident; ici, l'immense majorité des monuments à forme de dolmen ont en effet, incontestablement, une destination funéraire.

Peut-on attribuer les dolmens, en Occident, à un peuple qui ne soit pas les Celtes?

L'histoire, l'archéologie, l'anthropologie peuvent-elles apercevoir en Occident un peuple antérieur aux Celtes?

L'histoire a toujours signalé un peuple antérieur aux Celtes dans le sud-ouest de l'Europe, celui qu'on nomme improprement *Ibères*, et dont le rameau le plus considérable, et peut-être le plus ancien, aurait été celui des Ligures. Des inductions fournies par l'anthropologie, et d'autres, plus incertaines, par la philologie, tendent aujourd'hui à faire remonter les Ligures plus haut qu'on ne l'avait pensé dans les régions moyennes de l'Occident.

L'anthropologie nous signale, d'une autre part, en Occident, les restes des aïeux d'un autre peuple qui subsiste actuellement encore dans l'extrême nord de l'Europe et dans le nord-ouest de l'Asie : le peuple que nous appelons *Finnois*, un des grands rameaux de la race touranienne.

Des affinités dans la conformation du crâne ont amené des anthropologistes éminents à l'idée hardie d'une commune origine entre les Ligures et les Finnois, les hommes du Midi et les hommes du Nord, comme si les Ligures, qu'ont connus les Grecs et les Romains, n'eussent été qu'une branche de la race touranienne, transformée dans ses mœurs et sa physionomie par le long séjour dans les climats chauds et les pays de montagnes.

Chez les Basques, le seul débris de l'ancienne famille ibérienne qui ait conservé sa langue primitive, la philologie signale quelques rapports, d'une part avec le système des langues touraniennes, de l'autre avec les langues américaines; le basque appartient au système de l'agglutination et non au système d'articulation de notre famille aryenne.

Nous mentionnons ces observations et ces indices sans essayer d'en tirer de conclusion trop hâtive et en faisant remarquer, par contre, que le beau type si commun dans les pays basques est extrêmement différent, par les lignes comme par la physionomie, et des Finnois et des Ligures, et plus rapproché des Celtes sans être celtique. Les yeux bleus brillants et le teint clair et coloré y dominent.

Que les Finnois et les Ligures soient deux races différentes ou qu'ils aient été primitivement une seule race, il n'est pas douteux maintenant que ces peuples n'aient précédé les Celtes en Occident, et notre savant anthropologiste M. de Quatrefages a signalé l'extrême affinité existant entre les plus anciens restes humains trouvés jusqu'ici en Occident et la conformation crânienne des Finnois actuels.

Beaucoup inclineraient donc aujourd'hui à croire que la race finnoise aurait vécu sur notre sol durant ce très-grand nombre de siècles qui a dû s'écouler depuis le premier âge de la pierre, découvert et démontré chez nous principalement par l'indomptable persévérance de M. Boucher de Perthes, et jusqu'au dernier âge du renne et des cavernes, qui clôt les belles séries de découvertes de M. Lartet et de ses émules.

Mais peut-on également accorder, soit aux Finnois, soit aux Ligures, unis ou séparés, l'âge de la pierre polie, en identifiant cet âge avec l'ère des dolmens?

Si les dolmens appartenaient, soit aux Finnois, soit aux Ligures ou Ibères, on les retrouverait dans les contrées qui ont exclusivement appartenu, soit aux Ibères, soit aux Finnois, sans que les Celtes y aient pénétré.

Il y a des dolmens dans la Péninsule ibérique, ce qui ne saurait trancher la question, puisque les Celtes se sont établis en Espagne; mais les dolmens y sont beaucoup moins nombreux qu'en Gaule.

Il n'y a presque point de dolmens dans les îles de la Méditerranée, où se sont établis les Ibères et non les Celtes [1].

Il n'y a point de dolmens dans les pays de l'Europe septentrionale et du nord-ouest de l'Asie occupés de tout temps et conservés exclusivement par la race finnoise.

C'est dans des contrées plus au sud, vers la Tauride, et dans l'Asie centrale, qu'on rencontre les grands tumulus, surmontés de statues grossières, qui appartiennent à d'autres branches de la race touranienne et

1. Il n'y en a point en Sicile ni en Sardaigne; il y en a quelques-uns en Corse et dans les Baléares.

qui ont quelque analogie extérieure avec nos tertres artificiels, mais ne renferment point de dolmens.

On a, il est vrai, annoncé au congrès international de Paris qu'on retrouvait maintenant des tumulus funéraires dans la Moscovie proprement dite; mais nous ignorons encore si ces tumulus renferment des dolmens, et l'on nous a en même temps appris que les restes humains qu'on y trouve n'appartiennent pas aux vieilles races finnoises du pays [1].

Les raisons morales ne sont pas moins fortes contre l'attribution des dolmens aux Ibères ou aux Finnois.

Ces monuments, comme les vastes alignements et comme les cercles de pierre qui leur sont associés, supposent une sorte de grandiose et mystérieuse religion des tombeaux, une puissance religieuse organisée en un grand sacerdoce, des populations agglomérées, puissantes et disposées à de vastes œuvres collectives sous l'impulsion de ce sacerdoce, un peuple animé, dans sa rudesse, d'une haute idéalité.

Il n'y a jamais rien eu de pareil parmi les populations finnoises, ni plus généralement touraniennes ou tartares. Elles n'ont jamais montré d'idéalisme, ni produit de grande religion ni de créations originales d'aucune sorte, et leurs tumulus scythiques appelés *kourganes*, que nous mentionnions tout à l'heure, ont été probablement introduits chez les Touraniens par l'imitation étrangère. Les chefs des anciens Scythes étaient de race aryenne, quoique la race scythique fût touranienne.

1. On a constaté des dolmens en Moscovie dans le seul gouvernement de Tver (1870).

Quant aux montagnards ibériens, les anciens vantent chez eux de très-nobles qualités morales, mais leur esprit d'isolement, leur habitude d'agir par petits groupes, dans la politique comme dans la guerre, ne les rendaient nullement propres à de pareils ouvrages ni à l'organisation religieuse et sociale que ces ouvrages supposent.

Ajoutons que, d'après les témoignages que nous avons recueillis sur les lieux, il n'y a, ni dans la langue ni dans la tradition des Basques, absolument rien qui se rapporte aux monuments de pierres vierges.

Comme il n'y a pas moyen de faire remonter l'âge de la pierre polie par delà ces Finnois, que l'on considère maintenant comme contemporains, tout au moins, des derniers âges de la pierre éclatée et peut-être même des premiers, il faudrait donc supposer un grand peuple inconnu qui, pendant les âges finnois et ibérien, aurait passé par-dessus le corps des Finnois et des Ibères, les aurait dominés, puis aurait disparu sans laisser l'ombre même d'un souvenir dans la tradition du genre humain. L'invraisemblance d'une telle donnée éclate assez d'elle-même.

Nous ne nous arrêterons pas ici à l'opinion qui voudrait attribuer les dolmens aux Phéniciens, puisque l'hypothèse que nous examinons reporte les dolmens à une époque et à un peuple antérieurs aux Celtes, et que les Phéniciens sont historiquement contemporains des Celtes. La question, d'ailleurs, ayant été posée dans le récent congrès de Paris, il a été établi qu'il n'existait aucun dolmen en Phénicie, et nous ajouterons que personne n'attribue aux Carthaginois, fils des Phéniciens, pas plus qu'aux Romains, les nombreux dolmens de l'Afrique.

Tout ce qu'on voudrait substituer aux Celtes en Occident s'évanouit comme un nuage à mesure qu'on s'en approche.

Les indices négatifs tournent ainsi en leur faveur; en est-il aussi de positifs qui les favorisent?

Les premiers progrès de l'archéologie contemporaine ont tendu à faire enlever aux Celtes tout cet ensemble de monuments que les antiquaires du temps passé considéraient comme exclusivement celtiques. De nouveaux progrès obligent maintenant de leur en rendre au moins un certain nombre, que personne ne saurait plus leur contester depuis qu'on les a considérés de plus près.

Il est, en effet, totalement impossible de nier que les Celtes aient élevé des menhirs. Les menhirs, qui ont été souvent des *monimenta*, comme les pierres du *Témoignage* chez les Hébreux, et peut-être aussi des limites, ont eu aussi très-souvent un caractère funéraire. On en rencontre un certain nombre en Irlande, sur lesquels sont gravées des épitaphes et parfois d'autres inscriptions en caractères *ogham*, et quelquefois, dans le pays de Galles, on a trouvé sur des menhirs des épitaphes bilingues, en ogham et en latin. Dans les vieux cimetières des pays de langue celtique, l'usage de la pierre-levée funéraire a subsisté depuis les temps chrétiens, en Irlande surtout, de façon qu'on voit la transition s'opérer, du menhir portant les emblèmes druidiques, les cercles ou disques pointillés et autres, au menhir portant la croix; et, sur certains, la croix est placée au-dessus du cercle ou dans le cercle.

Les menhirs portant des symboles celtiques ou druidiques ne sont pas rares en Irlande et sont très-communs dans l'Écosse orientale, où ils sont réputés être les monuments des Pictes et où ils mêlent des emblèmes qui paraissent particuliers à cette nation avec les cercles et autres symboles généraux des Celtes. Ces derniers menhirs ne sont pas nécessairement funéraires, et, jusque vers le xᵉ ou le xɪᵉ siècle, les rois d'Écosse en élevaient encore où ils faisaient sculpter des batailles et des chasses.

Les preuves ont commencé d'arriver aussi pour les dolmens. On n'avait pas fait une attention suffisante à une découverte opérée en Bretagne, il y a déjà plus de vingt ans, en dehors du grand groupe morbihannais, si habilement et si fructueusement exploré dans ces dernières années. Dans un tumulus inviolé, à dolmen ou chambre funéraire unique, de l'aspect le plus simple et le plus rude, au fond d'un fourré de chênes de la forêt de Carnouet, à laquelle ce tumulus paraît avoir donné son nom [1], on a trouvé, dans l'intérieur du dolmen, réunis ensemble tels qu'ils avaient été posés le jour des funérailles, les ornements et les armes d'un chef de guerre, consistant en un collier d'anneaux d'or, un collier d'argent, six glaives de bronze et une poignée de flèches de silex.

Les glaives de bronze étaient du modèle triangulaire à rainure, si connu dans nos musées et qui est représenté sur diverses monnaies gauloises. Quatre de ces glaives sont, avec le collier d'or, au musée de l'hôtel de Cluny.

1. C'est ainsi qu'aux environs de Paris, la forêt de *Carnelle*, près Beaumont-sur-Oise, tire certainement son nom des deux *carns* qu'elle cache dans ses fourrés, la *pierre turquoise* et l'autre récemment découvert. — *Carn-ouet*, pour *carn-couet*, la forêt du *carn* ou du tumulus; *Carnelle*, de *carneliou*, réunion de *carns*, cimetière.

En Irlande, on a signalé des inscriptions en caractères celtiques, en ogham, dans l'intérieur de plusieurs dolmens. Il y a deux ans, un habile antiquaire irlandais qui est venu faire des découvertes jusque dans notre Bretagne, M. Samuel Ferguson, a reconnu, dans un tumulus à dolmen, tout près de Rath-Croghan, l'ancienne forteresse des rois de Connaught, l'épitaphe, en ogham, de Fergus, fils de Meabh (ou Meddf), reine guerrière des temps ossianiques, qui, par une transformation légendaire, semble être devenue la reine Mab des contes de fées.

Les légendes des héros ossianiques sont fabuleuses, mais l'existence de ces héros n'est pas à révoquer en doute ; la reine Meabh étant un peu antérieure à Ossian, ceci nous reporte approximativement entre le premier et le second siècle de l'ère chrétienne. L'inscription ne peut avoir été ajoutée après coup, car les lignes de caractères sont engagées dans les interstices des pierres et ont dû être gravées avant que les blocs fussent en place.

Nous faisons d'avance la même observation pour ce qui regarde les lignes ornementales ou symboliques du monument de New-Grange, dont nous parlerons tout à l'heure.

A ce qui concerne les menhirs et les dolmens, nous n'ajouterons pas, en ce moment, ce qui regarde les cercles de pierres, parce qu'il faudrait entrer ici dans un autre ordre de témoignages, celui des traditions écrites et orales, et que nous voulons rester, quant à présent, dans l'archéologie pure.

On ne peut donc plus nier maintenant que les Celtes n'aient élevé des monuments de pierres vierges ; on peut seulement essayer encore de ne leur en accorder que la dernière période et de soutenir qu'ils les ont imités d'un peuple antérieur, auquel appartiendraient, par exemple, les grands groupes de ces monuments, ceux de Bretagne, d'Irlande et du Wiltshire, aussi bien que ceux du nord de l'Europe.

Examinons donc les monuments en eux-mêmes et tâchons de reconnaître si l'on y rencontre des signes ou des objets quelconques qui les rapportent aux Celtes.

Comme caractère, nous avons indiqué qu'il y avait là évidemment une religion des tombeaux, préoccupée, sur toutes choses, de la vie future, analogue, sous ce rapport, à la religion des Égyptiens. Cette religion, cependant, n'attachait pas la même importance que les Égyptiens à la conservation du corps humain après la mort. Les corps étaient, tantôt simplement inhumés sans être embaumés, tantôt incinérés, et il n'a pas été possible de déterminer clairement comment ont coïncidé ou se sont succédé les deux rites. On les rencontre côte à côte à des époques évidemment très-antiques.

Les constructeurs de ces monuments attachaient une grande valeur, sans doute symbolique, à la figure du cercle ; ils semblaient mettre les tombeaux sous la protection des cercles, et plaçaient aussi des cercles ou des hémicycles aux extrémités des alignements, outre les cercles qui étaient des monuments par eux-mêmes et qui ne se rattachaient point à d'autres monuments.

Les grands tumulus à dolmens de la Bretagne et de l'Irlande offrent entre eux une étroite affinité de construction, et, ce qui est encore plus significatif, une étroite affinité, sans être une absolue similitude, quant aux figures ornementales ou symboliques sculptées à l'intérieur.

Nous n'avons pas entendu dire que l'on ait trouvé des figures quelconques dans ceux des tumulus des environs de Stone-Henge qui ont été fouillés; on ne peut les ramener ni à l'une ni à l'autre de nos deux catégories de grands tumulus à dolmens et de petits tumulus sans dolmens, car plusieurs sont très-grands et ne renferment point de dolmens [1]; le grandiose monument central qu'ils entourent, le *Côr-Gawr*, n'a, de son côté, aucun analogue en Bretagne ni en Irlande.

A mesure qu'on a plus soigneusement examiné les dolmens anciennement ouverts et qu'on en a ouvert de nouveaux, on a retrouvé et l'on retrouve chaque jour, à l'intérieur de ces monuments, un nombre croissant de signes, de figures frustes.

En Irlande comme en Bretagne, on rencontre, avec quelques variantes, les cercles ou disques pointillés, les cercles redoublés, les ellipses, les spirales, impliqués indéfiniment les uns dans les autres, les spirales déroulées ou lignes serpentantes, les lignes brisées appelées dents de scie ou dents de loup, les courbes multiples formées de croissants accolés, les losanges, les stries, et aussi parfois un emblème végétal, la fougère.

Or, ces signes, communs à la Bretagne et à l'Irlande, et qui se retrouvent aussi en partie en Écosse et sur des monuments primitifs de l'Allemagne et de la

1. Le gigantesque tumulus de Silbury, voisin des restes des grands alignements et des grands cercles d'Abury, dans le Wiltshire, ne paraît pas non plus contenir de dolmen, et ne paraît pas même avoir eu de destination funéraire. — Nous avons aussi de grands tumulus ne renfermant pas de dolmens en Bretagne et dans le nord de la France. Il y en a de très-vaste dimension en Picardie et en Brabant.

Scandinavie, ces signes découverts dans les tumulus les plus importants de l'ère des dolmens, dans ceux qui marquent évidemment le point culminant de la puissance de la race qui les a érigés, sont le principe de tout un système ornemental qui est précisément celui des peuples celtiques jusqu'au moyen âge, et l'on peut dire jusqu'à nos jours ; car nos paysans bretons portent encore, brodés sur leurs vêtements et jusque sur les harnais de leurs chevaux, les disques pointillés, les dents de scie, les spirales, et des espèces de colliers formés de croissants accolés.

Disques pointillés, dents de scie, losanges, etc., apparaissent partout sur les armes et sur les objets de toute nature, d'incontestable provenance celtique, qu'on découvre dans les petits tumulus de l'âge de bronze et de l'âge de fer ou ailleurs, et qui remplissent les musées de France et des îles Britanniques. Certaines de ces lignes, surtout les lignes brisées ou dents de scie, les spirales, etc., passent de l'ornementation celtique dans l'architecture romane, où elles font très-grande figure et ne disparaissent qu'à l'avénement de l'architecture ogivale. Les motifs d'ornementation celtique apparaissent aussi, quoique moins communément, sur les sarcophages chrétiens des premiers siècles. Nous avons reconnu, dans les musées de Nantes et de Poitiers, les ellipses indéfiniment redoublées de *Gawr-Yniz* sur des auges d'époque mérovingienne. Il y a aussi, si notre mémoire est fidèle, quelque chose de pareil sur un tombeau de la cathédrale de Saint-Pol-de-Léon.

Les disques, la fougère et les espèces de crosses multipliées en groupes, qu'on voit dans des dolmens de

Locmariaker, se retrouvent sur diverses monnaies gauloises.

Plusieurs de ces figures, les disques pointillés, les dents de scie, les stries, etc., se rencontrent également sur les vases de terre qu'on trouve dans les dolmens, et qui sont parfois d'une pâte assez pure et d'une forme élégante, comme on a pu s'en assurer, au congrès de Paris, en consultant un magnifique album où M. de Cussé a représenté, de grandeur naturelle, les restes si intéressants de la vieille céramique morbihannaise. Ces vases ne diffèrent pas notablement, par la forme et la matière, de ceux que l'on découvre dans la catégorie de petits tumulus admis par tout le monde comme gaulois; il n'en diffèrent pas du tout par l'ornementation, quand ils sont ornementés.

Ajoutons, quant à l'origine des objets de pierre polie trouvés en si grand nombre et en si belle qualité dans nos dolmens de Bretagne, qu'il est maintenant constaté qu'on s'était trompé en y signalant le jade asiatique, et que la matière de ces belles haches, jadéide, fibrolithe, diorite, etc., n'est point étrangère à l'Occident, ni en particulier à la Bretagne; mais, par compensation, les splendides colliers formés d'énormes turquoises vertes sont bien d'origine asiatique.

La question que nous posions tout à l'heure nous semble donc résolue. Oui, il y a des rapports entre l'ère des dolmens et les époques reconnues celtiques par tout le monde. Il y a, depuis les grands tumulus d'Irlande et de Bretagne jusqu'aux Celtes les plus récents, une tradition ininterrompue, caractérisée par l'emploi des mêmes figures symboliques ou ornementales.

Il reste là une difficulté. Si les dolmens sont celtiques,

ce qu'on nomme l'âge de la pierre polie appartiendrait donc aux Celtes; les Celtes seraient donc arrivés en Europe à une époque où ils ne connaissaient point l'usage des métaux, et les colliers ou bracelets de métaux précieux qui s'y rencontrent quelquefois, et les armes de bronze qui s'y trouvent plus rarement encore, indiqueraient des monuments funéraires imités exceptionnellement de ceux d'une ère plus ancienne. Il y aurait donc contradiction entre l'archéologie, qui ferait la venue des Celtes antérieure aux métaux, et la philologie comparée, qui fait cette migration postérieure à la connaissance des métaux.

Ce n'est pas notre sentiment.

Nous ne voyons pas de raison suffisante de croire que les dolmens où se rencontrent des métaux soient moins anciens que les dolmens beaucoup plus nombreux où il ne s'en rencontre pas; mais, quoi qu'il en soit, nous ne pensons pas que les hommes de l'ère des dolmens aient ignoré l'usage des métaux. Nous croyons qu'ils n'en mettaient pas dans leurs sépultures parce qu'ils n'en voulaient pas mettre.

M. Michel de Rossi [1] a fait, sur les usages religieux des Romains, une remarque importante. Il a établi que les Romains, à une époque où, depuis des siècles, ils n'employaient plus que le fer pour la guerre et pour le travail, employaient encore le bronze, à l'exclusion du fer, dans les rites de leur religion [2]. C'était par un motif d'archaïsme religieux qu'ils gardaient cet antique usage.

1. Frère de l'antiquaire romain qu'ont illustré ses travaux sur la primitive archéologie chrétienne, et auteur de découvertes du plus haut intérêt sur les antiquités primitives de l'Italie.

2. Et aussi la pierre.

Il nous paraît très-vraisemblable qu'il y avait chez les Celtes quelque chose d'analogue, en reculant l'archaïsme d'un degré; c'est-à-dire que les Celtes, connaissant le bronze, n'auraient employé que la pierre dans les rites funéraires. On pourrait présumer que les haches de matière si recherchée et d'un si beau travail que nous offrent nos dolmens étaient des armes sacerdotales, des armes de sacrifice et de rituel, et non des instruments de guerre et de travail[1]. Le mélange du silex aux haches de matière plus recherchée, dans les dolmens de Bretagne, est encore un indice très-significatif. Ces hachettes de silex sont souvent si petites, qu'il serait impossible d'en faire aucun emploi; et, d'ailleurs, il n'y a point de silex en Bretagne. L'emploi des outils de silex ne devait guère être dans les habitudes de la population. Pourquoi en aurait-on fait venir de loin pour les placer dans les tombeaux, s'il n'y avait eu là un motif de rituel, une idée symbolique?

Ce n'était pas seulement en Gaule que ces hachettes de silex avaient un caractère symbolique; dans la vieille Italie, où on les nommait *pierres de foudre*, on y attachait quelque idée analogue.

Sans doute cette tradition archaïque de l'âge de pierre avait été apportée d'Asie par les Celtes, et elle était en parfaite harmonie avec le système de construction des monuments religieux et funéraires en blocs non taillés.

Nous inclinons donc à penser, avec M. Adolphe Pictet, et, en général, avec les philologues, que les

1. Il est même à présumer que c'étaient des instruments fabriqués exprès pour le rite funéraire, et qui n'avaient jamais servi.

Celtes connaissaient l'or et le bronze lorsqu'ils s'établirent en Occident [1]; mais nous croyons aussi qu'ils étaient encore alors très-inexperts dans la manipulation des métaux, et que, dans la pratique, c'était encore véritablement l'âge de la pierre polie qui régnait parmi eux.

Nous avons ici un point de comparaison analogue à celui que nous empruntions tout à l'heure à M. de Rossi. Dans l'âge homérique, on connaissait le fer, et pourtant on était véritablement encore dans l'âge de bronze. C'était avec le bronze, et non avec le fer, que combattaient et les héros d'Homère, et les Étrusques primitifs, leurs contemporains [2].

Il suffit de remonter d'un degré pour ce qui regarde les premiers Celtes.

D'après l'hypothèse que nous venons d'énoncer sur la connaissance des métaux chez les Celtes, on pourrait admettre que les plus anciennes, tout au moins, des sépultures celtiques de moindre dimension et de construction différente, où se trouvent en abondance les armes et les ornements de bronze, sont contemporaines de l'ère des dolmens, de même qu'il est certain qu'il y a eu des dolmens construits depuis l'ère chrétienne, au

1. Toutefois, les raisons que l'on en donne sont-elles suffisamment démonstratives? L'identité des racines, des noms des métaux y suffit-elle? ne prouve-t-elle pas seulement que les peuples aryens ont reçu les métaux les uns des autres?

2. La très-intéressante étude de M. de Mortillet sur les *Terramare du Reggianais* nous prouve que le fer était connu dans la haute Italie avant la conquête étrusque, c'est-à-dire à l'époque ombrienne, à l'époque où les Celtes-Ombriens dominaient dans la vallée du Pô, entre le XIe et le XVIe siècle avant notre ère, autant qu'il est permis de chercher à apercevoir des dates approximatives. Et pourtant on était certes bien alors dans l'âge de bronze, et l'on y resta longtemps encore.

moins en Irlande, et, nous pouvons ajouter, dans la Grande-Bretagne, quoique nous n'en articulions pas en ce moment les preuves. Cependant, si nous prenons les deux grandes classes de tumulus dans leur ensemble, nous sommes loin de repousser absolument, au moins pour la France[1], l'opinion de M. Alexandre Bertrand et des autres archéologues qui ont vu dans ces deux types différents l'indice de deux époques différentes. Nous n'admettons pas, avec eux, deux races différentes; mais nous inclinons à admettre deux âges différents d'une même race. Il y aurait là pour nous les signes, non pas de l'invasion d'une race sur une autre race, mais de révolutions survenues chez une même race, révolutions qui ont pu et dû se lier à des migrations et à des superpositions successives de tribus celtiques les unes sur les autres. Les temps où l'on a élevé les alignements de Carnac et la nécropole de Locmariaker, les grands tumulus d'Irlande, le *Côr-Gawr* de Stone-Henge, temps comprenant des périodes très-diverses, ont dû appartenir, comme nous l'avons déjà indiqué, à la prépondérance de l'élément religieux, organisé en un sacerdoce qui dominait la société.

L'autre époque qui aurait succédé à celle-ci aurait vu la prépondérance passer de l'élément religieux à l'élément militaire. La sévérité des rites se serait relâchée, avec l'enthousiasme religieux qui faisait soulever et assembler les masses énormes des monuments de pierres vierges; ces grandes constructions seraient devenues

1. Pour l'Angleterre, nous nous sommes assuré que l'opinion analogue (l'antiquité relative des *long-barrows* et la modernité relative des *round-barrows*) est contestée par des archéologues de la plus grande autorité.

de plus en plus rares ; et, d'une autre part, les guerriers auraient pris de plus en plus l'habitude, assez générale dans les temps héroïques, de se faire ensevelir avec leurs armes de guerre.

L'étude seule des monuments pourrait suffire à suggérer cette opinion comme probable ; les traditions historiques lui fournissent d'importantes confirmations.

En Irlande, la tradition attribue les grands tumulus à dolmens, partie à un ancien peuple de haute taille, aux cheveux blonds et aux yeux bleus, très-certainement celte, appelé la *race des dieux de Dana*[1] (*Tuatha-de-Danann*), et partie à une population plus ancienne encore, de moindre taille et à cheveux bruns, portant un nom également celtique, celui de *Fir-Bolgs,* et qu'il faut bien se garder d'identifier, comme on le fait trop souvent, avec nos Belges de la Gaule, incomparablement plus récents et de type très-différent.

Au delà du *peuple des dieux de Dana* et des *Fir-Bolgs,* on entrevoit une race de patriarches celtiques portant le nom de *Neimhead*, qui désigne, dans tout l'ancien monde celtique, ce qui est sacré, ancien, primitif. Les sanctuaires mêmes s'appelaient *némèdes* ou *nimides*, nom resté en usage dans la tradition populaire jusqu'au VIIIe siècle de notre ère, puisque le concile de Leptines, en 743, défend encore d'aller célébrer des rites païens dans les lieux forestiers appelés *nimides.* La tradition irlandaise, qui donne au *peuple des dieux de Dana* un caractère sacerdotal, mystique et magique, le fait descendre directement des primitifs

1. *Dana*, génitif, *Danann*.

Neimhead. Elle rapporte formellement au *peuple des dieux de Dana* les principaux des tumulus où se trouvent les signes symboliques dont nous avons parlé. Les tumulus tout à fait primitifs appartiendraient aux *Neimhead.*

Le peuple des dieux de Dana, qui avait conquis l'Irlande sur les Fir-Bolgs, fut à son tour dépouillé de son empire par les tribus héroïques des Scotts ou Milésiens, qui seraient, dit-on, venus d'Espagne, et qui étaient des Celtes plus ou moins mêlés d'Ibères. Les héros ossianiques appartenaient à la famille des Scotts, et nous avons la preuve qu'ils ne rompirent pas entièrement avec les traditions de la race sacerdotale qui les avait précédés, qu'ils continuaient à tenir leurs assemblées dans des cercles consacrés, et qu'ils ne cessèrent pas d'élever des dolmens. Quant aux menhirs, cela n'a jamais pu faire question.

Dans la Gaule continentale, nous n'avons rien d'aussi précis. Toutefois, M. Amédée Thierry, dans son *Histoire des Gaulois*, a indiqué avec beaucoup de sagacité, d'après ce que laissent entrevoir les historiens grecs et latins, deux époques successives, où la prépondérance des druides aurait été remplacée par celle de l'aristocratie militaire.

La constatation de deux types principaux de sépulture [1] dans notre Gaule nous paraît donc conserver sa valeur, quoiqu'on en ait tiré d'abord des conséquences

1. Deux types principaux, disons-nous; car il y en a certainement plusieurs autres. Il y a, comme nous l'avons dit, les grands tumulus à petites chambres; il y a les très-petits dolmens, espèces de coffres de pierre (*cist-vaen*). Il y a enfin les inhumations souterraines sans aucun signe extérieur, qui ont toujours dû être les plus communes, et qu'on commence à retrouver en grand nombre.

exagérées, et qu'il n'y ait pas du tout, à notre avis, rupture radicale entre l'une et l'autre période. Les petits tumulus d'époque relativement récente, ceux mêmes qui renferment des armes de fer, gardent les traces de rites funéraires qui les relient aux temps anciens; l'usage d'allumer un feu consacré au moment de l'ensevelissement, et la disposition circulaire du foyer de ce feu, s'y sont conservés jusqu'à la fin, c'est-à-dire qu'il y a sous le tumulus un petit cercle de pierres, s'il n'y a point de cercles extérieurs. Nos tumulus de la Gaule orientale affectent, d'ailleurs, eux-mêmes la forme circulaire. Il y a fréquemment, au haut du tumulus, une ou plusieurs pierres debout, suivant la tradition de l'ère des dolmens.

Remarquons, en passant, que les monuments funéraires de l'ère ancienne ne sont pas nécessairement et universellement de plus grande dimension que ceux de l'âge plus récent, ainsi qu'on a voulu l'établir pour les petites sépultures irlandaises appelées *cist-vaen*, comparées aux dolmens. Il y a chez nous de très-petits dolmens, très-antiques, entourés de très-petits cercles de pierres, comme on peut s'en assurer au musée des Thermes à Paris, où l'on a transporté un de ceux trouvés sous terre par M. Leguay à la Varenne Saint-Maur.

Après avoir admis la distinction entre les deux types différents de tumulus, ceux qui appartiennent et ceux qui n'appartiennent pas à ce qu'on appelle aujourd'hui les monuments mégalithiques, il y a une observation à faire sur un très-grand et très-imposant monument qui est mégalithique au plus haut degré, mais qui est entouré de grands tumulus qui ne sont point mégalithiques : c'est le *Cór-Gawr* de Stone-Henge. Ce monument est unique dans son genre [1]. Il semble indiquer un effort vers des formes nouvelles, et il est moins rigoureusement de pierres vierges que la plupart des autres, car les supports et les linteaux de ses trilithes ont des tenons et des mortaises. Il y a toute apparence que ce monument est beaucoup moins ancien que ceux d'Irlande, et surtout que ceux de Bretagne. Les grands tumulus du *peuple des dieux de Dana*, que nous avons visités sur la côte orientale d'Irlande, présentent quelques caractères de construction moins primitifs que ceux de la plupart des grands dolmens du Morbihan. Un très-savant archéologue d'outre-mer, M. Lukiss, nous a fait observer que leurs tables s'engagent les unes sur les autres pour former une sorte de voûte.

Nous pensons qu'il y a un ensemble d'inductions historiques à tirer de ces observations. La grande agglomération morbihannaise appartiendrait au même âge et au même peuple que les plus anciens monuments d'Irlande, du moins à des tribus du même peuple et de la même croyance.

Ce peuple ne nous semble pouvoir être que les Celtes primitifs. Le *peuple des dieux de Dana* ne serait qu'une sous-branche postérieure des Celtes primitifs.

Le monument de Stone-Henge est sans doute l'œuvre des druides bretons, appartenant au second des deux grands rameaux de la race celtique, au rameau cimmérien, dont les Bretons sont la sous-branche principale.

1. Il y en avait jadis un analogue en Irlande, d'après Giraud le Cambrien, et un en Frise. Voir ce qu'en dit M. de Belloguet, *Ethnogénie gauloise*, 3e partie, p. 520. Il y en aurait, dit-on, un dans l'Inde et un en Arabie.

Peut-être même cette œuvre majestueuse appartient-elle aux derniers temps qui ont précédé l'invasion romaine, ce qui expliquerait pourquoi elle n'a pas été reproduite dans notre Gaule.

A l'époque immédiatement antérieure à la conquête romaine, César nous laisse voir le druidisme comme affaibli en Gaule, où les chefs militaires disposent en fait à peu près de tout ; mais, en même temps, il nous montre l'ordre druidique puissamment concentré dans l'île de Bretagne. Il n'y avait été atteint ni par les révolutions de la Gaule ni par celles de l'Irlande.

L'opinion contraire à l'origine celtique des monuments de pierres vierges est provenue en partie de ce qu'on a cru les Celtes trop récents en Europe. Les archéologues qui refusaient ces monuments aux Celtes ont paru les considérer comme un seul peuple arrivé en Occident à une époque peu ancienne, tandis qu'ils étaient réellement une grande famille de peuples, divisée en deux groupes principaux, qui arrivèrent par migrations successives, dont les premières et les dernières ont dû être séparées par un grand nombre de siècles. La venue des premiers Celtes, des Aryas ou Iraniens d'Irlande, tête du premier des deux groupes, se perd dans la nuit des temps. Les Celtes primitifs ont conquis l'Espagne au plus tard quinze siècles avant l'ère chrétienne ; mais on ignore depuis quel laps de temps, peut-être fort considérable, ils occupaient alors déjà la Gaule, les îles Britanniques et d'autres régions dans le centre et le nord de l'Europe. Il y a de fortes raisons de croire qu'ils avaient quitté leur berceau asiatique avant les temps d'Abraham et même de Zoroastre.

Si l'ère celtique offre largement l'espace de temps

nécessaire pour y placer toute la série des monuments postérieurs à l'âge des cavernes, le caractère et les idées bien connues des peuples celtiques sont, d'un autre côté, parfaitement en rapport avec ces monuments. L'enthousiasme religieux aussi bien qu'héroïque, la passion des actions collectives et des entreprises extraordinaires, l'organisation de grandes associations religieuses capables de diriger avec persévérance ces puissantes constructions, tout cela, quand il s'agit d'eux, n'est pas de l'hypothèse, c'est de l'histoire. Les deux grands rameaux de la race celtique ont possédé, sous des formes différentes, l'association druidique, à savoir : 1° chez les Celtes primitifs, sous la forme de tribus sacerdotales à la façon des brahmanes; telle était la *race des dieux de Dana*[1]; et 2° chez les Cimmériens ou Bretons, sous la forme d'une corporation savante se recrutant sans distinction d'origine; ce sont les druides des derniers siècles, connus des historiens grecs et latins.

La conclusion de toutes les observations qui précèdent est celle-ci : que les Celtes de tous les temps ont élevé des monuments mégalithiques, et que, entre les monuments mégalithiques, les principaux groupes de dolmens appartiennent aux âges anciens du monde celtique, sans que, toutefois, l'usage d'élever des dolmens ait entièrement cessé jusqu'à une assez basse époque.

Les monuments mégalithiques de France, des îles Britanniques, d'Espagne et d'Italie appartiennent donc, dans notre pensée, aux Celtes.

1. Ces tribus sacerdotales paraissent s'être modifiées par des associations à la fois mystiques et industrielles, à la façon des Cabires et des Telchines asiatiques.

Mais sont-ils les seuls qui leur appartiennent?

Nous ne le pensons pas.

Il n'y a pas plus de raisons pour attribuer aux Finnois les monuments mégalithiques du nord de l'Europe que ceux des Gaules. Ces monuments se rencontrent précisément dans des régions où il n'est pas douteux, à nos yeux, que les Celtes aient été établis en corps de nation. Les fameux Cimbres de Marius n'étaient que le reste, puissant encore, d'une grande confédération de peuples cimmériens qui, avant les Germains, avait occupé l'Allemagne du Nord et le Danemark, et paraît s'être étendue fort loin le long de la Baltique. On retrouve une ville de *Cimbris-Hamn* dans la Scanie, la province méridionale de la Suède, non loin de la fameuse grotte ou dolmen de *Kivik*. Tacite nous dit que les Estiens (Estoniens) avaient pour enseigne le sanglier, l'emblème en usage dans toute la race celtique, et parlaient à peu près la langue des Bretons. Un savant de Russie mandait récemment au congrès de Paris qu'on retrouvait de nombreux tumulus dans la Moscovie proprement dite, et que les crânes dolicocéphales qui s'y rencontraient n'appartenaient pas aux vieilles races finnoises du pays, ce qui pourrait indiquer une colonie celtique.

Nous ne soutenons point par là que les dolmens du Nord appartiennent nécessairement ou exclusivement aux Cimmériens ou Cimbres, car il est plus que probable que les Cimmériens ont été précédés par les Celtes primitifs dans le Nord comme dans l'Occident.

Ce n'est pas tout. La grande région mégalithique d'Occident se trouve placée entre deux autres régions mégalithiques, l'une au nord, celle dont nous venons de parler, l'autre au midi, la région de l'Atlas.

On avait voulu d'abord attribuer les dolmens, cercles de pierres, etc., des pays barbaresques aux bandes gauloises qui servaient Carthage; mais, lorsque ces monuments se sont multipliés sous les pas des voyageurs et qu'on en a retrouvé de très-nombreux au loin dans l'intérieur des terres, on a dû reconnaître l'extrême invraisemblance de l'opinion qui attribuait des constructions de cette nature à des bandes de soldats mercenaires.

Nous avions, pour notre compte, une idée un peu vague encore, un sentiment plutôt qu'une opinion. Nous avions vu dans les peintures égyptiennes un peuple qui nous préoccupait beaucoup. C'étaient des hommes aux yeux bleus, aux longs cheveux tressés, blonds ou roux. Les Égyptiens les nommaient *Tahennou* ou *Tamehou*, et les subdivisaient en *Rébu* ou *Lébu*, les *Lybiens* proprement dits des Grecs, et en *Maschuasch* ou *Masuas*, les *Maxyes* d'Hérodote. Ces peuples occupaient la côte septentrionale d'Afrique, le long de la Méditerranée, jusqu'au voisinage de l'Égypte; ils étaient cultivateurs, éleveurs de bestiaux, cavaliers et très-guerriers.

Nous pressentions là des parents et des constructeurs des monuments mégalithiques. Mais il fallait un point fixe, un terrain historique, pour oser tenter de conclure. Il nous semble aujourd'hui toucher à ce point fixe et mettre le pied sur ce terrain. Notre illustre égyptologue, M. de Rougé, a récemment traduit une inscription relevée sur la muraille du grand temple de Karnak par un égyptologue allemand, M. Duemichen. Il y est dit que, sous le fils de Ramsès II (Meïamoun), c'est-à-dire du grand Sésostris, vers le temps de Moïse, les *Tamehou,* les Lybiens, ces hommes blonds aux yeux bleus que nous mentionnions tout à l'heure, se liguèrent, pour attaquer l'Égypte, avec divers peuples maritimes, les *Sakalas,* les *Sardina*, les *Tursa,* les *Akainas* et les *Léka*, dans lesquels M. de Rougé reconnaît les Sicules, les Sardes, les Tyrrhéniens, les Achéens ou Grecs et les Lyciens.

Or, les Sicules étaient alors tout récemment établis en Sicile; leur établissement dans cette île, vers l'an 1400 avant notre ère, est, d'après les travaux de Fréret, la première date positive de l'histoire de l'Occident. Cet établissement se rattache, sans aucun doute, à un contre-courant de migrations d'Occident en Orient causées par l'invasion des Celtes en Espagne.

Cette grande coalition de tribus de la Méditerranée dirigée contre l'Égypte par ces mystérieux Libyens blonds, dans le cours du XIVe siècle avant notre ère, n'indiquerait-elle pas que les Celtes, conquérants de l'Espagne, auraient passé de là en Afrique et auraient poussé leur mouvement d'invasion et de conquête jusqu'aux portes de Memphis? Les nombreux monuments mégalithiques d'Algérie et du reste de l'Afrique septentrionale ne sont-ils pas leur ouvrage? L'induction nous paraît au moins très-vraisemblable.

Les Libyens-Celtes, peut-être peu nombreux, se seraient, avec le temps, fondus dans la masse plus considérable des habitants primitifs, Amazirghes ou Berbères, de race chamitique; et il y aurait peut-être lieu de rechercher là quelques traits de leur physionomie, surtout parmi les Touaregs.

C'est ici que nous paraît devoir s'arrêter la revendication possible des droits des Celtes sur les monuments mégalithiques. Nous ne hasarderons point de conjectures sur quelques dolmens qui subsistent dans le Péloponèse, et quant à ceux qu'on retrouve sur la rive orientale de la Méditerranée, en Palestine, ils appartiennent aux peuples sémitiques et non à nos ancêtres. Ceux qu'on a découverts dans l'Inde et sur divers points de l'Asie et de l'Amérique peuvent provenir de races diverses. Ces monuments simples et puissants caractérisent, non pas exclusivement le génie d'un peuple, mais un certain âge de la vie des peuples et un certain ordre d'idées religieuses sur lequel la Bible jette une lumière qui ne laisse rien à désirer. « Si tu m'élèves un autel de pierres, dit le Seigneur dans l'*Exode,* tu ne le feras point avec des pierres taillées. Si tu y mets le ciseau, il sera souillé. — Tu élèveras un autel au Seigneur ton Dieu avec des rochers informes et non polis. » (*Deutéronome.*)

Les mages de l'Iran et les druides des Gaules étaient animés de ce même sentiment; à savoir : le respect de la forme des choses telle qu'elle est sortie des mains de l'auteur de la nature, idée connexe chez eux avec leur antipathie pour les temples couverts et murés, où l'on *enferme* la divinité.

L'originalité des Celtes est d'avoir gardé, jusqu'à la fin de leur indépendance, les idées et les traditions qui leur avaient été communes avec toute une humanité patriarcale et primitive.

Les archéologues du temps passé n'avaient donc pas été mal inspirés en qualifiant chez nous les monuments en question de monuments celtiques ou druidiques;

néanmoins nous inclinons à penser que le terme récemment adopté de mégalithiques pourra être maintenu. Il est bien loin d'être complétement satisfaisant; il n'est point d'une exactitude rigoureuse; mais il a l'avantage de s'appliquer à tous les monuments de *grandes pierres*, en sous-entendant : *de grandes pierres à l'état naturel*, qui peuvent se rencontrer sur la surface du globe; ce terme ne décide donc *a priori* aucune question d'origine et admet implicitement que les origines peuvent être diverses.

Nous n'avons pas, à ce point de vue, d'objections à y faire.

Nous avons examiné le problème des monuments mégalithiques au point de vue de l'étude directe de ces monuments eux-mêmes, en terminant par quelques considérations historiques; mais il reste à traiter tout un aspect de la question, et de grand intérêt.

Nous avons dit que les Basques, le seul débris des vieux peuples ibériens qui ait gardé sa langue primitive, n'avaient rien dans leur langue ni dans leur tradition qui se rapportât aux monuments de pierres vierges. Il en est tout autrement des Celtes. Poëmes, légendes, chroniques, traditions populaires font chez eux de nombreuses allusions à ces monuments; la forme consacrée du cercle fournit, particulièrement à la langue galloise, des racines d'une grande importance. C'est là une abondante matière; mais nous savons le sujet en bonnes mains, dans celles du savant et infatigable propagateur de la littérature bretonne, M. de la Villemarqué.

C'est à lui de faire parler nos pères sur les monuments qu'ils ont construits; nous sommes heureux de céder la parole sur ce sujet à celui qui a si bien qualité pour la prendre [1].

Nous ajouterons seulement quelques mots, en terminant, sur un point qui ne nous est revenu en mémoire qu'après la rédaction des observations qui précèdent.

Pourquoi la plus grande agglomération des plus grands monuments funéraires de la Gaule se trouve-t-elle sur la côte de Bretagne, au bord de la mer d'Occident?

La raison n'en serait-elle pas dans les croyances et les symboles antiques?

Une très-curieuse tradition citée par Procope nous dit que les âmes partent de la presqu'île armoricaine, cette extrémité du continent, pour le séjour des morts; tradition celtique qui correspond à la tradition grecque des *îles heureuses*, des îles Macares, où règne Chronos, l'analogue de notre *Crom* celtique, de ces îles, enfin, situées aussi à l'Occident; tradition qui répond également à celle de l'Égypte, où les âmes sortent de ce monde par la porte d'Occident pour aller dans l'*Amenti*.

La côte de Carnac et de Locmariaker nous offre, à ce qu'il semble, une nécropole sacrée de la Gaule. S'il en est ainsi, cette nécropole devait être nécessairement à l'Occident.

1. M. de La Villemarqué a, en effet, traité la question des traditions relatives à ces monuments dans le volume des *Mémoires du Congrès celtique de Saint-Brieuc*, et son étude a été reproduite dans la *Revue archéologique* de février 1868.

APPENDICE

Depuis la publication de l'étude qui précède, dans la *Revue archéologique* et dans les *Mémoires du Congrès celtique de Saint-Brieuc*, a paru, en 1868, la troisième partie de l'*Ethnographie gauloise*, de M. de Belloguet, intitulée : *le Génie gaulois*; l'auteur a consacré la section VII de cet important volume à la question des *monuments dits celtiques*. Il établit d'abord que ces monuments, qui se rencontrent en Asie et en Afrique comme en Europe, ne sont pas exclusivement celtiques. Pas de difficulté là-dessus. Nous l'avons reconnu comme lui. Mais il va plus loin et les conteste aux Celtes en Occident, sauf Stone-Henge, qu'il est disposé à attribuer, comme nous, aux druides bretons. Il conclut en donnant aux Ligures, qui sont pour lui la vraie race méridionale, plus ancienne que les Ibères, dolmens, cromlechs et alignements dans l'Europe occidentale et en Afrique. Ses arguments n'ont pas ébranlé notre opinion à cet égard. Le *tempérament lymphatique* des Celtes et leur *inconstance* ne sont pas des objections suffisantes. Nos voisins les Anglais et les Allemands parlent encore aujourd'hui de l'inconstance, de la mobilité des Français, absolument comme les Romains parlaient de celle des Gaulois, ce qui n'a pas empêché les Français d'être le peuple architecte par excellence, et d'avoir créé cette colossale architecture ogivale dont les prodigieux édifices couvrent encore l'Occident. La mobilité dont il s'agit se fixe parfois sous l'empire de fortes associations et de fortes institutions qui disciplinent l'enthousiasme associé à cette mobilité. Quant à la haine que M. de Belloguet suppose aux *lymphatiques* Gaulois pour le travail manuel, on l'a certainement exagérée chez ce peuple qui a introduit l'agriculture en Occident, et d'ailleurs, si l'on adoptait la thèse de M. de Belloguet sur la supériorité numérique de la population primitive ligurienne relativement aux conquérants celtes, rien n'empêcherait d'admettre que ceux-ci n'aient fait travailler les vaincus à leurs monuments. Mais l'inspiration de ces monuments n'a pu appartenir, nous le répétons, qu'à des peuples puissants, organisés, animés par un haut idéalisme, et dirigés par de grandes associations religieuses comme celles dont les annales des Celtes nous offrent deux exemples, les Tuatha Dé Danann, ou druides gaëliques, et les druides gallo-bretons.

Aucune de ces conditions, ni religieuses, ni sociales, ne se rencontrait chez les Ligures ni chez les Ibères, si l'on distingue ces deux peuples, comme le fait M. de Belloguet.

M. de Belloguet nous semble s'être complétement réfuté lui-même dans l'énergique tableau qu'il fait de l'établissement des Celtes en Occident.

« Si l'on s'étonne que, dans tout l'Occident, la robuste et intelligente race des Ligures, d'un courage et d'une volonté si opiniâtres, ait été conquise et assujettie par l'homme du Nord, nous pouvons dire que les

Celtes leur étaient très-supérieurs non-seulement en force physique, mais encore par un commencement de civilisation et d'organisation politique et militaire. Ils vinrent, suivant toute apparence, attaquer, en corps d'émigrants relativement considérables, *de petites tribus encore tout à fait sauvages et disséminées, sans aucun lien entre elles, sur un aussi vaste territoire.* Ces tribus, qui n'avaient pour se défendre que des armes faites de pierres dégrossies ou même d'os, succombèrent sous le bronze des Celtes, comme ceux-ci devaient tomber plus tard sous le fer mieux trempé des Romains. Les victoires des Celtes apportaient d'ailleurs aux Ligures quelques progrès dans les arts et quelque confort dans leur existence, qui étaient, pour la plupart de ces misérables sauvages, d'irrésistibles bienfaits. Ils groupèrent autour de leurs propres clans ces populations éparses qui n'avaient aucun sentiment de nationalité, et dont l'idiome, encore enfermé dans les plus simples besoins de la vie matérielle, dut bientôt se perdre dans la langue des conquérants qui les civilisaient. Les vainqueurs s'organisèrent donc, avec la plupart des tribus indigènes, en peuples distincts, mais reliés entre eux par une communauté d'origine, de mœurs et de langage, et dont l'ensemble forma enfin, particulièrement dans les Gaules, où le druidisme les unit plus étroitement, une véritable et grande nation. Les vaincus, dont l'opiniâtreté ne put être domptée par la force ou séduite par cette civilisation naissante, se retirèrent, les uns au fond de leurs vastes forêts ou sur le haut des montagnes, les autres au milieu de lacs ignorés, ou au sein d'immenses marécages, et continuèrent d'y vivre, jusqu'au triomphe définitif de la puissance romaine, dans leur isolement farouche et leur intraitable barbarie [1]. »

Ainsi, suivant M. de Belloguet lui-même, la population ligurienne, avant l'arrivée des Celtes dans nos contrées, ne consistait qu'en « petites tribus tout à fait sauvages, disséminées, sans aucun lien entre elles, sur un vaste territoire, n'ayant que des armes de pierres *dégrossies* (éclatées) ou d'os, dépourvues de tout sentiment de nationalité, et dont l'idiome était encore enfermé dans les plus simples besoins de la vie matérielle. »

Nous ajouterons que, suivant de nombreux indices recueillis par l'archéologie et par la philologie, d'accord avec d'antiques traditions, ces sauvages, non-seulement ignoraient l'agriculture, mais ne connaissaient pas même l'état pastoral, et que, depuis les Pyrénées jusqu'en Danemark, il n'existait alors d'autre animal domestique que le chien. Les bestiaux, comme le blé, ne sont arrivés qu'avec les Celtes. Cet état de choses antérieur aux Celtes, sur lequel nous sommes d'accord avec M. de Belloguet, ne permet guère d'admettre que la population primitive ait eu, sur les nouveaux venus, la supériorité numérique à laquelle croit M. de Belloguet, et interdit absolument de lui attribuer des monuments gigantesques comme ceux de la Bretagne et de l'Irlande. Il n'y a pas là seulement invraisemblance, il y a impossibilité radicale.

Si, plus tard, des populations liguriennes, devenues plus ou moins civilisées, ont élevé quelques monuments mégalithiques dans des contrées qui n'ont point été co-

1. *Ethnographie gauloise*, 3e partie, p. 54-55.

lonisées par les Celtes, comme les Baléares et la Corse, elles les auront imités des monuments celtiques, mais il ne semble pas qu'elles en aient fait grand usage. Dans notre midi, il y a une contrée où des tribus qu'on peut croire liguriennes ont maintenu leur indépendance contre les Celtes primitifs et sont parvenues à une civilisation commerçante et marinière; c'est la région maritime du Languedoc, occupée par les Élésykes et les Bébrykes jusqu'à la conquête Volke, environ trois siècles avant notre ère. Cette contrée est dépourvue de dolmens, tandis qu'ils surabondent dans la région au nord des Cévennes, celtisée de temps immémorial.

Quant à ce qui regarde l'Afrique, nous avons avancé comme probable que les hommes blonds aux yeux bleus des monuments égyptiens étaient des Celtes qui auraient passé d'Espagne en Afrique et y auraient introduit l'usage des monuments mégalithiques. M. de Belloguet conteste à ces hommes blonds le nom de Libyens, qu'il identifie au nom de Ligures (λιϐυες, λιγυες), et énumère, en opposition à des Celtes envahissant l'Afrique, les diverses invasions et colonisations opérées par les Libyens ou Ligures de l'Afrique dans l'Europe méridionale. Nous ne contestons nullement les témoignages des anciens sur les migrations d'Afrique en Europe; mais nous ne voyons pas en quoi il y a contradiction entre ces établissements d'Africains en Europe et une irruption de Celtes en Afrique. L'histoire est pleine de ces flux et reflux. Si le nom de Libyens a été mal à propos appliqué au peuple blond des monuments égyptiens, question que nous ne discutons pas ici, ce peuple blond n'en a pas moins incontestablement dominé le nord de l'Afrique et pénétré jusqu'en Égypte, et M. de Belloguet ne nous a point répondu là-dessus. Si le nom de Libyens est réellement le même que le nom de Ligyes ou Ligures, les Grecs auront apparemment étendu l'attribution de ce nom au peuple conquérant qui dominait les Libyens.

Pour conclure sur les monuments mégalithiques, nous maintenons plus que jamais notre opinion que ces monuments appartiennent aux Celtes en Occident, et nous articulons nettement cette opinion corrélative : que l'âge de la pierre polie, avec lequel commence la civilisation, est en Occident un âge celtique. Mais nous sommes disposé à admettre, dans de certaines limites, que les dolmens en général appartiendraient aux Celtes primitifs, à ceux qu'on appelle communément Gaëls (M. de Belloguet leur conteste ce nom pour l'attribuer aux Ligures), qui, en Irlande, ont continué d'en élever jusqu'à l'époque finienne ou ossianique, dans les premiers siècles de l'ère chrétienne. Aux Cimmériens (Cimbres ou Cymrys), Bretons et Belges appartiendraient en général les tumulus, grands ou petits, à chambres non mégalithiques. Les cercles de pierres, alignements et menhirs isolés seraient communs aux deux grands rameaux celtiques. Nous parlons ici de prédominances, et non de divisions absolues. Nous ne doutons aucunement que Stone-Henge n'appartienne aux Bretons, et nous leur attribuons aussi Abury, plus ancien que Stone-Henge, tandis que les dolmens de Cornwall et du pays de Galles remonteraient à des Celtes primitifs, parents des Irlandais. Il nous paraît tout à fait inadmissible de faire, comme le voudrait M. de Belloguet, succéder immédiatement les Bretons et les Belges aux Ligures dans l'île d'Albion. Les premiers Celtes ne sont certainement pas allés du continent en Irlande sans passer par la Grande-Bretagne, où les Bretons ont dû les trouver. Les noms gaëliques se rencontrent, du reste, çà et là sous les noms cymriques dans la géographie de l'Angleterre et du pays de Galles.

Une dernière observation à M. de Belloguet sur le silence des historiens classiques, et particulièrement de César, relativement aux monuments mégalithiques. Il est bien possible que César n'ait vu que peu ou point de dolmens, quoiqu'il en eût des milliers autour de lui. Dans les trois quarts au moins de la Gaule, les dolmens et les allées couvertes ont été enveloppés de tumulus, en sorte que César, qui avait autre chose à faire que de s'occuper d'études archéologiques, a fort bien pu ne se point soucier de savoir ce que renfermaient ces tertres funéraires, dont l'aspect extérieur différait peu des tumulus des autres pays, et ne pas prendre la peine de constater, dans ses récits, que les tumulus étaient plus nombreux en Gaule qu'en Italie ou en Grèce. Ce n'est guère que dans la région du sud-ouest qu'il existe en grand nombre des dolmens signalés par cette double particularité : qu'ils ont toujours été à découvert, et que le bronze y surabonde, au lieu de ne s'y rencontrer qu'exceptionnellement, comme dans les dolmens de nos autres provinces. César a pu en voir quelques-uns en allant faire le siége d'Uxellodunum, mais sans faire grande attention à ces constructions *barbares*.

Nous n'insistons autant sur les objections de M. de Belloguet qu'à cause de l'importance de son œuvre, qui, encore inachevée, compte déjà parmi les monuments les plus considérables qu'aient produits les études sur l'antiquité celtique. Jamais les documents grecs et romains n'avaient été compulsés et réunis sur une aussi grande échelle. Il y a là tout un monde de faits rassemblés au profit de tous ceux qui s'occupent des mêmes matières, et une surabondance de vues toujours ingénieuses et originales, lors même qu'elles sont contestables. En résumé, si l'auteur exagère le rôle des Ligures dans le vieil Occident, il n'en a pas moins gain de cause, à nos yeux, sur ce point capital : que les Gaulois, tels que les ont connus les Romains, étaient issus, dans une proportion quelconque, du mélange des Celtes avec une population antérieure, de race brune, identique aux Ligures de l'antiquité classique.

VII

NOTES SUR LA MYTHOLOGIE CELTIQUE

(1868)

I

Dana, la mère des dieux.

Nous ne pouvons espérer de ressaisir l'ensemble de la mythologie celtique, ainsi que les beaux travaux de notre siècle nous font ressaisir la mythologie de l'Inde et celle de l'Égypte. L'enseignement oral des druides n'a malheureusement pas laissé, comme l'enseignement écrit des brahmanes et l'enseignement sculpté des prêtres égyptiens, un vaste ensemble de témoignages qui pût être un jour révélé à la postérité. Il n'est possible de retrouver les mythes et les symboles de nos pères que par lambeaux, par fragments dont on ne parviendra jamais à combler toutes les lacunes, et bien des points intéressants resteront toujours à l'état d'hypothèses. Tâchons du moins de recouvrer le plus que nous pourrons de ces débris si dignes d'intérêt, et de les relier par des inductions qu'autorise la science récente des mythologies comparées.

Nous ne voulons essayer de jeter ici quelques vues que sur trois ou quatre points de la tradition religieuse des Celtes.

Ce que nous disions dans notre *Essai sur les monuments mégalithiques* relativement à l'histoire des monuments des Celtes, est également applicable à l'histoire de leurs traditions mythiques. Il y a eu, dans ce grand nombre de siècles vaguement entrevus, place pour bien des révolutions ou des transformations, qui ne changeaient pas néanmoins un certain fond essentiel de dispositions, de tendances propres aux Celtes.

Les Grecs et les Latins ne nous donnent de notions que sur le druidisme du dernier âge de l'indépendance gauloise, période où le foyer principal de la religion était chez les druides de l'Ile de Bretagne, et dont nous pensons que Stone-Henge est le grand et peut-être le dernier monument.

Nous croyons que les traditions irlandaises permettent d'entrevoir quelque chose au delà, un autre druidisme plus ancien, celui des Gaëls ou Celtes antérieurs aux Bretons. C'était l'opinion du savant et profond baron d'Eckstein, et nos études personnelles nous y ont tout à fait confirmé.

On trouve en effet, en Irlande, des traits particuliers, qui diffèrent de ceux que nous ont indiqués les historiens et les géographes de l'antiquité classique, mais qui se relient, par-delà l'antiquité classique, à une antiquité plus reculée.

Nous avons cité, dans nos observations sur les monuments mégalithiques, les signes sculptés à l'intérieur des dolmens d'Irlande et de Bretagne. Le sens de deux de ces signes, le *disque* et la *ligne brisée* appelée *dents de scie*, n'est pas hypothétique, mais certain. Ces deux signes sont parfaitement connus dans les hiéroglyphes d'Égypte. Le premier est le disque solaire, le signe d'Ammon-Ra, le signe du dieu de la lumière et de la vie, le signe sculpté au fronton des temples, et qui, sur les sarcophages, rayonne au-dessus de l'image du mort pour le rappeler à la résurrection et à la vie éternelle.

L'autre, la ligne brisée, est le signe du principe humide et passif, comme le premier est le signe du principe igné et actif; c'est le signe de la déesse *Noum*, qui est au fond la même que *Mouth* et que *Neith; Noum* est la déesse dont le corps, dans les symboles égyptiens, se courbe autour du monde pour l'envelopper, image saisissante qui indique qu'elle est la matrice de toutes les choses et de tous les êtres, la mère des dieux et des hommes. Cette idée d'une mère des dieux, substance passive universelle, nuit première, nuée cosmique ou mer primitive dans laquelle flottent les éléments des choses, associée à un dieu esprit, lumière et force, représenté comme son fils, mais un fils qui s'engendre lui-même, par sa propre force, dans le sein de sa mère, et qui fait éclore de ce sein tous les autres êtres, c'est là ce qui paraît avoir été le fond commun des religions primitives de ce vieux monde chamitique qui a enfanté la civilisation. Babylone, Ninive et une Inde antérieure aux Aryas paraissent avoir partagé cette croyance avec la vieille Égypte des âges antérieurs à la religion d'Osiris, où surgit plus tard l'idée nette du Dieu *créateur* et non plus seulement *formateur*.

L'apparition du disque isolé, en Irlande ou ailleurs, ne prouverait rien. Ce signe est si simple et si naturel qu'on peut l'avoir employé spontanément partout pour représenter le dieu solaire. Mais sa réunion avec la ligne brisée ne peut pas être fortuite. Ce second signe, employé pour signifier les flots, le principe humide, et la divinité cachée sous ce principe, est trop conventionnel, et son association au premier a un caractère trop déterminé pour être l'effet du hasard, surtout quand on se rappelle à quel point ces deux signes réunis sont multipliés sur tous les objets de provenance celtique.

Y a-t-il, dans nos traditions, quelque chose qui se rapporte à l'explication de ces signes? La Bretagne est muette ; l'Irlande ne l'est pas.

Parmi les diverses couches de populations celtiques qui se sont superposées les unes aux autres en Irlande, il y en avait une qui avait fortement attiré l'attention du baron d'Eckstein, à une époque où l'on possédait beaucoup moins de documents qu'aujourd'hui sur les antiquités irlandaises. Il s'agit du peuple qui porte le nom singulier de *race des dieux de Dana*, *Tuatha-Dé-Danann*. Nous en avons parlé dans notre étude sur l'Irlande et dans nos observations sur les monuments mégalithiques. La tradition donne à ce peuple un caractère essentiellement sacerdotal, mythique et magique. C'est à lui que la tradition attribue les principaux monuments où se rencontrent les signes en question. Il y a eu bien des vues diverses proposées sur sa mythologie, qui paraît avoir été savante et compliquée. On a cru y reconnaître les traces d'une affiliation au cabirisme oriental; nous ne voulons pas nous engager sur ce terrain trop obscur et trop vaste; mais, en ce qui concerne le point particulier qui nous occupe, la publication récente d'un précieux document du ixe siècle nous paraît avoir jeté une lumière suffisante. Un glossaire irlandais, écrit par Cormac, prince-évêque de Cashel, nous a conservé quelques débris de la mythologie antique. De ce document, comparé à d'autres traditions, il résulte que les *dieux de Dana* étaient les dieux fils de Dana, et que Dana (génitif, Danann), appelée aussi *Ana* et *Anu*, est une mère des dieux, analogue à la *Mouth* et à la *Neith* d'Égypte. Elle nourrit les dieux, et de son nom vient le mot *anae*, abondance [1]. La famille de dieux issue d'elle implique un ordre d'idées plus rapproché, comme nous y faisions allusion tout à l'heure, des associations à la fois religieuses et industrielles des Cabires, Telchines, Dactyles, etc., que des tribus héroïques. Cette race des dieux de Dana paraît avoir été aux héros gaulois des guerres d'Italie et aux héros ossianiques à peu près ce qu'ont été les Pélasges vis-à-vis des Hellènes, des héros d'Homère. La race des dieux de Dana avait un dieu médecin, une déesse de la poésie et de la science [2], et des dieux artistes et industriels, entre autres un dieu forgeron, *Gobha*, ou Goibninn. Le peuple appelle encore le grand tumulus de New-Grange le tombeau de la femme de Gobha.

N'est-il pas de toute vraisemblance que la ligne bri-

1. *Cormac's Glossary*, p. 2, 5.
2. Brigit, Brigid; de *Breo-Saigit*, flèche de feu. (*Cormac's Glossary*, p. 8.) Elle est fille de Dagda, qui semble avoir été un dieu du feu. Le docteur Siegfried l'identifie à l'ancienne déesse celtique *Brigantia*, dont le nom se retrouve dans des inscriptions, et qui était sans doute la divinité des Brigantes.

sée du dolmen de New-Grange et des autres tumulus soit le signe de Dana, la mère des dieux?

Faut-il admettre que l'Irlande ait emprunté ces signes à l'Égypte?

Nous ne le croyons pas.

Le signe de la déesse est le même; le nom diffère, tandis que ce nom se rapproche, au contraire, d'une manière frappante, du nom de la déesse-mère de Ninive, *Anahid*, et, encore plus, d'une déesse *Ana* ou *Anna* de Phrygie. C'est dans l'Asie centrale que sont éclos ces croyances et ces symboles, et c'est de là que les auront emportés les druides primitifs lors de la première émigration celtique. Les Aryas ont été initiés par les Chamites d'Asie; c'est là ce que nous paraît avoir établi le baron d'Eckstein par un ensemble d'études aussi ingénieuses que profondes.

Quant au principe actif et solaire, quant au dieu supérieur à ces fils de Dana dont nous parlions tout à l'heure, au dieu père et formateur des choses, il a pu porter différents noms. La divinité, en tant que lumière et puissance solaire, s'est appelée chez les Gaulois *Bélénos*, comme on le voit sur de nombreuses inscriptions. Le nom de Bel, d'où dériverait *Belek*, prêtre, survit dans nos traditions bretonnes; on a cru aussi longtemps que Bel ou Beal avait été le nom principal de la divinité chez les Irlandais. Les savants d'Irlande aujourd'hui le contestent, parce qu'ils ne trouvent point ce nom dans des documents positifs; on ne le rencontre pas, en effet, à côté de Dana, dans le glossaire de Cormac; cependant le feu du 1er mai se nomme le *Beal-Taine* en Irlande, comme le *Bel-Tan* en Bretagne, et le mois de mai s'est appelé le mois de Beal en

Irlande; ce qui semblerait autoriser à penser que ce nom de la divinité a été commun aux Celtes du continent et des îles.

Le dieu suprême, représenté par le cercle, a été connu sous un autre nom que personne ne lui conteste, parce qu'il est resté en usage jusqu'au temps où saint Patrice apporta le christianisme dans Erin. C'est le nom de *Crom*, qui nous est donné, dans la grande chronique dite *les Annales des Quatre Maîtres*, comme le dieu des Scotts, des tribus héroïques dont la domination avait succédé en Irlande à celle du Peuple des dieux de Dana. Mais il y a fort à croire que les Scotts n'avaient point apporté avec eux ce dieu, qui est une divinité cosmogonique et scientifique bien plutôt qu'héroïque. *Crom*, la courbe génératrice du cercle, l'éternel, père du temps, qui apparaît entouré d'un cercle de douze dieux inférieurs, comme une Année divine entourée des douze mois, des douze maisons du soleil, *Crom* est, selon toute apparence, le legs d'une ancienne religion savante que les héros scotts ou milésiens ont reçue de leurs devanciers. Nous croyons, M. de la Villemarqué et moi, qu'il se retrouve en Bretagne quelques vestiges de cet antique nom.

Crom serait donc le principe divin actif, conçu comme engendrant l'évolution du temps, de même que *Bel* ou Bélénos serait Dieu conçu en tant que principe lumineux et solaire.

Au delà de *Dana*, de *Bel* et de *Crom*, il semble qu'on puisse encore apercevoir quelque chose en Irlande. Le commencement de la race humaine y est placé dans les traditions sous les auspices de trois personnages dont l'*évhémérisme* a fait des conducteurs de colonies, mais qui ont été primitivement des figures purement mythiques ; l'un est *Beath*, la vie, le vivant par excellence ; l'autre est une déesse *Eire*, qui semble avoir été une mère suprême, avant Dana, et peut-être une personnification de la race aryenne ou iranienne. Le troisième personnage, *Fintan*, qui reparaît d'âge en âge, semble un type en action de la doctrine de la transmigration des âmes.

Ces traditions de la vieille Irlande sont comme une mer brumeuse et semée d'écueils, où l'on ne peut naviguer sans péril, mais où il faut pourtant se risquer pour y chercher les îles inconnues.

II

Le dragon.

A côté des deux symboles que nous avons signalés comme étant communs à l'Égypte et aux Gaules, et qui expriment des croyances qui avaient appartenu à l'ensemble d'une primitive Asie, un autre signe mythique a fait une très-grande figure dans l'antiquité ; c'est le serpent, le dragon. Ici nous ne sommes plus, en ce qui regarde les Celtes, sur un terrain ignoré des écrivains classiques. Rien de plus connu que le curieux passage de Pline sur le rôle du serpent et de l'œuf du serpent dans la magie druidique. Malheureusement Pline ne comprend absolument rien au symbole dont il nous parle, et il ne nous fait là-dessus qu'un vrai conte de fées. Les druides ne lui avaient pas dit leurs secrets.

Au siècle dernier, des antiquaires anglais, frappés de cette importance du symbole du serpent que Pline avait signalée dans la mythologie druidique sans en pénétrer le sens, voulurent associer ce symbole aux principaux de ces monuments mégalithiques qui émouvaient leur imagination.

Ils crurent retrouver dans les alignements de Carnac et d'Abury, et dans quelques autres grands débris, les restes d'immenses assemblages de pierres levées dessinant la forme d'un prodigieux serpent, emblème de l'Être universel, et ils nommèrent ces constructions hypothétiques des *dracontia*.

Il n'y a jamais rien eu de pareil à Carnac, et le vaste ensemble de monuments qui a existé à Abury est aujourd'hui trop ruiné pour qu'on en puisse bien reconnaître la forme. Les *dracontia* se sont évanouis avec bien d'autres rêves; mais, par compensation, les études approfondies que l'on a faites de nos jours sur les religions de l'Orient ont achevé de nous révéler la valeur de ce grand mythe du dragon et de l'œuf du dragon. Dans le symbolisme du vieux monde chamitique, le dragon a été, comme l'entrevoyaient les archéologues du siècle passé, l'emblème de l'Être universel, et l'œuf que couvait le dragon était le Monde. N'oublions pas, pour rendre justice à ceux qui nous ont frayé la route, que notre savant bénédictin Dom Martin [1], qui, le premier en France, a essayé une étude d'ensemble sur la *Religion des Gaulois*, que Dom Martin, disons-nous, a reconnu nettement que les druides figuraient la création par un œuf sortant de la bouche du serpent. Sous

1. Dom Martin, *Religion des Gaulois*, livre Ier, chap. XXVI.

les contes puérils de Pline il y avait donc un profond symbole cosmogonique, reconnu au siècle passé par Dom Martin, et qui avait été apporté d'Asie par les druides avec les deux autres signes dont nous avons parlé. Il nous paraît probable qu'ils ont emporté avec eux ce mythe du dragon hors du berceau des Celtes, c'est-à-dire de l'Asie centrale, à une époque extrêmement reculée, parce que la très-ancienne révolution religieuse de Zoroastre a proscrit le symbole du serpent et en a fait le signe d'*Ahriman*, de l'*Ennemi de Dieu;* il semble que les Celtes, qui avaient tant de rapports de caractère et de tendances avec les Bactriens de Zoroastre, les auraient suivis dans cette révolution, s'ils eussent été encore à cette époque dans la patrie commune.

Des serpents figurent trois par trois sur les parois de la grotte de Gawr-Iniz et sur quelques autres de nos monuments. On les rencontre souvent sur les monnaies gauloises, dont plusieurs présentent le type remarquable d'un dragon à quatre têtes; mais il semble que ce soient plutôt des symboles astronomiques que l'emblème de l'Être infini. Beaucoup de symboles secondaires dérivent évidemment du grand symbole primitif. Dans des légendes celtiques relativement modernes, le dragon suprême et universel s'est voilé; les dragons mythiques se multiplient; chaque nation a son dragon qui est comme son génie protecteur; le dragon rouge des Bretons défend la Cambrie contre le dragon blanc des Saxons. Dans nos légendes alpestres, une fée suivie d'un serpent couleur d'arc-en-ciel se promène sur les cimes des monts. Les grandes familles mêmes ont leur dragon; la Fée-Serpent des Lusignans, la

Mélusine, est certainement encore un de ces dragons celtiques.

Chez les Bretons insulaires, tous les héros, tous les chefs de guerre sont qualifiés de dragons; le chef suprême de l'Ile de Bretagne porte le titre de *Dreic-pen-dragon,* Dragon chef-dragon, dragon tête-de-dragon.

Ceci est pour la Bretagne insulaire. Notre Bretagne armoricaine semble conserver, par-delà ces traditions secondaires, des traces du mythe primitif. Elle a maintes légendes sur un serpent qui couve un œuf mystérieux, et l'on se rappelle, dans les *Barzaz-Breiz* de M. de la Villemarqué, le prophète Merlin en quête de l'œuf rouge du serpent marin. Les monuments mégalithiques eux-mêmes portent, à ce que nous croyons, quelques curieuses empreintes du mythe antique. Nous ne parlons pas seulement des serpents gravés sur les pierres de Gawr-Iniz et ailleurs. Sur le grand menhir de Saint-Renan, sur un des blocs de la colline de Ker-Roc'hou, près de la pierre que nous croyons être un des très-rares autels conservés des sacrifices humains, et sur quelques autres blocs encore, on voit des espèces de bosses, de saillies arrondies, qui nous paraissent être la représentation de l'œuf du dragon. Le bloc de Ker-Roc'hou s'appelle encore la Pierre du dragon, et les femmes stériles viennent encore, à l'heure qu'il est, y faire des espèces de pèlerinages dans l'espoir de voir cesser leur stérilité.

Près de la pierre branlante de Trégune, la figure d'un œuf énorme se détache d'un bloc indubitablement évidé de main d'homme.

Ce sont là sans doute les derniers vestiges d'un symbolisme qui a été commun à tous les Celtes.

III

Esus et Hu-Gadarn.

Le grand dieu de la Gaule, tel que l'ont connu les Romains, et, par conséquent, de l'Ile de Bretagne, qui, suivant César, était le foyer de la religion des Gaulois, le dieu qui, aux yeux du peuple, dominait tous les autres dieux, et qui, pour les druides, résumait toutes les puissances divines dans son unité, cette divinité suprême était certainement *Esus*. Tout le monde sait que le fameux autel à quatre faces, découvert autrefois sous le chœur de Notre-Dame de Paris, assimile Esus à Jupiter. C'est lui qui est le dieu du chêne et du gui, le dieu des grands rites. La divinité dont le chêne est l'emblème est Dieu considéré sous l'attribut de force, de puissance. C'est le Zeus pélasgique, et nous pouvons même dire que c'est le dieu d'Abraham, le dieu du chêne de Mambré, car cette notion n'a rien de païen ni de polythéiste, et elle est la première sous laquelle le Dieu unique se manifeste au père des Hébreux.

L'autel de Paris nous prouve que le culte d'Esus ne fut pas abandonné aussitôt après la conquête romaine, et que, certainement bien malgré les druides, on l'introduisit dans le panthéon des vainqueurs. Il n'est pas douteux que ce soit encore Esus qu'il faille reconnaître dans cette divinité barbue et cornue qu'un très-intéressant bas-relief du musée de Reims nous montre assise entre deux figures debout, qui sont évidemment

Apollon-Bélénus et Mercure-Teutatès. C'est encore un Esus, selon toute apparence, et sous une forme plus remarquable encore, qui figure dans la niche d'un petit *sacellum* au musée de Beaune. Il est également assis entre deux divinités debout, mais dont l'une est cornue, comme le *Cernunnos* de Paris, et dont l'autre tient une sorte de disque. La figure du milieu, celle que nous prenons pour Esus, a trois têtes. Il est impossible de ne pas soupçonner là un rapport avec le célèbre ternaire des druides.

Esus a donc dû être le grand dieu des Bretons comme des Gaulois du continent. On ne trouve cependant rien qui se rapporte à ce nom dans les débris de traditions mythologiques conservés par les Bretons d'Armorique et de Galles. C'est un autre nom qui domine ici dans la légende : le nom de *Hu-Gadarn, Hu-le-Fort, Hu-le-Puissant*.

Ce personnage se présente sous deux aspects très-différents :

1° Dans des contes populaires, où il figure comme le mari d'une magicienne, chez laquelle il est facile de reconnaître les traits d'une ancienne déesse-mère, d'une déesse de laquelle sont issues des puissances bienfaisantes et des puissances malfaisantes, et qui est, sous un autre aspect, une déesse de la science, que lui dérobe un nain mystérieux, espèce de Prométhée. A côté de cette *Ceridwen*, qui produit le mal comme le bien, Hu apparait comme le fort, l'ordonnateur et le sauveur. Le taureau, symbole de la force laborieuse et féconde, lui est associé et combat avec lui contre le monstre qui a causé le déluge et qui personnifie le chaos. Le monstre, qui est un des fils de Ceridwen, est vaincu; mais le taureau, victime de son dévouement, meurt du grand effort qu'il a fait pour aider son maître à vaincre.

Ces contes sont bien évidemment les restes altérés d'une antique mythologie et cosmogonie.

A côté de ces contes et de quelques chants des bardes qui font allusion au même fond mythique, il y a d'autres poésies bardiques dont certaines ne sont pas plus anciennes que le commencement du xve siècle, et dans lesquelles Hu est présenté avec les caractères de divinité solaire, et même de divinité suprême.

Enfin, dans la légende des saints celtiques qu'a résumée d'une manière si intéressante M. de la Villemarqué, on voit Hu reparaître, chez nos Bretons du moyen âge, sous le nom de Hu-Can, comme un diable aux prises avec les saints. Les dieux vaincus deviennent des démons; c'est chose assez ordinaire.

2° Hu-Gadarn joue un autre rôle dans celles des triades galloises que l'on peut qualifier d'historiques, non pas qu'elles ne relatent que des faits authentiques, mais parce qu'elles rapportent des événements, authentiques ou non, relatifs aux annales et aux personnages historiques ou légendaires de l'Ile de Bretagne. Là, Hu se montre comme un personnage humain et non plus divin, un législateur, un conducteur de peuples, qui a guidé la nation des Cymrys depuis le *pays de l'Eté*, la région de Deffrobany, jusqu'à l'Ile de Bretagne. Les commentateurs bardiques interprètent cette *région de l'Eté* par le *pays où est à présent Constantinople*. C'est bien, en effet, de la mer Noire que sont venus les Cimmériens ou Cymrys.

Il y a donc deux questions relativement à Hu-Gadarn : 1° Est-ce un dieu dont on a fait un homme, ou un homme dont on a fait un dieu? 2° Existe-t-il un rapport quelconque entre Esus et Hu-Gadarn?

Les deux questions ont été mêlées. Des motifs dont il est facile de se rendre compte, d'après l'exposé que nous venons de faire, ont amené des mythologues et des historiens, en Galles et en France, à identifier les deux personnages ; on a accepté la tradition qui faisait de Hu le législateur, l'organisateur de la nation cymro-bretonne, et ce qu'on acceptait pour Hu-Gadarn, on l'a appliqué à Esus même. Un livre d'une très-grande et très-légitime autorité, et dont nous ne croyons pas qu'on ait réussi à ébranler la forte base ethnographique [1], l'*Histoire des Gaulois*, de M. Amédée Thierry, présente Esus comme un pontife et un législateur divinisé.

Ce point de vue a été vivement combattu par Jean Reynaud dans son beau livre de *l'Esprit de la Gaule*. Jean Reynaud a montré, d'une part, qu'il n'y avait aucun rapport entre les racines des deux noms d'Esus et de Hu, et d'une autre part, qu'Esus offrait tous les caractères d'une conception religieuse essentielle et primordiale, et nullement d'une apothéose et d'une divinité adventice, d'une transformation *a posteriori*.

Mais ce que Jean Reynaud repoussait avec raison quant à Esus, il l'admettait quant à Hu-Gadarn. Nous

1. Nous voulons dire : la division de la race celtique en deux grands rameaux, l'un beaucoup plus ancien que l'autre en Occident. Quant à la question de l'unité ou de la dualité de langue chez les Gaulois, nous nous bornons à constater le fait que les deux langues gaëlique et cymro-bretonne diffèrent moins dans leurs monuments les plus anciens que dans leur état actuel : il est permis de conjecturer que la différence était moindre encore dans la haute antiquité. Ce n'étaient peut-être alors que de grands dialectes.

avons été longtemps, avec la plupart des Gallois, dans la même opinion.

Cette opinion s'est ébranlée peu à peu, à mesure que nous avons réfléchi davantage sur les traits caractéristiques du mythe de Hu et de Ceridwen, et que nous avons comparé ce qui regarde Hu, comme personnage prétendu historique, avec les figures et les traditions analogues que nous offrait l'Irlande. Nous sommes arrivé à la conviction que le véritable Hu-Gadarn n'est pas le Hu des triades, mais bien le Hu au taureau, le Hu vainqueur de l'*avank*, le Hu qui fait écouler les flots du déluge et rentrer dans son lit le Lac des grandes eaux. Nous croyons que Hu n'est pas plus un législateur humain que Beath, le *dieu vivant* des Irlandais, qu'on a aussi transformé en conducteur de colonie, ou que la déesse Eire, dont on a fait une princesse ensevelie sous le plus ancien des tumulus d'Irlande. Nous croyons maintenant que Hu n'a pas plus été un conducteur de peuples que les dieux fils de Dana n'ont été les chefs de l'armée qui a gagné sur les Fir-Bolgs la grande bataille de Moytura et conquis l'Irlande ; pas plus que Diancecht, l'Esculape des Dananniens, n'a été le médecin de leur armée ; pas plus que Brigid, leur Pallas, n'a été une druidesse ; pas plus que Gobha, leur Vulcain, n'a été le chef de leurs forgerons.

Il reste certain que les deux noms d'Esus et de Hu sont entièrement distincts. Le nom d'Esus a reçu diverses interprétations. M. de la Villemarqué y a vu l'épithète bretonne *euzuz*, ce qui inspire l'effroi, ce qui répand la terreur ; ce serait le *dieu redoutable*. Jean Reynaud, lui, croyait y reconnaître le même radical que dans l'*aesar* des Étrusques et dans l'*aisa* des Grecs.

Aisa est la *Destinée*, mais laisse entrevoir une forme plus ancienne qui n'aurait pas eu ce caractère de puissance fatale, ainsi que l'indique l'épithète *aisos*, juste. Enfin, M. Chavée y voit le radical sanscrit, ou plutôt aryaque, *asu*, souffle, le souffle divin, le *spiraculum vitæ*. Quant au nom de Hu, qui a dû se prononcer primitivement *hou* et s'est prononcé plus tard *hy*, par l'invasion bien connue de l'*iotacisme*, M. Chavée y reconnaît le radical sanscrit et aryaque *su* (*sou*), qui exprime l'idée de *générateur*, modifié par la permutation de l'*s* en *h*, d'après la tendance à l'aspiration rude commune aux Bactriens et aux Cymrys. C'est ainsi que *sen* (*senex*, *senior*, en latin; *sean*, *sean'ar* en gaëlique) est devenu *hen* en cymrique (*hen-adour*, etc.).

Huan est, en cymrique, un des noms du soleil, et le radical sanscrit *su*, le générateur, est aussi une épithète du soleil.

Les deux noms d'Esus et de Hu sont différents; mais les deux idées peuvent se rejoindre. Les deux noms peuvent, au fond, désigner le même dieu et avoir été employés simultanément comme exprimant des attributs différents. Le second aurait effacé l'autre dans la tradition bretonne, ainsi que le nom de *Crom* pourrait peut-être avoir effacé celui de Bel chez les Irlandais.

Nous engageons nos lecteurs à comparer ce que nous venons de dire avec la section III de la troisième partie de l'*Ethnographie gauloise* de M. de Belloguet. Cette section comprend des recherches étendues sur la religion des Gaulois. M. de Belloguet admet, comme Jean Reynaud et nous, qu'Esus a été le grand dieu des Gaulois, et même, avec Jean Reynaud, qu'il a été leur dieu primitivement unique; mais il pense que cette unité a dégénéré ensuite dans la triade d'Esus, Teutatès et Taranis. Nous faisons nos réserves sur divers points, notamment sur l'interprétation que propose M. de Belloguet du fameux autel de Paris, et sur ce qu'il dit de Hu-Gadarn, comme de tout ce qui concerne le pays de Galles, et sur les druidesses.

IV

Les Barddas.

Nous parlions tout à l'heure des triades historiques galloises et des poésies des bardes gallois. Il y aurait un grand travail à entreprendre pour dégager les éléments mythologiques que recèlent ces poésies souvent si obscures et dont le sens donne lieu à tant de débats. Les poésies bretonnes, irlandaises, écossaises, fournissent aussi de ces éléments qui mériteraient une étude spéciale. Il est une autre classe de documents bardiques qui sembleraient devoir donner d'importantes révélations sur la mythologie. Ce sont ces livres secrets où les bardes ont consigné leurs idées et leurs traditions religieuses, métaphysiques et morales, et qu'on appelle *Cyfrinach Beirdd*, les arcanes des bardes, ou, plus simplement, les *Barddas*, les *Bardits* par excellence. On en a longtemps contesté soit l'authenticité, soit l'existence même; les bardes modernes, au lieu de les mettre en lumière, continuaient à les cacher, par suite et d'idées mystiques et d'habitudes traditionnelles qui remontaient à des temps de persécutions religieuses et surtout politiques.

Lorsque Edward Williams, autrement appelé, de son nom bardique, Iolo Morganwg, en eut publié un extrait en 1794, on l'accusa de l'avoir inventé. C'étaient ces Triades qui sont aujourd'hui bien connues depuis que M. Adolphe Pictet en a donné une traduction française. Depuis la mort d'Iolo, on a retrouvé dans ses manuscrits un grand nombre d'autres fragments de ces documents, formant la valeur d'au moins deux volumes in-8°. Un premier volume a été publié à un petit nombre d'exemplaires par feu J. Williams Ab-Ithel, pour la Société de publication des manuscrits gallois. La mort d'Ab-Ithel a arrêté la publication du second volume. Ces documents sont attribués à divers bardes gallois depuis le xe ou le xie siècle jusqu'au xve. Le recueil où a puisé Iolo Morganwg avait été formé par un barde du xvie siècle, Llyvelyn Sion.

Il semblait qu'on pût espérer, disions-nous, de trouver là une riche moisson pour la mythologie celtique; il n'en a pas été ainsi. Ces documents sont très-précieux; mais leur intérêt porte sur le fond essentiel des idées relatives à la destinée de l'homme, beaucoup plus que sur les formes mythiques particulières dont ces idées ont été enveloppées. Il subsiste là quelques symboles, quelques grandes données mystiques; mais *ces arcanes des bardes* sont, en résumé, des arcanes de philosophie religieuse et non de mythologie. Les philosophes bardiques, mêlant les conceptions qui provenaient du druidisme antique à des idées chrétiennes, ont effacé systématiquement les traces des mythes païens, tout en s'efforçant de conserver la philosophie des vieux sanctuaires du chêne.

Il subsiste cependant chez eux quelques personnifications mythiques remarquables, comme on le verra dans l'étude qui suit sur *le Mystère des bardes.*

Après ces quelques notes sur la mythologie celtique, nous tâchons de donner quelque idée de la philosophie celtique, telle qu'elle s'est conservée et modifiée chez les bardes gallois. C'est l'objet du travail qui va suivre.

VIII

ÉTUDE

SUR LE MYSTÈRE DES BARDES

DE L'ILE DE BRETAGNE

(1868-1869)

Un jeune historien, mort prématurément en laissant inachevées des études sur la religion des Gaulois, M. Leflocq, avait, dans une dissertation posthume, publiée dans la *Revue archéologique* de septembre 1868, attaqué l'interprétation donnée par M. Adolphe Pictet des Triades bardiques publiées par Edward Williams, interprétation que nous avions adoptée, notre regrettable ami Jean Reynaud et nous, et qui est généralement conforme à l'esprit de celle d'Edward Williams lui-même. Nous avons réfuté l'opinion de M. Leflocq et fait connaître quelques nouveaux documents bardiques dans l'étude qui suit et qui a paru dans la *Revue archéologique* de novembre-décembre 1868 et janvier 1869. Nous croyons devoir faire précéder cette étude de la pièce même qui a été l'occasion du débat, c'est-à-dire des Triades mises en lumière pour la première fois par Edward Williams en 1794. Nous reproduisons presque intégralement la traduction de M. Adolphe Pictet, sauf pour deux des Triades.

TRIADES DE BARDISME [1]

TRIADE I.

Il y a trois unités primitives, et de chacune il ne saurait y avoir qu'une seule : *un Dieu*, *une vérité* et *un point de liberté*, c'est-à-dire (le point) où se trouve l'équilibre de toute opposition.

TRIADE II.

Trois choses procèdent des trois unités primitives, toute *vie*, tout *bien* et toute *puissance*.

TRIADE III.

Dieu est nécessairement trois choses, savoir : la plus grande part de *vie*, la plus grande part de *science* et la plus grande part de *force;* et il ne saurait y avoir qu'une seule plus grande part de chaque chose.

TRIADE IV.

Trois choses que Dieu ne peut pas ne pas être : ce

1. *Trioedd Barddas.* C'est le titre donné à cette pièce par Edward Williams (Iolo Morganwg), lorsqu'il l'a publiée, en 1794, à la suite de ses *Lyric Poëms.* Elle a été traduite en français par M. Adolphe Pictet dans la *Bibliothèque universelle de Genève* de 1853, puis rééditée en une brochure in-12, à Genève, en 1856.

qui doit *constituer* le bien parfait, ce qui doit *vouloir* le bien parfait, et ce qui doit *accomplir* le bien parfait.

TRIADE V.

Trois témoignages de ce que Dieu fait et fera : sa *puissance infinie,* sa *sagesse infinie* et son *amour infini;* car il ne manque rien à ces attributs, comme pouvoir, science et volonté, pour accomplir toutes choses.

TRIADE VI.

Trois fins principales de l'œuvre de Dieu, dans la création de toutes choses : *amoindrir le mal, renforcer le bien,* et *mettre en lumière toute différence;* de telle sorte que l'on puisse savoir ce qui doit être, ou, au contraire, ce qui ne doit pas être.

TRIADE VII.

Trois choses que Dieu ne peut pas ne point accomplir : ce qu'il y a *de plus utile,* ce qu'il y a *de plus nécessaire,* et ce qu'il y a *de plus beau,* pour chaque chose.

TRIADE VIII.

Trois puissances de l'existence : *ne pas pouvoir être autrement, ne pas être nécessairement autre,* et *ne pas pouvoir être mieux par la conception*; et c'est en cela qu'est la perfection de toute chose.

TRIADE IX.

Trois choses seront (c'est-à-dire prévaudront) nécessairement : *la suprême puissance, la suprême intelligence* et *le suprême amour* de Dieu.

TRIADE X.

Les trois grandeurs de Dieu : *vie* parfaite, *science* parfaite et *puissance* parfaite.

TRIADE XI.

Trois causes (originelles) des êtres vivants : l'*amour divin* (en accord) avec la suprême intelligence ; la *sagesse divine*, par la connaissance parfaite de tous les moyens, et la *puissance de Dieu* (en accord) avec la suprême volonté, l'amour et la sagesse.

TRIADE XII.

Il y a Trois Cercles de l'existence : *le Cercle de la Région vide*[1], où, excepté Dieu, il n'y a rien, ni de vivant, ni de mort, et nul être que Dieu ne peut le traverser ; *le Cercle de Transmigration*, où tout être animé procède de la mort, et l'homme l'a traversé ; et *le Cercle de la Félicité*, où tout être animé procède de la vie, et l'homme le traversera dans le ciel.

TRIADE XIII.

Trois états d'existence des êtres animés : l'*état de transmigration*[2] *dans Annwn* (l'abîme), l'*état de li-*

1. Littéralement : de la circonférence vide, *ceugant*. Nous traduisons ailleurs par : cercle du vide infini.

2. *Cyflwr abred in Annwn*. M. Pictet traduit par : *abaissement*, au lieu de : transmigration. L'état de transmigration est bien, en effet, considéré comme un état d'abaissement, et *abred*, dans le langage vulgaire, a le sens dérivé de *mal;* mais nous conservons le sens direct ordinaire que donnent à ce mot les documents bardiques, parce que, selon l'esprit de ces docum nts, l'*état d'humanité* est opposé à l'état de transmigration. L'homme doit et peut s'élever, au sortir de la vie humaine, à la vie céleste ; s'il retombe dans l'état de transmigration, c'est par sa faute.

berté dans l'humanité, et l'*état d'amour ou de félicité dans le ciel.*

TRIADE XIV.

Trois (phases) nécessaires de toute existence par rapport à la vie : *le commencement dans Annwn*, *la transmigration dans Abred*, et *la plénitude dans le ciel*, ou *le cercle de Gwynfyd;* et, sans ces trois choses, nul ne peut être, excepté Dieu.

TRIADE XV.

Trois choses nécessaires dans Abred : *le moindre (degré) de toute vie*, et de là son *commencement*; *la matière de toute chose*, et de là l'*accroissement*, qui ne peut s'opérer dans un autre état; et *la formation de toute chose de la mort*, et de là la *débilité de l'existence.*

TRIADE XVI.

Trois choses auxquelles tout être vivant participe par la justice de Dieu : la *sympathie* (ou le secours) *de Dieu dans Abred*, car sans cela nul ne pourrait connaître pleinement aucune chose; le *privilége de l'amour divin*, et l'*accord* (avec Dieu) *quant à l'accomplissement*, par la puissance de Dieu, en tant qu'il est juste et miséricordieux.

TRIADE XVII.

Trois causes de la nécessité (du cercle) d'Abred : le *développement de la substance matérielle de tout être animé;* le *développement de la connaissance de toute chose*, et le *développement de la force* (morale) pour surmonter tout contraire et *Cythraul*, et pour se délivrer de *Drwg* (le mal). Et, sans cette transition de chaque état de vie, il ne saurait y avoir d'accomplissement pour aucun être.

TRIADE XVIII.

Trois calamités primitives (du cercle) d'Abred : la *nécessité*, la *perte de la mémoire* et la *mort.*

TRIADE XIX.

Il y a trois conditions nécessaires pour arriver à la plénitude de la science : *transmigrer dans Abred*, *transmigrer dans Gwynfyd*, et se *ressouvenir de toutes choses* (passées) jusque dans *Annwn*.

TRIADE XX.

Trois choses inévitablement liées à la condition d'*Abred :* la *transgression de la loi* (le péché), car il n'en peut être autrement; la *délivrance de la mort devant Drwg et Cythraul;* l'*accroissement de la vie et du bien* par l'éloignement de *Drwg* dans la délivrance de la mort; et cela par l'amour de Dieu qui embrasse toutès choses.

TRIADE XXI.

Trois moyens efficaces de Dieu, dans *Abred*, pour dominer *Drwg* et *Cythraul*, et délivrer d'eux par rapport au cercle de *Gwynfyd :* la *nécessité*, la *perte de la mémoire* et la *mort*.

TRIADE XXII.

Trois choses sont primitivement contemporaines : l'*homme*, la *liberté* et la *lumière*.

TRIADE XXIII.

Trois choses nécessaires pour le triomphe de l'homme (sur le mal) : *souffrir*, *changer* et (librement) *choisir* [1]; et, avec le pouvoir (qu'a l'homme) de choisir, on ne peut savoir à l'avance, avec certitude, où il ira.

TRIADE XXIV.

Trois alternatives (offertes) à l'homme : *Abred et Gwynfyd*, *nécessité et liberté*, *mal et bien*; le tout en équilibre; et l'homme peut à volonté s'attacher à l'une ou à l'autre (de ces alternatives).

TRIADE XXV.

Par trois choses l'homme tombe sous la nécessité d'*Abred* (ou de la transmigration) : par l'*absence d'effort vers la connaissance*, par le *non-attachement au bien*, et par l'*attachement au mal;* c'est-à-dire que, par ces choses, il descend dans *Abred* jusqu'à son *analogue*, et il transmigre de nouveau comme auparavant.

TRIADE XXVI.

Par trois choses l'homme redescend nécessairement

1. Nous nous écartons, pour cette triade, de la version de M. Adolphe Pictet. M. Pictet, au lieu de : *souffrir, changer* et (librement) *choisir*, traduit par : l'*impassibilité* (c'est-à-dire la fermeté contre la douleur), *le changement et la liberté du choix*. Nous retournons à la primitive version anglaise d'Edward Williams : *to suffer*, etc. M. Pictet, cependant, ne pouvait pas traduire autrement qu'il ne l'a fait. Il y a, dans le texte, *dioddef*, en composition, pour *di-goddef;* non-souffrir (impassibilité). Mais la comparaison avec d'autres textes bardiques (voyez ci-dessous, p. 341, 349), nous a prouvé qu'il y a une erreur dans le texte, et qu'il faut lire : *dyoddef*, qui a un sens tout opposé; *dyoddef*, en composition, pour *dy-goddef*, souffrir fortement, souffrir itérativement; à peu près : re-souffrir.

dans *Abred*, bien qu'à tout autre égard il se soit attaché à ce qui est bon : *par l'orgueil* (il tombe) jusque dans *Annwn*, *par la fausseté* jusqu'au point de démérite équivalent, et *par le manque de charité* jusqu'au degré correspondant d'animalité (littéralement : *jusqu'à l'animal semblable*). De là il transmigre de nouveau vers l'humanité comme auparavant.

TRIADE XXVII.

Trois choses principales (à obtenir) *dans l'état d'humanité* : la *science*, l'*amour* et la *force* (morale) au plus haut degré (possible) de développement, sans la mort (c'est-à-dire avant que la mort n'arrive). Cela ne peut être obtenu antérieurement à l'état d'humanité, et (ne peut l'être que) par le privilége de la liberté et du choix. Ces choses sont appelées les Trois Victoires.

TRIADE XXVIII.

Il y a trois victoires sur *Drwg* et *Cythraul* : la *science*, l'*amour* et la *force* (morale) ; le savoir, le vouloir et le pouvoir, dans leur connexion, peuvent accomplir tout ce qu'ils veulent. (Ces trois victoires) commencent dans la condition d'humanité, et durent éternellement.

TRIADE XXIX.

Trois priviléges de la condition de l'homme : l'*équilibre du mal et du bien*, et de là la faculté de comparer ; la *liberté dans le choix*, et de là le jugement et la préférence ; et le *développement de la force* (morale) par l'avantage du jugement et de la préférence ; car ceux-ci doivent nécessairement précéder toute action.

TRIADE XXX.

Trois différences inévitables entre l'homme, ou tout autre être, et Dieu : l'*homme est limité*, et Dieu ne saurait l'être ; l'*homme a un commencement*, et Dieu n'en saurait avoir ; l'*homme doit nécessairement passer par des changements d'état successifs dans le cercle de Gwynfyd*, à cause de son impuissance à supporter l'éternité (immuable) du *Ceugant*, et Dieu ne saurait changer ; car il peut supporter toute chose, et cela avec la félicité.

TRIADE XXXI.

Trois (avantages) principaux (du cercle) de Gwynfyd : *absence de mal, absence de besoin, absence de mort.*

TRIADE XXXII.

Trois choses qui seront rendues (à l'homme) dans le cercle de Gwynfyd : le *génie*[1] *primitif*, l'*amour primitif* et la *mémoire primitive ;* car sans cela il ne saurait y avoir de félicité.

TRIADE XXXIII.

Trois différences de tout être vivant par rapport aux autres : l'*awen* (ou génie primitif), la *mémoire* et la *perception ;* car (ces facultés) sont complètes pour chacun, et ne sauraient se partager avec un autre être. Chacun (les possède) en plénitude (exclusive), et il ne peut y avoir deux plénitudes d'aucune chose.

1. L'*Awen :* l'inspiration propre, le *spiraculum vitæ*, la personnalité consciente.

TRIADE XXXIV.

Trois choses que Dieu a données à tout être vivant, savoir : la *plénitude de son espèce* (ou de sa nature propre), la *distinction complète de son individualité*, et l'*originalité de son awen primitif* par rapport à tout autre. C'est là ce qui constitue la personnalité propre et complète de chaque être.

TRIADE XXXV.

De la connaissance de trois choses résulteront l'anéantissement (du mal) et la victoire (de l'homme) sur tout mal et sur la mort : de *leur nature propre*, de *leur cause*, et de *leur mode d'action;* et cette connaissance sera obtenue dans (lè cercle de) Gwynfyd.

TRIADE XXXVI.

Les trois puissances (ou fondements) de la science : *accomplir la transmigration à travers chaque état de la vie, se souvenir du passage par chaque état et de ses incidents, et pouvoir passer à volonté (de nouveau) par un état quelconque*, en vue de l'expérience et du jugement. Et cela sera obtenu dans le cercle de Gwynfyd.

TRIADE XXXVII.

Trois prééminences (distinctives) de chaque être vivant dans le cercle de *Gwynfyd :* la *vocation*, le *privilége* et l'*awen* (le génie primitif). Il n'est pas possible (en effet) que deux êtres soient identiques à tous égards; il y aura plénitude pour chacun en ce qui concerne sa prééminence (distinctive), et il n'y a pas plénitude d'une chose sans comprendre tout ce qu'elle peut être en réalité.

TRIADE XXXVIII.

Trois choses que nul ne peut, excepté Dieu : *supporter l'éternité* (immuable) *du Ceugant*, *participer à tout état sans changer*, *améliorer et renouveler toutes choses sans les détruire*.

TRIADE XXXIX.

Trois choses qui n'auront point de fin, à cause de la nécessité de leur puissance : la *forme* de l'existence, la *qualité* de l'existence et l'*utilité* de l'existence ; car ces choses, délivrées de tout mal, dureront éternellement, chez les êtres animés ou inanimés [1], dans la diversité du beau et du bien du cercle de *Gwynfyd*.

TRIADE XL.

Trois avantages excellents des changements d'état dans *Gwynfyd* : l'*instruction*, la *beauté* et le *repos* ; à cause de l'impuissance (de l'homme) à supporter le *Ceugant*, qui est au delà de toute connaissance.

TRIADE XLI.

Trois choses s'accroissent continuellement : le *feu ou la lumière*, l'*intelligence ou la vérité*, et l'*esprit ou la vie*. Ces choses finiront par prédominer sur toutes les autres, et alors *Abred* sera détruit.

TRIADE XLII.

Trois choses diminuent continuellement : l'*obscurité*, l'*erreur* et la *mort*.

1. *Ai byw ai marw ydynt* : chez les vivants et chez les morts.

TRIADE XLIII.

Trois choses se renforcent de jour en jour, la tendance vers elles devenant toujours plus grande : l'*amour*, la *science* et la *justice*.

TRIADE XLIV.

Trois choses s'affaiblissent de jour en jour, l'opposition contre elles croissant de plus en plus : la *haine*, l'*injustice* et l'*ignorance*.

TRIADE XLV.

Les trois plénitudes (du bonheur) de *Gwynfyd : participer de toute qualité* avec *une perfection principale ; posséder tout génie* avec *un génie prééminent ; aimer tous les êtres* avec *un amour en première ligne*, savoir l'amour de Dieu. — C'est dans ces trois choses que consiste la plénitude du ciel et de Gwynfyd.

TRIADE XLVI.

Trois nécessités de Dieu : *être infini en lui-même, être fini par rapport au fini*, et *être en accord avec chaque état des existences dans le cercle de Gwynfyd.*

I

L'article de M. Leflocq sur le *Mystère des bardes*, que nous avons lu dans le numéro de septembre 1868 de la *Revue archéologique*, nous a décidé à avancer la publication de quelques-uns des documents que nous réservions pour un travail d'ensemble sur la question touchée par l'auteur de cet article et sur la biographie de l'homme qui nous a conservé ces documents. Si l'auteur de l'article publié par la *Revue* n'eût été malheureusement enlevé à ses études par une fin prématurée, il eût probablement modifié ses vues sur les bardes et sur le pays de Galles, en examinant de plus près et plus à fond ce singulier pays, qui n'a pas coutume de livrer ses secrets à la première sommation.

M. Leflocq semble n'avoir guère eu à sa disposition que le Dictionnaire gallois d'Owen Pughe, les ouvrages d'Edward Davies (*Celtic Researchs*, et *Mythology and Rites of ancient british Druids and Bards*), et la *Vindication of the genuineness of the ancient british Poems*, de Sharon Turner. A la manière dont il parle d'Edward Williams, on peut douter qu'il ait eu en main les seules pièces originales du procès dont il fasse mention, à savoir : les *Lyric Poems* du barde de Glamorgan, ouvrage devenu rare et que nous n'avons pu nous procurer, dans le pays de Galles même, que par l'obligeance de M. Edward Williams, petit-fils de l'auteur.

C'était peu pour traiter un sujet si difficile et si obscur, et qui réclame le secours, non-seulement d'importants documents imprimés dont M. Leflocq a ignoré l'existence, mais des manuscrits inédits laissés par Edward Williams, ou Iolo Morganwg, pour l'appeler du nom bardique qu'il se donnait de préférence.

Il est nécessaire, afin d'entrer en matière, de résumer les opinions émises par M. Leflocq.

Disons un mot, auparavant, du reproche qu'il nous adresse, à notre regrettable ami Jean Reynaud et à nous, d'avoir présenté la traduction française des *Triades*, par M. Adolphe Pictet, comme une *révélation*, tandis que les *Triades* auraient été suffisamment connues de quiconque n'ignorait pas la littérature galloise et la langue anglaise, grâce à la triple publication qu'en auraient faite Edward Williams, Owen Pughe et Sharon Turner.

1° Les *Lyric Poems* d'Edward Williams, publiés par souscription à Londres en 1794, étaient fort ignorés en France, et fort rares partout. 2° Owen Pughe n'a ni « reproduit » au complet ni « interprété » de nouveau les *Triades* en 1803, comme le dit M. Leflocq. Il n'y a pas un mot, dans la *Préface* d'Owen Pughe, sur ce sujet, et les citations qui se rencontrent dans son Dictionnaire sont insuffisantes pour se faire une idée de l'ensemble des *Triades*. 3° Sharon Turner a commenté, et très-fidèlement commenté les *Triades*, mais il n'en a pas reproduit le texte. Ce texte a donc bien été, pour le public français, une sorte de *révélation;* car le public français, et même, en général, les savants français, l'ignoraient parfaitement avant la publication de M. Pictet, en 1853.

Passons maintenant au thème de M. Leflocq.

Il commence par dire que l'authenticité littéraire du *Mystère des bardes* n'a jamais été sérieusement soutenue. — Nous ne comprenons pas bien le sens de cette assertion. Qu'entendait M. Leflocq par *l'authenticité littéraire* d'un document dont personne n'a jusqu'ici prétendu déterminer avec précision ni le rédacteur, ni la date? La question n'existerait que si M. Leflocq eût accusé Edward Williams d'avoir inventé les *Triades;* mais il n'a rien prétendu de semblable, et il parle de ce « dernier barde autorisé de la grande école de Glamorgan » avec la considération que méritait son caractère.

Il avance ensuite :

1° Que le *Mystère des bardes*, tel que M. Pictet l'a fait connaître au public français, n'est pas une composition suivie, ni même un livre réel ; qu'il ne se compose que de sentences détachées, réunies artificiellement par Edward Williams, qui les a extraites d'un recueil inédit.

2° Que ce recueil n'est pas un cours de théologie ou de morale, comme on pourrait le croire d'après les sentences en forme de triades publiées par Edward Williams, mais un simple traité de prosodie ; que la versification et ses règles étaient l'essentiel pour les bardes, et que le reste, morale, religion, etc., n'était que l'accessoire, chacun écrivant là-dessus à sa fantaisie, pourvu qu'il fût orthodoxe en versification.

3° Que le recueil où Edward Williams a pris ces extraits n'a jamais été imprimé ; qu'il a été compilé, vers 1680, par Edward Davydd [1], et que les principes de versification qu'il renfermait ont été adoptés par une assemblée bardique tenue en 1681.

4° Que le recueil d'Edward Davydd a été compilé d'après divers auteurs, et surtout d'après un recueil formé par Llyvelyn Sion, barde du XVIe siècle, lequel, dans une préface citée par Edward Davydd, déclare que sa compilation contient le système de Glamorgan sur le chant et les arts qui s'y rapportent.

Et M. Leflocq interprète cette déclaration de Llyve-

1. Ne pas confondre avec Edward Davies, l'auteur des *Celtic Researchs*, etc., postérieur d'un siècle.

lyn dans ce sens que *le chant et les arts qui s'y rapportent* auraient signifié simplement ce que nous appellerions l'*art poétique*.

5° Enfin, Edward Williams n'aurait eu d'autre but, en imprimant ses Triades, que de mettre en lumière un côté inconnu de la littérature galloise, et n'aurait jamais prétendu initier ses lecteurs à un système particulier de doctrines religieuses.

Aucune de ces assertions ou de ces interprétations n'est fondée. Il n'y a d'exact dans tout ceci que ces deux points de fait : 1° un recueil bardique a été compilé par Edward Davydd de Margam et adopté, quant aux principes de composition poétique, par un Eisteddfod (assemblée bardique), en 1681 ; et 2° une autre compilation bardique, où a puisé Edward Davydd, avait été formée, un siècle auparavant, par Llyvelyn Sion.

Notre réponse demandera quelques développements sur certains points.

Le corps de triades traduit par M. Adolphe Pictet n'est point un *centon* de maximes arbitrairement rassemblées par Edward Williams ; c'est un petit livre doctrinal, un petit traité de théologie bardique, rédigé dans cette forme *ternaire* qui paraît avoir été en usage de tout temps chez les bardes.

Non-seulement ce petit livre est bien un corps de doctrines, mais il existe un assez grand nombre de pièces analogues, et de même esprit, les unes également en forme de triades, et les autres sous des formes différentes, mais toutes s'éclairant et se complétant réciproquement, et par leurs conformités et par leurs variantes.

Le recueil où Edward Williams a puisé n'est pas entièrement inédit, comme le dit M. Leflocq ; l'art poétique des bardes, que M. Leflocq pense avoir été tout le contenu de ce recueil, a été publié, il y a quarante ans, sous le même titre que M. Pictet a donné et a eu toute raison de donner à ses triades, titre par lequel les bardes désignaient tous les préceptes et toutes les traditions qui étaient l'objet des initiations bardiques.

Voici ce titre :

Le Mystère (ou les Arcanes) des bardes de l'île de Bretagne (*Cyfrinach Beirdd ynys Prydain*) ;

C'est-à-dire :

Les maximes et enseignements du bardisme cymrique et ses dépendances,

Selon la méthode transmise et le système des principaux bardes d'autrefois,

Sur l'art concernant la poésie de la langue (*Cerdd Dafod*).

(Suit le sommaire des matières.)

Imprimé par le barde selon les priviléges et coutumes des bardes de l'île de Bretagne,

Feu Iolo Morganwg (Edward Williams).

Abertawy ; J. Williams ; 1829.

Ce volume, quoiqu'on y trouve des maximes et de fréquentes allusions aux idées morales et religieuses des bardes, ne renferme ni les triades traduites par M. Pictet, ni aucun document du même genre ; mais ce volume n'est point du tout la collection bardique tout entière.

Voici, d'après une note de la main d'Edward Williams, ce que renfermait cette collection :

« La première partie, dit-il, contient les principes

de la poésie bardique ; la seconde, le système de la versification ; la troisième, *la mythologie et la théologie druidiques ;* la quatrième, les institutions et la discipline des bardes. »

Nous ferons observer en passant que ces termes de *mythologie et théologie druidiques* ont un sens particulier dans la bouche d'Edward Williams ; nous reviendrons là-dessus [1].

Le volume publié en 1829 par Taliesin Williams (Taliesin Ab Iolo), après la mort de son père Edward Williams, renferme donc tout au plus les deux premières parties du recueil, et ne contient pas les deux autres, qui sont de beaucoup les plus importantes, contrairement à l'opinion de M. Leflocq et conformément à celle d'Edward Williams. Celui-ci dit, dans ses notes manuscrites, que la morale et la religion ont été le but constant de l'école de Glamorgan dans tous les âges.

Cette lacune est aujourd'hui en très-grande partie comblée. Un premier volume tiré des *Manuscrits d'Iolo*, c'est-à-dire des nombreux documents, soit originaux, soit transcrits de sa main ou par d'autres mains antérieures, qu'a laissés Edward Williams, a été préparé par son fils Taliesin Williams (Ab Iolo), et publié, après la mort de Taliesin, à Llandovery, en 1848, par M. Williams Rees, pour la Société des manuscrits gallois (*Welsh M^ss^ Society*). Ce volume, parmi

1. On trouve, dans les *Manuscrits d'Iolo*, la note suivante :

« Copies de manuscrits gallois en la possession d'Edward Williams.

« 74. Le *Livre des Triades de la Sagesse*. — 81. Le *Cyfrinach Barddas*, qui n'est autre chose que le druidisme des principaux bardes de l'île de Bretagne (*nid amgen na derwyddoniaeth prif feirdd ynys Prydain*). — 131. Le *Livre des grandes Triades*. »

Ces numéros sont extraits d'une liste de cent soixante-deux manuscrits gallois.

beaucoup de pièces historiques, littéraires, etc., en prose et en vers, contient un document traditionnel et mystique, rédigé sous forme de récit et non de triades, et intéressant à comparer avec les triades traduites par M. Pictet.

En 1862, un second volume, extrait des Manuscrits d'Iolo, a paru également à Llandovery pour le compte de la même société. Il porte au frontispice le symbole bardique des Trois-Rayons, avec la devise de l'école de Glamorgan : *Y Gwyr yn erbyn y Byd* (la Vérité contre le Monde) ; il est intitulé : *Barddas, or a collection of original documents, illustrative of the theology, wisdom, and usages of the bardo-druidic system of the Isle of Britain, with translations and notes, by the Rev. J. Williams Ab Ithel.* Il renferme toute une collection de documents de théologie et de philosophie religieuse.

Un troisième volume, formant le second des *Barddas*, aurait paru depuis, sans la mort de l'éditeur J. Williams Ab Ithel. Il eût renfermé encore des pièces théologiques, avec ce qui concerne la discipline et les institutions bardiques. Il est à espérer que la publication n'en a été que retardée. Quoiqu'il contienne moins de philosophie et de doctrine secrète que le précédent, il s'y trouve encore des choses fort curieuses.

M. Leflocq a ignoré l'existence des deux volumes tirés des Manuscrits d'Iolo en 1848 et 1862, ainsi que de la première partie du *Cyfrinach*, publiée en 1829. Les copies d'Iolo, qui ont servi à l'impression de ces volumes, n'ont pas été faites d'après le manuscrit d'Edward Davydd de Margam, que cite M. Leflocq et dont Edward Williams parle fréquemment dans ses notes, mais d'après le manuscrit plus ancien de Llyvelyn Sion, appartenant à Sion Bradford, *barde de la chaire* (*Bardd cadeiriad*) de Glamorgan, et l'*athraw* ou le maître dont Edward Williams avait été l'*awenydd* ou l'initié, avant de prendre le nom d'Iolo Morganwg ou Iolo de Glamorgan.

Du reste, d'après le témoignage de Taliesin Williams, qui s'en réfère là-dessus à son père, dans la préface du volume du *Cyfrinach* de 1829, il n'y aurait pas eu de différence essentielle entre les deux recueils du XVIe et du XVIIe siècle.

Reste un point important qui n'est pas éclairci. M. Leflocq constate que l'assemblée bardique de 1681 (composée des bardes de Glamorgan ou Morganwg, de Gwent et d'Euas) n'a sanctionné que ce qu'il appelle « un traité de prosodie, » et, sans discuter sur le mot, l'assertion est vraie dans le fond. Pourquoi cette assemblée n'a-t-elle pas sanctionné la partie du recueil concernant les idées, comme celle qui concernait les formes?

Voici ce que nous avons trouvé à ce sujet dans les notes manuscrites d'Edward Williams :

« La partie théologique n'a point été adoptée, ou du moins n'a pas été mentionnée publiquement (*noticed*) par l'assemblée. Nous pouvons cependant conclure de là que, si elle n'eût pas été considérée comme authentique, on eût exprimé à son sujet quelque marque de réprobation ; mais c'est là ce que n'a pu faire aucune personne un peu familiarisée avec nos vieux manuscrits, parce que les principes et les doctrines de cette théologie y sont partout répandus et dans tous les âges, en remontant jusqu'à Taliesin. »

Quand on a étudié les principes et les doctrines dont

parle Edward Williams, on ne s'étonne point qu'une assemblée, délibérant « sous l'autorité du lord-gouverneur, » ne leur ait pas donné une sanction officielle. Il y avait là une doctrine secrète qui ne pouvait pas plus se produire au grand jour sous le régime anglican du XVIIe siècle que sous l'ancien régime catholique romain.

Que le mystère dont ces idées s'étaient enveloppées par nécessité, aux temps des persécutions religieuses et politiques, ait persisté depuis par tradition, nous en avons la preuve par Edward Williams lui-même. M. Leflocq s'est bien trompé en supposant qu'Edward Williams n'avait eu d'autre but, lorsqu'il imprima ses *Triades* en 1794, « que de mettre en lumière un côté inconnu de la littérature galloise, » et qu'il « n'a jamais prétendu initier ses lecteurs à un système particulier de doctrines religieuses. »

C'est tout le contraire qui est la vérité. Edward Williams ne rechercha jamais les curiosités littéraires pour elles-mêmes, et ce qu'il voulut, ce fut de commencer à initier le public à des traditions anciennes dont il était pénétré ; mais il ne le fit qu'avec beaucoup d'hésitation et de scrupules. Il n'entr'ouvrit que cette seule fois sa main pleine de documents traditionnels, et ne se décida pas à publier le reste de son vivant [1]. Il était combattu

1. Il en avait eu cependant le projet, car nous avons retrouvé dans ses manuscrits la note suivante : *Proposals for printing by subscription The Bardic Triades, translated from a welsh M^s^, written by Llyvelyn Sion, a learned welsh bard, about the year* 1560, *with explanatory notes, by Ed. Williams.*

These Triades contain the Institutes of Bardism or Druidism, the theological, ethical, and poetical Aphorisms of the Bards of Britain, and illustrate many things in british history.

Ce projet paraît n'avoir pas compris la totalité du recueil, mais seuleentre le désir de répandre ce qu'il croyait la vérité, et le respect d'un serment, ce serment de l'initié qu'il avait prêté entre les mains de Sion Bradford. Ses notes manuscrites nous ont gardé le témoignage de ses troubles de conscience. Il discute avec lui-même la question du vœu bardique. « L'opinion générale (chez les bardes) est qu'on peut laisser entrevoir le *secret* à des personnes de sagacité et de pénétration, mais qu'on ne doit pas faire la révélation expresse à qui n'a pas prononcé le vœu. Jamais on ne le devine entièrement sans initiation. »

Il y avait le secret écrit et le secret oral. Nous connaissons maintenant le premier ; nous ignorons l'autre. Il y avait dans celui-ci des traditions mystiques qui peuvent exciter notre curiosité, et qui se rapportaient, au moins en partie, aux mystères du *nom divin*, comme dans la kabbale juive ; mais, au point de vue philosophique et historique, on peut penser que nous savons maintenant l'essentiel, c'est-à-dire les idées des bardes sur la nature et la destinée de l'homme.

Quelles étaient ces idées?

M. Leflocq soutient que les maximes philosophiques des bardes, loin de procéder des croyances druidiques, émanent directement et exclusivement de l'enseignement chrétien; que, même en se renfermant dans le cadre des triades qu'il prétend arbitrairement choisies par Edward Williams, et en dégageant, dans chaque triade, la pensée de la forme, on y trouve l'essence même de l'enseignement chrétien ; que les triades sont en pleine conformité avec l'enseignement de l'Église.

ment les documents en forme de Triades. Il est fort à regretter qu'il n'y ait pas été donné suite ; les commentaires d'Iolo eussent été précieux.

Pour lui, c'est une chimère que d'y chercher autre chose.

Edward Williams, lui, que M. Leflocq reconnaît comme le dépositaire autorisé de la tradition de Glamorgan, déclare, dans les termes que nous avons cités tout à l'heure, que le *Cyfrinach* renferme la mythologie et la théologie druidiques. Voilà deux assertions qui semblent présenter la contradiction la plus radicale.

Nous avons indiqué plus haut, cependant, qu'il y avait une réserve à faire sur le sens des termes employés par Edward Williams. Et ceci s'applique aux bardes en général. Les bardes, se regardant comme les héritiers des anciens druides et de leurs maximes, emploient le terme de *druidisme* comme l'équivalent de celui de *bardisme*. Le druidisme dont il s'agit ici est donc le *néo-druidisme*, c'est-à-dire le bardisme du moyen âge, et ce que nous connaissons des livres bardiques nous autorise à affirmer que ce qu'Edward Williams appelle ici *mythologie druidique* ne se rapporte point aux vieilles divinités des Gaules, mais aux mythes néo-druidiques; que mythologie a ici le sens non de fables païennes, mais de symbolisme.

Les bardes du moyen âge, rédacteurs des livres et conservateurs des doctrines en question, entendaient être à la fois chrétiens et druides; c'est-à-dire qu'ils associaient la croyance en Jésus-Christ à des croyances sur la destinée de l'âme humaine antérieures au christianisme.

M. Leflocq a trouvé dans les Triades des empreintes de christianisme. Il n'est pas surprenant qu'il y en ait, et il serait au contraire fort extraordinaire qu'il n'y en eût point. Mais, de ce qu'il y a vu cela, il a conclu qu'il n'y avait pas à y voir autre chose, et l'analyse qu'il donne des Triades atteste à cet égard une préoccupation vraiment difficile à expliquer.

Les Triades débutent par des axiomes d'une théodicée originale et particulière, entremêlés de maximes dont le fond se retrouve dans l'enseignement chrétien; mais, à partir de la triade XII jusqu'à la XLVI, tout le reste de la pièce traduite par M. Pictet est l'exposé d'un système de la destinée humaine, fondé sur une série ascendante d'existences, et, suivant le bon ou le mauvais usage du libre arbitre, aboutissant, plus tôt ou plus tard pour chacun, de la transmigration des âmes à l'immortalité, ou, en d'autres termes, d'une série d'épreuves à une vie d'activité éternellement heureuse et lumineuse, où l'on ne connaît plus la douleur, le péché, ni la mort.

Ce système d'un caractère original et antique, dont les parentés sont dans l'Égypte et dans l'Inde pour ce qui regarde la série des existences, et dans la Bactriane mazdéenne pour l'extrême énergie du libre arbitre, ce système qui, dans tout le christianisme, n'a de points de contact qu'avec l'école d'Alexandrie, avec la savante école orientale des Clément et des Origène, ce système disparaît complétement dans l'analyse que M. Leflocq a cru donner des Triades. Il ne veut reconnaître dans tout cela que des idées chrétiennes ordinaires, enveloppées d'une forme bizarre.

On peut apercevoir la source de son erreur dans ce qu'il dit de la prétendue méprise de M. Pictet. Il prétend que les termes antiques et mystiques employés par les Triades avaient perdu, par un long usage, leur sens primitif, et que M. Pictet a eu tort de chercher à le leur rendre, au lieu de donner à ces mots leur sens vulgaire actuel.

La réponse est bien simple; c'est que les bardes, attachés aux traditions anciennes et organisés précisément dans le but de les conserver, ont toujours gardé à ces mots leur signification première. M. Pictet n'a innové en rien à cet égard, et, sauf tel ou tel point de détail, n'a pas entendu les vieux termes autrement que ne le faisait Edward Williams, compétent sans doute pour les expliquer. On peut discuter sur l'intérêt, sur la valeur, sur l'origine de ces textes; beaucoup de lecteurs pourront les trouver étranges; bien peu sans doute, à l'exemple de M. Leflocq, les accuseront de banalité; c'est là le dernier reproche que nous nous serions attendu à leur voir faire; on peut, enfin, apprécier diversement les idées qu'ils contiennent; mais nier l'existence de ces idées et contester le sens des mots qui les expriment, n'est vraiment pas élever une question soutenable.

La préoccupation dont nous parlions tout à l'heure va, chez M. Leflocq, jusqu'à substituer arbitrairement, dans ce qu'il appelle son exposé des Triades, le nom de Satan aux noms celtiques par lesquels le texte désigne les personnifications du Mal, *Cythraul* et *Drwg*, deux noms dont le second tout au moins appartient à la haute antiquité aryenne, et, sous les formes de *Druga*, *Drukh* et *Druh*, désigne les mauvais esprits dans les livres mazdéens et sanscrits, et jusque sur les inscriptions de Persépolis. Nour reviendrons sur l'autre : *Cythraul;* si nous n'avons pas pour lui les mêmes indices d'antiquité, son sens bardique, du moins, ne souffre aucun doute et ne répond nullement à Satan.

S'il pouvait subsister la moindre équivoque sur le sens des Triades, elle disparaîtrait bien vite par la comparaison avec les autres documents analogues, entre lesquels on n'a qu'à choisir. Comme nous l'avons déjà dit, ils se confirment et se commentent les uns les autres. Il est temps de leur laisser la parole.

Voici d'abord une citation du collecteur de ces documents, Llyvelyn Sion; elle est placée en tête d'un corps de documents rédigés en forme de dialogues, espèces de catéchismes bardiques. Ces documents en forme de dialogues suivent, dans le premier volume des *Barddas*, une autre série de documents en forme de triades, en tête desquels sont les triades traduites par M. Pictet. D'autres corps de triades suivent les dialogues.

« LE LIVRE DU BARDISME.

« Voici le livre du bardisme, c'est-à-dire du druidisme de l'île de Bretagne, que moi, Llyvelyn Sion de Llangewydd, j'ai extrait d'anciens livres, à savoir : d'Einion le prêtre; de Taliesin, chef des bardes; de Davydd le Noir de Hiradug; de Cwtta Cyvarwydd; de Jonas de Mynyw; d'Edeyrn à la langue d'or; de Sion Cent; de Rys le Rouge, et autres, dans la bibliothèque de Raglan, par la permission de lord William Herbert, comte de Penvro (Pembroke), à qui Dieu fasse que je puisse prouver ma reconnaissance tant que je vivrai! — Le premier est un traité en forme de questions et réponses par un barde et son initié, ouvrage de Sion Cent, qui contient nombre des principales matières de la Sagesse antique, comme elle existait chez les bardes de l'île de Bretagne depuis les siècles des siècles. Dans ce dialogue, l'initié fait d'abord la question, et le barde, son maître, répond et lui donne information et connaissance. En second lieu, le barde interroge et l'initié répond. »

Nous n'avons, comme on va le voir, que la seconde partie du dialogue ; le *second examen*, comme est intitulée cette partie.

Sion Cent, rédacteur de la pièce qu'on va lire, est un barde célèbre de la fin du XIVe siècle et du commencement du XVe, contemporain et ami d'Owen Glendover, qui, au temps du roi Henri IV de Lancastre, essaya de rendre au pays de Galles son indépendance, et soutint contre les Anglais une longue et opiniâtre lutte, à laquelle s'associèrent de nombreux volontaires français. Edeyrn à la langue d'or, cité, avec Sion Cent et autres, par Llyvelyn Sion, appartient au XIIIe siècle, et fut le barde du dernier prince indépendant de Galles, Llyvelyn, dont la tête fut exposée sur le Pont de Londres, en 1282, par ordre du conquérant Édouard Ier. La tradition druidique et la tradition patriotique ont toujours été unies dans le bardisme.

Les titres donnés au maître et au disciple, dans la pièce qui suit, sont remarquables. Le maître s'intitule *athraw*, titre qui se donne en Galles à quiconque enseigne. Ce terme rappelle tout ce qu'il y a de plus ancien dans les origines aryennes, les *Athravos* ou mages primitifs de la Bactriane. Ce rapprochement est-il fortuit ?

Le disciple s'appelle *awenydd*, littéralement « l'inspiré, » celui qui reçoit l'*Awen*, l'inspiration bardique.

LE SECOND EXAMEN.

Question. — Je te prie, qui es-tu? Et dis-moi ton histoire.

Réponse. — Je suis homme en vertu du vouloir de Dieu, et l'effet nécessaire de ce vouloir, car ce que Dieu veut doit être.

Q. — D'où viens-tu? et quel est ton commencement?

R. — Je viens du Grand Monde, et j'ai eu mon commencement dans l'*Abyme* [1].

Q. — Où es-tu maintenant? et comment es-tu venu où tu es?

R. — Je suis dans le Petit Monde [2], où je suis venu après avoir erré dans le Cercle de la Transmigration [3], et maintenant je suis homme à l'extrémité et aux limites (de ce Cercle).

Q. — Qu'étais-tu avant de devenir homme dans le Cercle de la Transmigration?

R. — J'ai été, dans l'Abyme, le moindre possible qui fût capable de vie et le plus près possible de l'en-

1. *Annwn* : plus anciennement *Annwfn*, de *An-dwfn*, sans fond. — C'est le séjour du silence, des ténèbres et de la mort, mais d'une mort d'où Dieu fait sortir la vie. Ce n'est pas un enfer, un lieu de punition.

2. « Je viens du Grand Monde et je suis dans le Petit Monde, » parait signifier : Je sors du sein de la création et me voilà dans le corps humain, dans le *microcosme*.

3. *Gan dreiglo Cylch yr Abred*. *Abredu*, transmigrer; *Abrediad*, transmigration. Le sens de *mal*, donné à *Abred*, n'est qu'un sens dérivé. — *Annwn*, l'abîme, est le fond ou le point de départ d'*Abred*, du Cercle de la Transmigration.

tière mort, et j'ai passé dans toute forme et par toute forme capable de corps et de vie, jusqu'à l'état d'homme, à travers le Cercle de la Transmigration, où ma condition a été sévère et dure pendant les siècles des siècles, depuis que, dans l'Abyme, je me suis séparé [1] de la Mort, par le don de Dieu et par sa grande munificence et son amour sans limite et sans fin.

Q. — Par combien de formes as-tu passé, et que t'est-il advenu?

R. — Par toute forme capable de vie, dans l'eau, sur la terre et dans l'air. Et là me sont advenus toute sévérité, et toute peine, et tout mal, et toute *souffrance* [2], et peu y eut-il (pour moi) de bien et de *félicité* [3] avant que je devinsse homme.

Q. — Tu as dit que c'était en vertu de l'amour de Dieu que tu avais vu et expérimenté tout ceci; dis-moi comment ceci peut avoir eu lieu par l'amour de Dieu, avec tant de signes apparents d'abandon [4] (de Dieu), tandis que tu errais dans le Cercle de la Transmigration.

R. — La Félicité ne peut (être obtenue) sans voir et connaître toute chose, et l'on ne peut voir et connaître toute chose sans souffrir toute chose. Et ne peut (exis-

1. *Départi*, détaché; *partwyd*.

2. *Dyoddef*. Il y a, dans le texte, *dioddef;* mais c'est une erreur évidente du manuscrit, comme dans les Triades. (Voir ci-dessus, p. .) *Dioddef* signifierait l'absence de souffrance. Le *Dyoddef*, le *souffrir*, a une très-grande importance dans cette théologie, comme le montrera un autre document.

3. *Gwynfyd*; en composition, pour *Gwyn-byd*. *Byd*, monde; *Gwyn*, beau, blanc, brillant, lumineux. Ce terme veut dire littéralement *le Monde de lumière*, et désigne le Cercle de la Félicité, le Ciel; mais on l'applique également à l'état heureux de l'âme, en sorte qu'il désigne à la fois le lieu de Félicité et l'état de Félicité, le ciel et le bonheur.

4. Littéralement : de *désaffection*, de non-amour; *angharïad*.

ter) amour plein ni parfait, sans que procèdent de lui les choses nécessaires pour conduire à la connaissance qui produit la Félicité, parce que la Félicité ne peut être sans la complète connaissance de toute forme d'existence, et de tout mal et de tout bien, et de toute opération et puissance, et de toute condition de mal et de bien. Et cette connaissance ne peut (être obtenue) sans l'expérience de toute forme de vie, de toute incidence, de toute souffrance, de tout mal et de tout bien, en sorte qu'ils puissent être distingués l'un de l'autre. Tout ceci est nécessaire avant que puisse être la Félicité, et il y a nécessité de tout ceci avant que puisse être le parfait amour de Dieu, et il doit y avoir parfait amour de Dieu avant que puisse être la Félicité.

Q. — Pourquoi les choses que tu as mentionnées sont-elles nécessaires avant que puisse être la Félicité?

R. — Parce que la Félicité ne peut être sans qu'aient été vaincus le Mal [1] et la Mort, et toute opposition et *Cythraul* [2]; et ils ne peuvent être vaincus sans qu'aient été connus leur espèce, leur nature, leur puissance, leurs opérations, leur lieu et leur temps, et toutes les formes et sortes d'existence, de manière à ce que tout ce qui les concerne puisse être connu et qu'ils puissent être repoussés, et que, partout où ils sont, ils puissent être contrariés, combattus et surmontés, et que nous puissions être délivrés d'eux et soustraits à leur action. Et, où il y a cette parfaite connaissance, il y a parfaite liberté, et le Mal et la Mort ne peuvent être repoussés et

1. *Drwg*.
2. Ce nom paraît signifier : le contraire, l'opposé; celui qui est opposé à Dieu. Nous citerons plus loin un fragment qui le concerne.

surmontés que là où est parfaite liberté ; et la Félicité ne peut être qu'avec Dieu, en parfaite liberté ; et c'est dans la parfaite liberté qu'existe le Cercle de la Félicité [1].

Q. — Comment la parfaite connaissance ne peut-elle être obtenue sans avoir passé par toute forme de vie dans la Transmigration ?

R. — Par cette raison : qu'il n'y a point deux formes semblables, et qu'en chaque forme est une fonction [2], une souffrance, une science, une intelligence, une Félicité, une opération et une impulsion, dont la complète similitude ne se peut rencontrer dans aucune autre forme d'existence. Et, comme il y a une science spéciale dans chaque forme d'existence, qui ne peut se rencontrer dans une autre, il est nécessaire que nous passions par toutes formes d'existence, avant que nous puissions acquérir toutes formes et espèces de sciences et de connaissances, et par conséquent repousser tout mal et nous attacher à toute Félicité.

Q. — Combien y a-t-il de formes d'existences, et quel en est le but ?

R. — Autant que Dieu l'a vu nécessaire quant à l'investigation et à la science de toute espèce et qualité dans le bien et le mal, afin qu'il ne puisse rien y avoir, capable d'être connu et conçu de Dieu, qui n'ait été expérimenté et par conséquent connu ; et, en quelque chose que puisse être une connaissance de bien et de mal et des conditions de vie et de mort, là est une forme d'existence qui correspond à l'obtention de la science requise. Donc, le nombre des genres et des modes de formes

1. *Cylch y Gwynfyd;* le séjour des âmes heureuses.
2. *Achos :* une *cause* produisant des effets; une action propre.

d'existences est la somme de celles qui ont pu concevoir et connaître en vue de parfaite bonté, science et félicité. Et Dieu a voulu que tout être vivant et animé passât par toutes formes et espèces d'existences douées de vie, pour qu'à la fin tout être vivant et animé pût avoir parfaite science, vie et félicité, et tout ceci (procède) du parfait amour de Dieu, qu'en vertu de sa nature divine il a dû manifester envers l'homme et envers tout être vivant.

Q. — Juges-tu que tout être vivant doive parvenir, à la fin, au Cercle de Félicité?

R. — C'est ma croyance, parce que rien de moins ne peut résulter de l'amour infini de Dieu ; Dieu étant capable de créer [1], sachant la manière de créer, et continuellement voulant (créer) toute chose qui peut penser et faire effort pour l'amour de soi-même et par le désir de tout être vivant de lutter contre le Mal et la Mort.

Q. — Quand arrivera cette condition à tout être vivant, et de quelle manière finira la vie de Transmigration?

R. — Tout être vivant et animé parcourra le Cercle de la Transmigration depuis le fond de l'Abyme [2], c'est-à-dire depuis le plus bas degré de toute existence douée de vie, et il ira et montera depuis l'Abyme, de plus haut en plus haut, dans l'ordre et sur l'échelle [3] de la vie, jusqu'à ce qu'il devienne homme ; et alors peut finir (pour lui) la Transmigration, s'il s'unit au Bien. Et, à la mort, il peut aller au Cercle de Félicité ; et la Transmigration de Nécessité [4] finira (pour lui) pour

1. Littéralement : de *causer; peri.*
2. *O ddyfnder Annwn.*
3. *Graddau;* les degrés.
4. La Transmigration dont l'être parcourt *nécessairement* les degrés.

toujours, et, après ceci, il n'y aura plus (pour lui) de migration [1] par toute forme d'existence, sinon en vertu de liberté et de choix en pleine union avec la Félicité, en vue de nouvelle expérience et de nouvelle recherche de la science. Et ceci [2] subsistera pour toujours, comme transformation et rénovation de Félicité, afin qu'on ne tombe pas dans le *Vide infini* [3], et de là dans la Transmigration, parce que Dieu seul peut endurer et parcourir le Cercle du Vide infini [4]. — Par ceci l'on voit qu'il n'y a point de Félicité sans pleine possession de soi-même et sans renouvellement de choix, d'expérience et de science, parce que c'est dans la science que consistent la Vie et la Félicité.

Q. — Tout homme peut-il, quant il meurt, monter au Cercle de Félicité, c'est-à-dire au Ciel?

R. — Nul ne peut, à la mort, monter à la Félicité, s'il ne s'est attaché durant la vie, quand il était homme, au Bien et à la piété, et à tout acte de sagesse, et de justice, et d'amour. — Et, lorsque ces qualités l'emportent sur leurs contraires, à savoir : folie, injustice, et dureté, et tout mal et impiété, l'homme, quand il meurt, va dans la Félicité, c'est-à-dire dans le Ciel [5], et de là il ne retombera plus dans la Transmigration, parce que

1. Circulation, parcours; *treiglo*.
2. Cette faculté de passer librement par de nouvelles formes d'existence.
3. *Ceugant;* littéralement : la Circonférence vide; *Cau*, *ceu*, vide; *cant*, circonférence de cercle. Ce Cercle est ainsi nommé parce qu'il enveloppe les deux autres, *Gwynfyd* et *Abred*, et que nul être que Dieu n'y peut subsister.
4. Si l'on ne renouvelait pas ses formes d'existence dans le Cercle de la Félicité, on tomberait dans le Cercle du Vide infini, et de là on retomberait dans le Cercle de la Transmigration. Ceci sera expliqué plus amplement dans un autre document.
5. *Nef.*

le Bien a surmonté le Mal de toute sorte, et que la Vie a surmonté la Mort, avec victoire sur elle pour toujours. — Et il montera de plus près en plus près de la Félicité parfaite, jusqu'à ce qu'il soit à l'extrême limite, et là il demeurera pour toujours et éternellement [1]. — Mais l'homme qui ne s'attache point ainsi à ce qui est divin, retombe dans la Transmigration jusqu'à une forme qui lui ressemble [2], et à une espèce d'existence de même état (moral) que lui, et de là il transmigrera peu à peu à la condition d'homme comme auparavant. — Et alors, suivant qu'il s'attachera au divin ou au contraire du divin [3], il brillera dans la Félicité ou tombera dans la Transmigration quand il mourra. Et ainsi retombera-t-il toujours, jusqu'à ce qu'il recherche le divin et s'y attache, et alors finira (pour lui) la Transmigration de Nécessité et toute souffrance de Nécessité, et de Mal, et de Mort.

1. Les Bardes concevaient donc la vie céleste comme une série d'existences successives et volontaires, de plus en plus heureuses, jusqu'à une *extrême limite* de félicité où l'âme restait pour toujours. Ils n'ont pas été jusqu'à la dernière conséquence logique de la doctrine de la perfectibilité, et n'ont pas vu que cette *extrême limite* était ce qui sépare la perfectibilité de la créature de la perfection absolue de Dieu, et que cette limite ne pouvait pas plus être atteinte que franchie, la perfectibilité étant indéfinie, et par conséquent sans terme.

2. Correspondant à ses penchants inférieurs.

3. *Y dwyfol n'ar annwyfol.*

II

Nous avons dit que les bardes, rédacteurs des documents conservés par la chaire de Glamorgan, entendaient être à la fois druides et chrétiens. Sion Cent, le rédacteur de cette espèce de Catéchisme secret dont on vient de lire une partie, et qui développe la doctrine de la Transmigration des âmes et des trois Cercles de l'existence, posée dans les *Triades* qu'a traduites M. Pictet, Sion Cent a donné de son christianisme néo-druidique une preuve très-curieuse. On trouve, parmi ses poésies fort renommées, un chant dont voici un extrait :

« Deux sortes d'*Awen* (d'inspiration bardique) existent dans le monde, et manifestent leur influence. L'une est l'*Awen* du Christ, de joyeuse parole, de droite tendance, de chaleureux élan.

« Il est un autre *Awen* qui ne chante pas sagement, et qui fait de fausses et impures prédictions. C'est..... celui-ci qu'ont reçu les hommes de Hu. »

Ces « hommes de Hu, » ce sont ceux qui invoquent l'ancien dieu breton Hu-Gadarn (Hu le Puissant), et l'opposent à Jésus-Christ, tandis que le néo-druidisme identifie Hu avec le Christ [1].

Il y aurait donc eu, vers l'an 1400, au delà de l'école

1. Nos légendes bretonnes mettent aussi leurs saints aux prises avec *Hu*, dont elles font un diable. (Voir la *Légende celtique* de M. de la Villemarqué.)

néo-druidique, quelques bardes qui, par une espèce de renaissance païenne, entendaient revenir au druidisme primitif. Cela paraît fabuleux et impossible ; mais, dans cet étrange pays de Galles, c'est l'incroyable qui est parfois le vrai.

Nous ajoutons au dialogue de Sion Cent un fragment d'une autre pièce, qui explique le caractère donné par les Bardes à *Cythraul*, la personnification du mal.

« Il existe deux choses de Nécessité, à savoir : la Vie et la Mort, le Bien et le Mal, Dieu et Cythraul, qui est la Nuit de la Nuit, et l'Impuissance de l'Impuissance.

« Il n'y a point de vie dans Cythraul, et point de volonté en lui [1]. Il n'est que chose de Nécessité et de ténèbres, sans existence ni vie, sans distinction d'existence ni de personnalité. Il n'est que Vide avec Vide, Mort avec Mort, Néant avec Néant ; tandis que Dieu est Bien avec Bien, Plénitude avec la Plénitude, Vie dans la Vie, et Lumière dans Lumière, et Tout dans Tout.

« Et, de ce qui a été dit, on voit qu'il ne peut être d'autres essences [2] primitives que Dieu et Cythraul, la Vie et la Mort, le Néant et....., l'Issue (procédant) de ce qui est sans Issue, et la Vie de leur Union [3]. »

On voit que nous n'avions pas tort de contester l'identification qu'a faite M. Leflocq de Cythraul avec Satan. Cythraul n'est pas le mal *actif ;* il n'est que le mal passif et négatif, le non-être opposé à l'être. Il n'est pas Satan, ni même Ahriman. Le sens de l'obscur passage qui termine cette citation : « L'Issue (procédant) de ce qui est sans Issue, et la vie de leur union, » est que Dieu

1. Littéralement : de tendance, d'intention, *Oddeu.*
2. *Ansawdd.*
3. *Barddas,* vol. I, p. 206-208.

produit les êtres en faisant descendre sa lumière dans la nuit d'Annwn, où est Cythraul, et fait ainsi sortir la vie de la mort.

A la suite du catéchisme de Sion Cent, nous donnons maintenant une autre pièce qui se rattache au même ordre d'idées, mais dont la physionomie est toute différente. C'est ce document en forme de récit que nous avons indiqué, dans notre premier article, comme ayant été publié à Llandovery en 1848, dans un volume tiré des manuscrits d'Iolo [1].

VOICI LE LIVRE DE LA TRADITION ET DE LA CONNAISSANCE DES TEMPS;

C'est-à-dire qu'en premier lieu est rapporté ici ce qui a été transmis par la Tradition, avant que l'on conservât (les souvenirs) par la Connaissance des temps, non autrement [2].

1. *Iolo Manuscripts.— A Selection of ancient welshs Manuscripts, in prose and verse, from the collection made by the late Edward Williams, Iolo Morganwg, for the purpose of forming a continuation of the Myfyrian Archaiology, and subsequently proposed as materials for a new history of Wales : with english translations and notes by his son, the late Taliesin Williams (ab Iolo), of Merthyr Tydfil. — Published for the Welsh Mss. Society. — Llandovery*, 1848, p. 45-49; 424-420.

2. *Llyma Rôl Cof a Chyfrif, sef yn gyntaf y soner am a fu ar gof cyn cadw ar gyfrif nid amgen. Rôl*, littéralement : rouleau. — *Cof*, mémoire. — *Cyfrif*, calcul, computation; de *Cyf*, avec, et *Rhif*, nombre; chronologie. — Dans la 1re partie du vol. 1 des *Barddas*, intitulée *Ahgrym* (Symbole), il est raconté que les Cymrys taillèrent d'abord des

Le premier événement conservé par la Tradition est la révélation du nom de Dieu, c'est-à-dire quand Dieu livra son nom à la Parole, ainsi et non autrement [1] : /|\.

Et avec la Parole, instantanément, tous les mondes et toutes les existences se réalisèrent [2] dans l'être et dans la vie, et crièrent triomphalement /|\, répétant ainsi le nom de Dieu.

Et d'une voix basse et douce avait été prononcée la Parole ; et semblable Parole ne sera plus entendue, jusqu'à ce que Dieu régénère toute existence de la mortalité imprimée sur elle par le péché, quand Dieu répétera son nom.

Et, du nom de Dieu livré à la parole, sont nés tous chants et mélodies tant de la voix que des cordes résonnantes, et tout triomphe et toute parfaite joie, et toute vie et toute félicité, et tout ce qui procède et dérive d'existence et de vitalité.

Et la mortalité n'a pu sortir que de trois choses, à savoir : d'avoir divulgué le nom de Dieu, d'avoir mal compté le nom de Dieu [3], ou d'avoir dénaturé [4] le nom de Dieu.

ettres en bois, puis qu'ils apprirent des Romains à écrire les lettres sur des rouleaux (*rôl*) de parchemin. *Barddas*, vol. I, p. 10-15.

« Transcrit par Iolo Morganwg, d'après une transcription de Llyvelyn Sion, qui a transcrit d'après Meyryg Davydd, qui a transcrit d'après un ancien manuscrit dans la bibliothèque du château de Raglan. » — Note de Taliesin ab Iolo.

1. *Nid amgen nag*, « ni autrement non ; » ce qui paraît signifier qu'il n'est pas permis de l'exprimer autrement (que par ce signe).

2. Ou se personnifièrent, *hanfodoldeb*.

3. Le nom de Dieu est *nombre;* il est *ternaire*.

4. *Afrywiaw*, qu'on traduit en anglais par *degenerate*, mais dans un sens actif : faire sortir de son *genre*. Taliesin ab Iolo traduit par *Unessentialising*.

Et, où est conservé et quand est conservé le nom de Dieu en mémoire selon le secret, le nombre et la nature [1] (qui lui appartiennent), ne peut être autre chose qu'existence et vie, et science et félicité, pendant l'éternité des éternités.

Et en harmonie avec les bienheureux [2] étaient tous les êtres animés, et Dieu les avait placés selon leur ordre, c'est-à-dire selon leur état primitif, dans le Cercle de Félicité (de Gwynfyd), et, Lui-Même, il résidait dans le Cercle du Vide infini, où tous les bienheureux le voyaient dans une communion de gloire, sans secret, ni nombre ni genre qu'ils pussent connaître, si ce n'est la parfaite lumière, l'amour parfait et la parfaite puissance pour le bien de toute existence et de toute vie.

Et alors fut donnée comme Vérité à la Mémoire : *Dieu* et *Assez* (Dieu, et c'est assez) ; et ce fut la seconde de toutes vérités et connaissances (confiée) à la Mémoire [3].

Mais les bienheureux ne virent point (QUE C'ÉTAIT ASSEZ), parce qu'ils n'avaient pas gardé en mémoire la Vérité première, et, comme ils prétendaient augmenter leur félicité, ils montèrent au Cercle du Vide Infini, afin de divulguer ce qu'ils y découvriraient, et de connaître le secret et le nombre et le genre qui sont en Dieu.

Et cela, ils ne le purent, et, quand ils voulurent rentrer ensuite dans les limites du Cercle de la Félicité, ils ne le purent, parce que la Mort le gardait derrière eux.

1. *Rhyw*, la nature propre; le genre ou l'espèce.
2. *Gwynfodolion.*
3. La première étant le nom de Dieu.

Et alors ils tombèrent dans le Cercle de la Transmigration.

Et alors Dieu déposa dans leur mémoire et leur connaissance la Troisième Vérité, qui n'est autre que : SANS DIEU SANS RIEN (qui n'a Dieu n'a rien), parce que, dans la condition de Transmigration, l'on ne peut ni posséder, ni voir, ni savoir rien de Dieu.

Alors ceux des bienheureux qui étaient restés dans leur premier état [1] en gardant Dieu et son nom et la Vérité en mémoire, eurent connaissance de la condition de Transmigration et la nommèrent du nom de Renaissance [2], parce que Dieu faisait une seconde fois les choses (renouvelait les êtres déchus) ; et ils travaillèrent à sauver les désobéissants de la perdition où ils s'étaient précipités.

Et la Vérité primordiale de la Renaissance a déjà été signalée comme Parole de Vrai, et c'est la Troisième Parole de Vrai et de Savoir, c'est-à-dire : SANS DIEU, SANS RIEN ; parce qu'être sans Dieu, c'est être sans rien dans la félicité (sans aucune part de félicité) ; et de là tout mal et toute souffrance qui se puissent connaître ou imaginer.

Mais Dieu, par son amour infini, fit avancer [3] les êtres soumis à la Transmigration à travers le cercle de tous les maux qui leur advenaient, afin qu'ils devinssent capables de connaître leur être et que, par cette connaissance, ils pussent se défendre de retomber dans ces maux après leur délivrance ;

1. Ainsi une partie des bienheureux n'avaient point participé à la chute.
2. *Adfyd;* seconde existence, ou Recommencement ; *Re-incipiency*, comme traduit Ab Iolo.
3. Littéralement : conduisit en avant ; *a dugg drwy*.

Et qu'en s'élevant à l'existence d'homme, ils pussent prier Dieu, et ainsi recouvrer la science et souvenance du bien, du juste et de l'amour, et par la science revoir les Vérités premières ;

Et qu'en les recevant et les gardant en mémoire, ils pussent, par la Délivrance de la Mort [1], rentrer dans la Félicité Première, où ils retrouveront nécessairement la mémoire de leur existence première avec celle de leurs maux, tandis qu'ils circulaient dans la Transmigration [2].

Après que le Cercle de la Transmigration eut été traversé et l'existence d'homme atteinte, quelques-unes des sciences et des vérités premières furent rendues à la mémoire et à l'intelligence, et Dieu accorda sa grâce, dans cette vue, à ceux qu'il jugea les meilleurs des hommes, et leur enseigna les vérités, la nature des choses et les bonnes lois.

Et les initiés à la science [3] alors enseignèrent les autres, et ils initièrent aux lois de la Famille [4] ceux qui gravèrent dans leur mémoire et leur connaissance les vérités et sciences premières. Et ce fut ainsi que l'ordre

1. *Rhyddad Marwolaeth.* De la Mort, ou de la *mortalité,* de la sujétion à la mort.

2. *Yn nhreigl yr Abred. Abred* a, comme *Gwynfyd,* un double sens ; il est un lieu, ou l'ensemble des lieux qui sont le théâtre de la Transmigration ; et il est un état de l'âme, l'état de mal, de négation, de vide. — La *recouvrance* de la mémoire de toutes les existences passées en arrivant au monde supérieur, est un des points les plus essentiels de la doctrine des bardes. Sans cette mémoire, on ne se connaîtrait pas véritablement soi-même ; on n'aurait pas la plénitude de son *awen,* suivant leur énergique formule.

3. *Gwybodyddion.*

4. *Cenedl ;* c'est à la fois la famille, la tribu et la nation ; le même terme désigne ces trois degrés de la société humaine ; *Clan (Chlan)* a même valeur chez les Gaëls que *Cenedl* chez les Cymrys.

de la Famille fut établi le premier entre toutes sciences et toutes règles et toutes lois.

Et toutes vérités et vérités étaient contenues dans celle-ci : la PAROLE DE DIEU AU-DESSUS DE TOUT [1].

Et tout homme qui l'aura retenue en mémoire, dira, avant toute délibération et tout projet : « Dieu d'en haut me guide [2] ! » et : « au nom de Dieu ; » et : « le Vrai est le Vrai ; » et : « le Vrai deviendra Vrai ; » et : « le Vrai aura sa place ; » et : « Dieu est le Vrai ; » et : « Dieu est Dieu. »

Et à ceux qui maintinrent en mémoire et en acte les vérités premières, Dieu octroya sa grâce ; et il les constitua [3] dans l'ordre de la Famille.

Et ainsi, par la grâce de Dieu, fut établie la puissance de la Famille (la Nation) chez les Cymrys, avec la justice, la société et l'*unité du Peuple* [4], et toutes les autres choses qui concernent le Pays et la Famille [5].

Après avoir été ainsi constitués, les Cymrys, durant de longs temps et des âges sans nombre, errèrent en corps de peuple sur la face des pays d'outre-mer ; et, à la fin, ils s'établirent en Deffrobani [6], ou le *Pays de l'Été,* et là ils se rebellèrent contre Dieu et ses claires Vérités, et tombèrent dans la transgression et dans l'endurcissement.

1. *Yn uchaf;* littéralement : « dans le plus haut. »
2. *Duw yn y blaen,* « Dieu sur la cime. »
3. *Cadarnhaes;* littéralement : il les *fonda.* Le sens radical de *Cadarn,* fort, est : fondement.
4. *Gwerindawd;* on pourrait traduire par Démocratie; *Gwerin* désigne la totalité du peuple.
5. Famille doit se prendre, dans le reste du document, pour Nation.
6. Les gloses des Triades interprètent *Deffrobani* par « le pays où est à présent Constantinople. »

C'est pourquoi Dieu fit descendre sur eux le souffle de sa vengeance ; et de là vinrent sur eux la dévastation et la ruine, jusqu'à ce qu'ils fussent presque mis à néant et qu'ils eussent perdu leurs terres et les priviléges de leur pays.

C'est pourquoi quelques-uns rentrèrent dans leur conscience et rappelèrent dans leur mémoire le nom de Dieu et ses Vérités, et, se soumettant, ils écoutèrent dans leur abaissement la voix de la raison.

C'est pourquoi Dieu, par sa grâce et son ineffable amour, disposa tout favorablement pour leur bonne intention, et envoya parmi eux des sages, des hommes de vérité et d'intelligence *régénérée* [1].

Et ces hommes de vérité et de bien, se mettant sous la protection de Dieu et de sa paix, et sous la protection de sa vérité et de sa justice, marchèrent en avant et acquirent la connaissance de tout ce qui était le meilleur pour le progrès de la Nation (la Famille) des Cymrys. Ainsi relevés, ils reçurent en leur compagnie quiconque voulut les joindre, et se retirèrent de contrée en contrée, jusqu'à ce qu'ils eussent échappé du cercle de dévastation et de ruine qui était autour d'eux.

Et, à la fin de leurs migrations, ils arrivèrent dans l'île de Bretagne, où auparavant ne s'était encore posé le pied d'aucun homme vivant [2], et ils prirent posses-

1. *Dedwydd.* Peut-être faut-il entendre par là des esprits redescendus volontairement du Cercle de la Félicité pour sauver les autres, après avoir accompli leur propre régénération. Ce commerce entre la terre et le ciel était une croyance fort accréditée chez les Bardes.

2. C'est là une prétention à laquelle les Gaëls, et même d'autres, ont de fortes objections à faire. Un document bardique intitulé : *Amsirоedd Cof a Chyfrif* (les Temps de la Tradition et de la Chronologie), prétend que les *Gwyddelod* (les Gaëls) n'arrivèrent dans les îles Britanniques qu'un siècle et demi après la mort de Prydain, fils d'Aedd. — *Iolo Mss.*, p. 37.

sion de l'île sous la protection de Dieu et de sa paix, et ils fondèrent la Sagesse et les rites religieux.

Et ceux qui avaient reçu l'inspiration [1] par la grâce de Dieu et par le don de son impulsion, furent établis comme Maîtres (*athrawon*) [2] de Sagesse et de bonnes sciences, et ils furent appelés Poëtes [3] et Voyants [4]. De là commença le chant vocal [5] qui assura la conservation de toutes traditions et vérités, comme offrant l'auxiliaire le plus utile à la mémoire, le plus agréable à la méditation et le plus sûr à la raison.

Les hommes de cette sorte furent les premiers maîtres de la nation des Cymrys ; mais les Cymrys n'avaient ni lois ni coutumes réunies en ordre et en système ; c'est pourquoi ils tombèrent dans la négligence et l'oubli en maintes choses, et en vinrent à agir contre le nom de Dieu et ses Vérités, et de là tout dérèglement et iniquité, de là tout mal et toutes misères, jusqu'à ce qu'il vînt un homme sage appelé Tydain, père de l'*Awen*, qui appliqua ses méditations et sa raison aux moyens

1. *Awen*.

2. Ceci rappelle les *Athravos*, pontifes primitifs de Zoroastre et du mazdéisme, et l'*Atharva-Veda* des brahmanes.

3. *Phrydyddion*.

4. *Gwyddoniaid*. *Voyant* n'est qu'un sens indirect : le sens direct est intraduisible. *Gwyddoniaid*, pluriel de *Gwyddon*, paraît avoir un double sens : *Gwydd* veut dire arbre, plante, rameau ; les Gwyddoniaid seraient donc les hommes des arbres ou des rameaux, c'est-à-dire les hommes qui ont la science de l'alphabet primitif, formé de petites branches d'arbres ; les traditions des Gaëls irlandais sont d'accord là-dessus avec celles des Cymrys. — Mais *Gwyddon* paraît aussi avoir signifié anciennement homme du dieu Gwyddon, qui serait le Mercure cymrique ; Gwyddon paraît le même que le nain Gwyon (Gwiawn) (le Voyant) des légendes de Taliesin. — Les deux sens, au fond, rentrent l'un dans l'autre, le dieu Gwyddon étant le même que l'Oghma des Irlandais, c'est-à-dire l'inventeur de l'alphabet.

5. Littéralement : le chant ou poëme de la langue ; *cerdd dafawd*.

de démêler cette confusion [1], de fonder des règles solides pour les sciences et pour l'inspiration de Dieu [2].

Et il communiqua ses règles à d'autres sages de la nation des Cymrys; et ils y donnèrent leur consentement et leur garantie; et la première chose qu'on fit en conséquence fut de constituer la souveraineté (le gouvernement) [3], en cette manière qu'on chargea les chefs de famille (de clan) des Cymrys de maintenir la justice et la *communauté* (la société), puis de choisir entre les chefs de race celui auquel ils conféreraient la souveraineté patriarcale [4]; et ils élurent, parmi les chefs de race, Prydain, fils d'Aedd le Grand [5], homme sage, vaillant, juste et de cœur fraternel, et il fut établi ainsi sur la monarchie de l'île de Bretagne, au-dessus des princes, afin de mettre chaque chose à sa place et d'ordonner le tout [6].

Et le fondement de la souveraineté fut ainsi établi et

1. De parvenir au *Dosparth;* terme d'une valeur très-étendue, et qui implique distinction, discernement, séparation, analyse; la racine est *dos*, une goutte, une parcelle, une particule.

2. Ces *règles de l'Inspiration* semblent indiquer qu'il s'agit ici d'une école de *voyants* ou de prophètes.

3. *Teyrnedd.*

4. Littéralement : « l'ancienneté (*hynafiaeth*) de souveraineté. » Taliesin ab Iolo traduit dans ce sens qu'on aurait cherché le plus ancien de race. — Le terme de souveraineté ne doit pas se prendre ici dans le sens rigoureux. Il n'y a rien là qui ressemble à l'autocratie, et, chez les Cymrys, comme le disent leurs adages : « Une nation est au-dessus d'un chef. » Le sens précis de *teyrnedd* est plutôt *principauté* que *souveraineté.*

5. *Prydain, Britannia,* la Bretagne. Ce personnage symbolique est la race bretonne personnifiée.

6. Ceci est exprimé par deux mots : *dosparthu a threfnu,* discerner et ordonner; séparer et unir; faire l'analyse et la synthèse. Plus on examine cette langue, plus on est frappé de la simplicité grandiose et de la profondeur métaphysique avec laquelle elle procède.

la prise de possession opérée par Prydain, fils d'Aedd le Grand.

Et le meilleur quant à l'inspiration de Dieu fut Tydain, père de l'*Awen*. C'est pourquoi il fut constitué en autorité pour l'enseignement et instruction sur la nation des Cymrys, ce qu'il fit par un chant vocal [1], pour assurer la mémoire et la tradition.

Et, après la mort de Tydain, on ne retrouva point son égal dans l'*Inspiration* de Dieu ni dans les sciences. C'est pourquoi son chant vocal fut grandement examiné, et, ses préceptes ayant été adoptés, on fit ensuite crier par tout le pays l'annonce qu'en dedans l'an et jour, protection et privilége seraient garantis à tous inspirés de l'*Awen* de Dieu qui s'assembleraient aux lieu et temps prescrits, afin d'instituer une chaire et un siége suprême [2] en accord avec l'enseignement contenu dans le chant de Tydain, père de l'*Awen*, et conformément au sentiment et à la délibération du Pays et de la Nation (exprimés) par les chefs de famille et les sages reconnus de la nation des Cymrys.

Et alors furent trouvés un grand nombre d'inspirés de l'*Awen* de Dieu, et doués d'une raison puissante, et croyant en sa Délivrance [3]. C'est pourquoi l'on en choisit trois entre les meilleurs, et les trois qui furent trouvés les meilleurs par le nom (la renommée) et par la pa-

1. Poëme non écrit, conservé par la mémoire, comme les anciens nous le disent des poëmes druidiques. — On voit que, comme nous le disions, la *souveraineté* du chef politique ne doit s'entendre que dans un sens très-limité, puisque l'enseignement ne relève pas de lui.

2. *Gorsedd; Gór-sedd*, grand-siége. Nous traduisons littéralement : le *gorsedd* est une assemblée qui se tient dans un cercle de pierres, au centre duquel siége le barde président (*bardd-cadeiriad*) sur une pierre plus haute, appelée la pierre du siége suprême (*maën-gorsedd*).

3. *Ei gwared;* la délivrance qui vient de Dieu.

role furent Plenydd, et Alawn, et Gwron, et nul n'était leur égal dans la tradition, ni dans le chant vocal, ni dans le Mystère des Lettres[1] et des Symboles[2]. Et, après que ceci eut été garanti comme fondé en vérité, ils furent chargés de composer de bonnes règles pour le pays et la nation, et pour la tradition et la science, et pour tout progrès moral[3].

Les Trois Sages établirent donc une règle de souveraineté (de gouvernement) et de justice, et de communauté (d'ordre social) entre l'homme et l'homme, sous la protection de Dieu et de sa paix; et ils imposèrent des règles et des méthodes aux Bardes et aux poëtes, et à leurs poëmes; et ils pourvurent à empêcher la langue cymrique de dégénérer et de se corrompre, le tout sous la protection de Dieu et de sa paix; et ils établirent aussi des méthodes et des règles pour la tradition et la conservation de toute science et connaissance de la Nation des Cymrys.

Et ensuite ce qu'avaient fait les Trois fut présenté devant le Pays et la Nation dans le *Gorsedd*, et fut soumis au jugement de la supériorité du nombre; et la supériorité de beaucoup (la grande majorité) accepta et consentit les règlements des Trois Sages, et ne consentit pas à ce qui était contre. C'est pourquoi ils reçurent force et privilége du Pays et de la Nation par la garantie du jugement du *Gorsedd*.

Et les lois furent derechef soumises au jugement du Pays et de la Nation, sous la notification de l'an et jour,

1. *Rhin llythyr*.
2. *Arwydd*, des signes.
3. *Achwrain ceudawd :* le progrès du cœur; *ceudawd* signifie littéralement la cavité, et, par extension, ce qui est dans l'intérieur du corps, le cœur humain.

par le cri du Pays (la proclamation); et ainsi jusqu'à trois années révolues, chaque *Gorsedd* confirmant à la supériorité du nombre, en sorte que définitivement furent constituées en force et privilége les règles et les lois faites par les Trois Sages, qui furent les Bardes primitifs de l'île de Bretagne, selon les coutumes et les règles sanctionnées.

Et, dans les *Gorsedds* et les fêtes solennelles, les hommes instruits dans la Tradition furent chargés de marquer les saisons et les temps en ce qu'ils avaient de notable, et les choses rares, et les vicissitudes, et les personnes et les actions; et, de là, pour la Mémoire, furent faits les chants, et, pour la Mémoire, les prédictions de la chaire du *Gorsedd* [1], et, pour la Mémoire, les lettres et les symboles.

Et le premier événement qui fut assuré à la Mémoire, selon la raison et le temps, fut l'arrivée de la Nation des Cymrys dans l'île de Bretagne, non moins de huit cent et quarante-neuf années avant le temps de Prydain fils d'Aedd le Grand.

De l'arrivée des Cymrys dans l'île de Bretagne jusqu'à la guerre des Cinq-Frères, cent vingt-huit ans.

Et, dans ce trop long conflit, furent tués plus de la moitié des hommes de la Nation des Cymrys, d'où commença la guerre entre les filles pour la possession des garçons, jusqu'à ce qu'on eût la paix à la fin en octroyant un garçon pour trois filles.

De la guerre des Cinq-Frères au temps qu'Evrawk

1. *Dysgogan cadair a Gorsedd;* les prédictions de la chaire bardique, formule qui indique que les bardes prophétisaient dans l'extase poétique, lorsque l'*awen* parlait en eux.

le Puissant fut élevé au suprême pouvoir, deux cents ans.

Ce document, dont nous ignorons et l'auteur et la date, paraît incomplet. Son titre indique qu'il devait contenir deux parties : 1° la Tradition (*Cof*); 2° la Chronologie (*Cyfryf*). Nous possédons ce qui regarde la Tradition dans l'espèce de Genèse des Cymrys rapportée plus haut; mais nous n'avons que le commencement de la partie chronologique, la série d'événements avec dates s'arrêtant court au bout de quelques lignes, après cette légende de la Guerre des filles, qui contraste si singulièrement avec la solennité de tout ce qui précède.

Si on lisait isolément cette pièce, on pourrait en conclure que les Bardes professaient sur les origines de la nature humaine une opinion voisine de celles de Platon et d'Origène; c'est-à-dire qu'ils croyaient les hommes créés dans un état de lumière, dans une condition *angélique*, d'où ils seraient tombés par leurs fautes. Cette conclusion, toutefois, serait trop hâtive, comme on va le voir par un fragment de catéchisme secret, différent de celui de Sion Cent, mais appartenant au même corps de documents.

TRANSMIGRATION, FÉLICITÉ, INSPIRATION [1].

. . . .

QUESTION. — Combien sont tombés dans la Transmigration, et pour quelles causes sont-ils tombés?

1. *Abred, Gwynfyd, Awen.* (Barddas, vol. I, p. 235.)

Réponse. — Tous les êtres vivants au-dessous du Cercle de Félicité sont tombés dans la Transmigration, et ils sont maintenant sur leur retour à la Félicité. Longue sera la migration [1] de la plupart, parce que bien des fois ils sont tombés dans l'adhérence au mal et à l'impiété. Et la cause pour laquelle ils sont tombés (primitivement) a été qu'il sont allés pour parcourir [2] le Cercle du Vide infini, que nul, si ce n'est Dieu, ne peut endurer et parcourir. Et, à cause de cela, ils sont tombés jusque dans l'Abîme. Et c'est par l'orgueil, qui a voulu entrer en lutte avec Dieu, qu'ils sont tombés; et il n'est point de nécessité de tomber jusque dans l'Abîme, si ce n'est par l'orgueil.

Q. — Sont-ils tous tombés dans la Transmigration par orgueil, *ceux qui avaient atteint le Cercle de Félicité, après avoir monté une première fois, sous l'empire de la Nécessité, l'échelle de la Transmigration depuis le fond de l'Abîme* [3] ?

R. — Non ; quelques-uns ont recherché la Sagesse, et par là ils ont vu ce que produit l'orgueil, et ils ont résolu de se mettre en accord avec ce qui leur a été enseigné de Dieu, et par là ils sont devenus Êtres divins, c'est-à-dire saints Anges. Et ainsi ils ont acquis l'intelligence de ce qu'ils voyaient en autrui, et par là ils ont vu la nature du Vide infini et de l'Éternité, et que nul que Dieu ne les peut endurer et parcourir [4].

1. Circulation; *treigl.*
2. Circuler; *treiglo.*
3. Littéralement : « après la circulation de Nécessité primitive depuis *Annwn.* » — *O'r treigl Angen cysefin o Annwn.*
4. Dieu seul peut supporter l'état immuable de l'éternité : ce qui n'est pas Dieu doit toujours changer, toujours se modifier ; voilà le vrai sens.

Q. — N'y a-t-il plus de danger de retomber du Cercle de Félicité dans la Transmigration comme auparavant?

R. — Il n'y en a plus, parce que tout orgueil et tout autre péché doit être surmonté avant qu'on puisse atteindre *une seconde fois* le Cercle de Félicité, et alors, en se rappelant et en connaissant le mal qui fut auparavant, pour toujours en chacun sera nécessairement l'horreur de la chose qui l'a fait tomber auparavant, et, par nécessité, haine et amour dureront et continueront pour toujours dans le Cercle de Félicité, où seront sans fin les trois *forces* [1], à savoir : haine, amour et science.

Q. — Ceux qui retourneront au Cercle de Félicité après la chute dans la Transmigration, seront-ils de même condition que ceux qui ne sont pas tombés?

R. — Ils le seront; et de même privilége, parce que l'amour de Dieu ne peut être moindre envers l'un qu'envers l'autre, ni envers une forme d'existence qu'envers une autre, attendu qu'il est le Dieu et le père de tous, et qu'il donne à tous la même somme d'amour et de protection, et que tous seront égaux et de même privilége dans le Cercle de Félicité, c'est-à-dire qu'ils seront Êtres divins et saints Anges pour toujours.

Q. — Toute forme et espèce d'existence vivante [2] continuera-t-elle pour toujours comme elle est maintenant? S'il en est ainsi, dis-moi comment?

R. — Oui, en vertu de liberté et de choix, et les bienheureux iront de l'une à l'autre forme comme il

1. *Chadarn.* Haine du mal; amour du bien; science, c'est-à-dire connaissance du bien et du mal.

2. Avec vie, *wrth fywyd.*

leur plaira, afin d'échapper à l'accablante immobilité du Vide infini [1], que nul que Dieu ne peut endurer, et afin d'expérimenter toute science et toute félicité qui soit capable d'espèce et de forme; et chacun d'eux hait nécessairement le mal, et le connaît entièrement, et, par conséquent, le renonce nécessairement depuis qu'il connaît sa nature et sa perversité. *Dieu étant aide et Dieu étant chef* [2] les soutient et les préserve pour toujours.

Q. — Comment ces choses-là ont-elles été connues?

R. — Les Voyants [3], depuis les siècles des siècles, depuis le temps de Seth, fils d'Adam, fils de Dieu, ont obtenu l'Inspiration [4] de Dieu, et, par là, ont connu le mystère de la Divinité [5]; et, dans la nation des Cymrys, ont existé les Voyants depuis les siècles des siècles, après quoi les Voyants ont été constitués selon les priviléges et usages afin que la mémoire ne pût se perdre de cette science. Après quoi les Voyants ont été nommés Bardes, selon les priviléges et usages des Bardes de l'île de Bretagne, parce que ce fut après l'arrivée des Cymrys dans l'île de Bretagne que cette règle fut établie, et c'est par la Tradition du Bardisme et par l'inspiration de Dieu que cette science a été acquise, et nulle fausseté ne peut provenir de l'Inspiration de Dieu. Dans la nation d'Israël se sont trouvés les saints prophètes

1. *Rhag lludded a hired y Ceugant;* littéralement : « à la fatigue et à la longueur de la Circonférence vide. » Nous ne sommes pas sûr du sens du mot *Gorffwys,* que nous rendons par *échapper;* Ab-Ithel le traduit en anglais par *to repose;* se reposer de la fatigue, etc.

2. *A Dyw yn borth a Dyw'n ben,* « Dieu en aide et Dieu en chef. » — C'est une des devises bardiques.

3. *Gwyddoniaid.*

4. *Awen.*

5. *Cyfrinach Dwyfoldeb.*

qui, par l'Inspiration de Dieu, ont connu toutes choses comme elles sont décrites dans les Saintes Écritures. Et, après que Christ, le Fils de Dieu, fut descendu de la Félicité dans la chair, plus ample connaissance de Dieu et de sa volonté a été obtenue, comme on le voit dans la parole de Paul. Et, quand nous, les Cymrys, nous sommes convertis à la foi en Christ, nos Bardes ont obtenu une plus claire Inspiration de Dieu, et une science de toutes choses divines au-dessus de ce qu'on avait vu auparavant, et ils ont prophétisé, croissant en Inspiration et en science. De là vient toute science sur les choses divines et qui appartiennent à Dieu.

Q. — Comment l'Inspiration est-elle obtenue là où elle n'était pas, en sorte qu'on puisse faire un Barde de celui qui veut être un Barde?

R. — En s'habituant à une sainte vie, et à tout amour envers Dieu et envers l'homme, et à toute justice, et à toute miséricorde, et à toute générosité, et à toute endurance [1], et à toute paix, et en pratiquant les bonnes sciences; et en éloignant l'orgueil, et la cruauté, et l'adultère, et le meurtre et le guet-apens [2], et le vol et la fraude, et toute injustice, c'est-à-dire : les choses qui corrompent et détruisent l'Inspiration, là où elle existe, et qui empêchent de l'obtenir, là où elle n'existe pas.

Q. — Est-ce dans la voie où elle a été premièrement obtenue que l'Inspiration de Dieu peut encore s'obtenir?

R. — C'est dans la voie où l'Inspiration a été obtenue

1. Souffrance; *goddef.*
2. Le meurtre par trahison.

que l'on peut connaître et croire la Vérité. Quelques-uns, cependant, sont d'opinion que la voie dans laquelle la Vérité a été premièrement connue, a été que les Êtres divins, c'est-à-dire les saints Anges, et les saints ou hommes de Dieu qui sont allés au *Ciel* [1], et principalement Jésus-Christ, Fils de Dieu, sont descendus du Cercle de la Félicité dans le *Petit Monde*, dans la condition d'homme [2], afin d'enseigner, avertir, diriger et informer ceux qui cherchaient à devenir hommes de Dieu; c'est-à-dire qu'ils sont venus, en la qualité de messagers envoyés de Dieu, dans son amour infini, et en vertu de leur grand amour coopérant avec l'amour de Dieu, et comme ses obéissants messagers; et nous aurons ce qui, de l'Inspiration de Dieu, nous est nécessaire, en nous attachant aux dons (de Dieu) et à la piété, avec sincérité et pur amour de tout bien.

III

Le document que nous venons de citer rectifie l'interprétation qu'on pouvait donner au *Livre de la Tradition*. Il établit que les êtres, avant de parvenir à cet état de *bienheureux* d'où ils ont été précipités par leur faute, avaient monté, une première fois, sous la Loi de Nécessité, tous les degrés de la Transmigration depuis

1. *Nef. Nef*, le Ciel, l'espace céleste, se confond avec *Gwynfyd* ou la Félicité.

2. Ceci explique ce que dit l'initié, dans le catéchisme de Sion Cent: « *Je suis dans le Petit Monde.* »

le fond de l'Abîme ; par conséquent, qu'ils avaient été créés dans l'Abîme, c'est-à-dire au plus bas degré de l'existence, dans l'innocence, mais nullement dans un état supérieur et angélique. L'idée de progrès et de perfectibilité est donc le fond essentiel de cette cosmogonie. L'homme, suivant elle, n'est pas un ange déchu, mais un être élevé progressivement du plus bas degré de l'existence jusqu'à la félicité céleste, puis retombé par sa faute, et qui maintenant est en voie de se relever. Il peut, de la vie humaine et terrestre, remonter immédiatement à la vie céleste, s'il s'en rend digne, et n'en retombera pas une seconde fois, parce que la connaissance du bien et du mal, acquise à ses dépens, et la mémoire de son passé, mémoire qu'il doit retrouver en atteignant la vie supérieure, le préserveront pour toujours de la rechute.

Cette cosmogonie, non-seulement n'admet pas, avec Platon et Origène, que les hommes soient des anges déchus, mais n'admet pas qu'il y ait d'autres anges que les âmes humaines qui, après avoir monté, comme les autres, l'échelle de la Transmigration, ont évité la faute de leurs semblables « en recherchant la Sagesse. » Elle manifeste un très-beau sentiment de la solidarité universelle dans la sympathie qu'elle attribue aux *êtres divins* ou *saints anges* pour les malheureux déchus, sympathie qui va parfois jusqu'à les faire redescendre volontairement dans la condition humaine pour aider les autres à en sortir.

Il nous paraît permis de signaler l'influence du christianisme dans cette charité, parce que d'autres passages, ainsi qu'on l'a pu voir dans le catéchisme de Sion Cent, ne parlent de la faculté accordée aux bienheureux de redescendre dans les conditions inférieures, qu'au point de vue d'augmenter leur science, la béatitude consistant dans le plus grand accroissement possible de science. C'est dans cette prépondérance donnée à la connaissance, à la science, que nous croyons retrouver l'idée druidique ancienne [1].

Un des caractères les plus remarquables de la théologie bardique est l'idée enveloppée sous les symboles fort clairs du *Ceugant* et du *Gwynfyd*. Ces symboles expriment nettement la distinction qu'établissaient les Bardes entre le mode d'existence de l'Être absolu et le mode d'existence des créatures. L'immortalité, pour eux, ne se confond pas du tout avec l'éternité, où il n'y a ni passé, ni avenir, mais un présent éternel. Les créatures, parvenues à l'état de Félicité, où elles ne sont plus sujettes au mal ni à la mort, n'en continuent pas moins à vivre dans le temps et par actes successifs. Prétendre vivre selon le mode de l'éternité, c'est prétendre devenir Dieu. Qui le tente ne devient pas Dieu, mais, rejeté du sein de l'accablante éternité, retombe jusqu'au plus bas degré de l'existence. C'est l'antithèse radicale, non pas seulement du Bouddhisme, mais même du Brahmanisme, chez lequel les ascètes aspirent à se confondre en Brahma.

Nous parlions d'influence chrétienne. On a pu remarquer, dans le second fragment de catéchisme, plus qu'une influence, l'introduction directe, dans la tradi-

1. Cependant, il faut ajouter que, dans les traditions populaires celtiques, les anciens héros sortent quelquefois de dessous le *lec'h* (le monument de pierres), pour venir au secours du Pays et de la Nation. Cette tradition paraît étrangère et antérieure au christianisme; elle existait de même chez les Grecs, avec quelque différence de forme.

tion bardique, des personnages de la Genèse, Adam, Seth, etc. La forme antérieure de la tradition celtique n'a cependant pas péri ; il n'y a eu que juxtaposition ; car, dans de nombreux documents, on retrouve un premier homme qui porte un tout autre nom qu'Adam, le nom tout aryen de *Menyw*, même racine évidemment que *Manou, Manas,* en sanscrit, *Mens* en latin [1], *Man* dans les langues teutoniques [2]. Ce Menyw s'appelle le Fils des Trois Cris, des Trois Voix [3], parce qu'il a entendu le triple son de la voix divine, en même temps qu'il a vu les trois rayons de lumière correspondant à ce triple son, et exprimant le Nom Divin ; et il a exprimé les trois voix et les trois rayons par les Trois Lettres primitives [4], principes du premier alphabet et de toutes sciences.

Ceci est un pur symbole ; car, dans l'idée bardique, il n'y a pas réellement un premier homme, tous les êtres ayant été créés à la fois lorsque Dieu a prononcé son nom.

Avant que Dieu eût prononcé son nom, le *Ceugant*, la Circonférence Vide, n'était pas absolument vide, et contenait une multitude de particules de lumière, et Dieu était dans chacune de ces particules, comme dans le tout ; il était dans chaque particule comme étant sa vie, et chaque particule était en Dieu et dans la vie de Dieu. Et Dieu fit pleuvoir ces substances vivantes dans l'Abîme, que remplissaient les éléments des ténèbres

1. *Mens*, l'esprit ; pour le profond génie intuitif de l'antiquité, l'homme et l'esprit, c'est la même chose.
2. Le *Mannus* de Tacite : le premier homme, dans la mythologie germanique.
3. *Menyw hên ap Teir Gwaedd* ; Menyw l'ancien, Fils des Trois Cris.
4. D, I, V ; ou bien : O, I, V.

premières, les substances passives et mortes, et c'est de l'union des substances vivantes et lumineuses avec les substances ténébreuses et mortes que sont nés tous les êtres.

Ces particules actives et lumineuses, ces *forces*, comme nous dirions maintenant, qui semblent une première aperception des monades de Leibniz, portent le nom de *Manred*, des deux mots *Mân* et *Rhêd*, qui expriment, l'un la petitesse, et l'autre l'activité, littéralement : la *course* [1].

Les documents que nous avons cités jusqu'ici peuvent servir d'explication et de commentaires aux Triades traduites par M. Pictet, et fournissent les moyens de se rendre compte des idées générales des Bardes sur la destinée humaine. Nous allons y ajouter un fragment que nous croyons propre à jeter des lumières sur une question historique et sur un point particulier de l'antiquité gauloise, qui a été le sujet de bien des discussions et de bien des incriminations contre nos ancêtres. Il ne s'agit de rien moins que des SACRIFICES HUMAINS. Nous croyons en avoir retrouvé l'interprétation chez les Bardes. Le lecteur va en juger.

Dans une pièce intitulée : *Triades de Bardisme et Coutumes* [2], qui contient des matières fort diverses, des maximes de morale et de théologie, des définitions métaphysiques, à côté de légendes et de traditions, on rencontre les triades suivantes :

1. Il y a d'assez fréquentes allusions aux *Manred* dans les *Barddas*, et aussi dans les poésies des Bardes. Voir particulièrement, dans le volume Ier des *Barddas*, les pages 247-253.

2. *Trioedd Barddas a Defodau*. (*Barddas*, vol. I, p. 350 et suiv.)

TRIADE XIII.

Pour trois causes peut une vie être retranchée [1] d'entre les vivants, à savoir : quand on a tué un homme par pensée préméditée [2], et quand on a tué un homme par voie occasionnelle et indirecte, comme si l'on a détruit les fruits et les végétaux qui sont pour la nourriture et le soutien de la vie de l'homme, et lorsqu'il est mieux, pour celui qui est mis à mort, de mourir que de vivre [3], comme pour le délivrer de peine extrême ou *pour améliorer sa condition dans la Transmigration*, ainsi qu'il arrive d'un homme qui donne sa vie *en sacrifice* [4] pour un méfait punissable, lorsqu'il ne peut autrement faire droit et satisfaction pour ce qu'il a commis, qu'en se présentant de bonne volonté, sur sommation de la justice, au châtiment mérité.

TRIADE XIV.

Par trois voies il advient qu'un homme *obtient le bonheur du sacrifice* [5]. L'une est le châtiment mérité selon la Loi du Pays et la Loi mutuelle [6], pour méfait outrageux. A savoir : est méfait outrageux, tuer, et brûler, et assassiner, et faire guet-apens, et trahir le Pays et la Nation. C'est-à-dire que doit être privé de

1. Littéralement : « être mise hors, portée hors; » *dwyn*.
2. Par pensée et intention; *o fryd a amcan*.
3. Littéralement : « que non autrement; » *nac amgen*.
4. Littéralement : « en rachat de l'âme; » *yn enaid faddau*; *enaid*, âme; *maddeu*, pardon, rémission. Le verbe composé *eneidfaddeu*, comme sens dérivé, signifie : punir de mort.
5. Littéralement : « prospère dans le rachat de l'âme; » *fod yn enaid faddeu*.
6. *Chyfraith*; la loi commune, le jugement par les pairs, le jury.

vie [1] celui qui a commis ces méfaits, et toute privation de vie s'exécute ou par jugement de Cour de Droit mutuel (jury), ou, en guerre, par la Loi du Pays et de la Nation. — La seconde voie est celle où l'homme se livre lui-même, sur la sommation de justice qu'il entend dans sa conscience [2], à la privation de vie, pour méfait outrageux et digne de châtiment qu'il sait avoir commis, et lorsqu'il ne peut autrement faire droit et satisfaction pour l'offense qu'il a commise, qu'en se présentant de bonne volonté au châtiment qui lui est dû pour ce qu'il a fait. — La troisième voie est celle où l'homme va de lui-même s'exposer à la privation de vie pour le soutien de la Vérité et de la Justice, et, en manifestant sa miséricorde, obtient d'être mis à mort pour le bien qu'il a fait, et c'est pourquoi il monte droit au Cercle de la Félicité. — Et, autrement que par ces trois voies, ne doit l'homme être *livré au sacrifice* [3] par l'homme, parce qu'il n'y a que Dieu qui soit vrai juge de ce qui est autrement. — Et le premier (des trois hommes sacrifiés) demeure dans la Transmigration en la condition et nature d'homme, sans retomber dans un état inférieur [4], et les deux autres s'élèvent dans le Cercle de la Félicité.

1. *Dihenydd;* terme d'un sens très-indirect; il paraît signifier : être privé et priver de vieillir. — *Di*, préfixe privatif; *hén*, vieux, vieillesse; *henad*, vieillir.

2. *A fo arno parth ei gydwybod.* Le sens direct paraît être : la sommation qui met la *division*, c'est-à-dire le discernement, dans sa conscience, qui le fait rentrer en lui-même. Il ne faut pas confondre cet acte spontané de l'homme qui se dénonce et se livre lui-même, sur la sommation de sa conscience, avec l'obéissance à la sommation de la justice, c'est-à-dire du magistrat, mentionnée dans la triade précédente.

3. *Ar ddyn ei farnu'n enaid faddau;* « juger l'homme pour le rachat de l'âme. »

4. Sans retomber dans une condition animale.

TRIADE XV.

Les trois moyens d'accélérer la fin de la Transmigration [1] : les douleurs [2], s'entre-donner la mort dans les combats [3], et aller par droit, et raison, et nécessité, afin de bien faire, *au sacrifice* [4]; tandis que, sans ces trois moyens, nul ne peut s'affranchir de la Transmigration, si ce n'est bien tard, à force de temps; d'où l'on voit que *c'est pour le bien et par miséricorde pour les vivants que Dieu a suscité l'universel combat et le meurtre mutuel qui sont et interviennent incessamment parmi eux* [5].

A quelque époque et par quelque main qu'aient été écrites ces Triades, il nous semble impossible d'y méconnaître une tradition directe de l'ancienne Gaule. Nous ne sommes plus ici seulement dans le néo-druidisme; nous sommes dans l'antiquité. Nous avons l'explication de trois degrés du sacrifice humain, avec les conséquences que l'ancienne religion y attachait pour l'autre ou plutôt pour les autres vies : 1° le coupable acceptant sa peine, et obtenant par là de rentrer, après

1. Littéralement : « Les trois accélérations de la fin d'Abred; » *Tri phrysuriad diwedd Abred*. C'est-à-dire : les moyens d'abréger le chemin du Ciel.
2. *Clefydon;* les souffrances du corps; les maladies, supportées avec courage.
3. *Cyfymladd;* s'entretuer mutuellement.
4. *In enaid faddeu.*
5. *Lle y gweler mai o les a thrugaredd i fywydolion y peris Duw'r cyfymladd cyfladd y sydd y rynyddynt.*

la mort, dans la vie humaine tel qu'il y était venu avant son crime, sans retomber dans le monde inférieur de l'animalité ; 2° le coupable venant se dénoncer lui-même et provoquer l'expiation, et gagnant par là le ciel ; et 3° l'innocent se livrant volontairement au sacrifice par miséricorde pour autrui. Comme il y avait beaucoup de degrés dans le Cercle de Félicité, l'innocent montait sans doute immédiatement à une région beaucoup plus élevée que le coupable purifié ; mais notre texte n'en dit rien.

Peut-on ne pas voir là l'interprétation des fameuses immolations volontaires de la Gaule ? C'est surtout dans la troisième de ces Triades que reparaît le génie de l'antiquité en ce qu'il avait de plus opposé aux conceptions et surtout aux sentiments chrétiens. Cette idée de Dieu instituant la guerre universelle et le *meurtre mutuel* entre les êtres pour leur abréger violemment le chemin du ciel, cette forme sanglante et terrible donnée à l'idée vraie du perfectionnement de l'âme par la douleur, éclaire singulièrement les côtés lugubres du druidisme antique, et éclate, comme une étrange dissonnance, parmi la sérénité et la charité de la philosophie bardique.

On doit savoir beaucoup de gré à Edward Williams de nous avoir fidèlement conservé ce document extraordinaire, et c'est une des meilleures preuves de son respect absolu pour la lettre des textes qu'il nous a transmis. Rien n'était plus opposé que cette terrible doctrine du vieux druidisme à ses sentiments propres, lui qui soutenait opiniâtrément que les Bardes avaient toujours été des apôtres de paix.

Il avait, sur quelques points particuliers, des partis

pris et des opinions singulières, qui ne doivent faire méconnaître ni le vaste savoir qu'il possédait sur l'ensemble des traditions et des documents de son pays, ni ses lumières et son esprit judicieux et pénétrant.

Nous n'avons pas retrouvé, dans ses notes, de commentaire sur les Triades de l'*Enaid Faddeu*, mais seulement l'expression de cette opinion que, chez les anciens, l'immolation des animaux avait pour but de les rapprocher de « l'état d'humanité, » non d'apaiser la colère de la Divinité.

Nous pourrions donner, de son savoir et de son jugement, maints exemples pris au hasard dans les dissertations et les notes sans nombre qu'il a semées à travers la vaste collection de ses manuscrits. Voici un passage qui concerne, non plus les documents secrets, mais la poésie bardique :

« Les deux pièces qui sont l'ouvrage d'Aneurin, connu dans l'histoire sous le nom de Gildas, quelques poëmes et odes de Taliesin, et les élégies de Llywarch, sont de splendides monuments du génie de ce premier temps (de la première période de la littérature bardique dont on ait conservé des monuments, c'est-à-dire du VIe siècle).

« Ce n'est qu'avec hésitation qu'on peut mettre le nom de Myrddin (Merlin) le quatrième sur la liste. Ses œuvres ont été tellement interpolées dans les âges suivants, pour servir à la propagation de prophéties politiques, qu'il est difficile de dégager ce qui reste des inspirations originales de ce Barde d'entre les paraphrases qui ont dénaturé le texte primitif. . . . . . .

. . . .

Les âges suivants ont donné à Taliesin le titre de chef

des Bardes ; mais le mérite qui lui a valu cette qualification ne peut maintenant être pleinement apprécié d'après ce que nous avons conservé de lui, vu l'état de mutilation où ces restes de son œuvre nous sont parvenus ; comme certaines de ses aspirations avaient un caractère prophétique, on a adopté son nom pour donner autorité à de semblables prédictions dans les temps postérieurs. Cependant, il n'est pas besoin d'un discernement bien profond, quand on connaît les transformations opérées par degrés dans les formes de notre poésie, pour distinguer entre les productions du VIe siècle et celles du XIIe ou des siècles plus récents.

« Les restes poétiques des élégies de Llywarch Hên sont plus entiers que ceux d'aucun de ses contemporains. »

Il y a probablement plus d'un demi-siècle que ceci est écrit ; cela doit être de la dernière période de la vie d'Edward Williams, qui est mort, plus qu'octogénaire, en 1827. Il ne nous semble pas que cinquante ou soixante ans d'études et de discussions sur cette matière aient fait autre chose que de confirmer le jugement du vieux barde de Glamorgan.

On peut juger s'il est permis de ne voir en lui qu'un enthousiaste crédule, ou qu'un inventeur d'apocryphes, et cette citation étonnera sans doute plus d'un critique de l'autre côté de la Manche, où l'on parle quelquefois d'Edward Williams assez à la légère, et sans le connaître [1]. On le confond trop souvent avec certains de

1. Nous trouvons aussi dans ses notes cette opinion que le sanscrit n'est pas plus dérivé du gallois que le gallois du sanscrit, mais que tous deux sont de commune origine. Pour l'époque où il écrivait, ceci n'est pas vulgaire.

ses contemporains gallois, fort respectables par leur infatigable et fructueux dévouement aux souvenirs nationaux et littéraires de leur pays, mais fort éloignés de voir aussi clair dans ces souvenirs que le faisait Edward Williams. Celui-ci avait sur ses collaborateurs du *Myvyrian* un double avantage; il possédait les secrets bardiques par l'initiation qu'il avait reçue et par les documents dont il était dépositaire, et, d'une autre part, il appliquait à l'étude de la littérature galloise un esprit critique et historique qui se dégageait fréquemment, avec une singulière énergie, d'entre les données traditionnelles et les partis pris dont nous parlions tout à l'heure.

La noble hospitalité galloise nous a mis à même d'examiner, durant trois voyages consécutifs, la collection des *Manuscrits d'Iolo*, dans un lieu où l'on conserve, avec un pieux respect et une généreuse passion, tout ce qui se rapporte à l'esprit et à la tradition des Bretons d'outre-mer. Le caractère et l'intelligence d'Edward Williams gagnent également à être ainsi pris sur le fait à travers cette multitude de fragments jetés, au hasard de sa pensée, sur les marges ou sur les pages blanches de ces textes de diverses époques reliés en soixante et dix volumes. Rien n'est plus intéressant que de le voir discuter avec lui-même l'âge de tel document, l'authenticité de telle tradition. Il est parfois arrêté par quelque idée générale préconçue; mais, d'ordinaire, la sagacité n'est pas moindre chez lui que la sincérité. Il ne faudrait pas prendre pour son dernier mot les considérations qui accompagnent les Triades dans les *Lyric Poems;* cette publication a eu lieu en 1794, et « le vieil Iolo » a vécu jusqu'en 1827, étudiant et pensant jusqu'à la fin. Il avait projeté, ébauché une histoire des Cymrys et un dictionnaire cymrique ; on doit beaucoup regretter qu'il n'ait rien achevé ; son dictionnaire eût été certainement très-supérieur à celui d'Owen Pughe, dont il connaissait fort bien les défauts, et où l'imagination se donne beaucoup trop libre carrière.

Il serait à désirer qu'on publiât des *Remains of Iolo*, comme on a publié les *Remains of Price Carnhuanawc* (les *Souvenirs* de Price Carnhuanawc), un autre Gallois éminent, qui avait laissé des fragments et des correspondances pleins d'intérêt, outre son important ouvrage sur l'histoire du Pays de Galles (*Hanes Cymru*), publié en 1842. On trouverait là bien des vues et bien des faits utiles à l'étude des littératures celtiques.

M. Leflocq, dans l'article qui a été l'occasion de notre étude, a indiqué l'opposition entre les deux écoles bardiques de Caermarthen et de Glamorgan. Voici le résumé d'un fragment d'Edward Williams sur ce qui regarde et ces deux écoles du South-Wales et le North-Wales.

L'ancien Bardisme, suivant Edward Williams, a disparu dans le North-Wales (*Gwynedd*), depuis la première partie du xve siècle ; cela n'a point de rapport avec le prétendu massacre des bardes sous Édouard Ier, massacre qui, dit Edward Williams, « n'est rapporté par aucun de nos vieux écrivains. » Mais, vers le temps du barde Rhys le Rouge, les bardes de North-Wales furent réduits au silence et persécutés (après la mort d'Owen Glyndwr en 1415, et l'étouffement de la dernière insurrection nationale galloise).

Vers le milieu du xve siècle, à la suite d'un *Eistedd-*

fod tenu à Caermarthen, avec l'approbation du gouvernement du roi Henri VI, Davydd-ab-Edmund reporta de Caermarthen en North-Wales « des règles de poésie, je ne dirai pas de bardisme, » dit Edward Williams; c'est-à-dire qu'on reporta en North-Wales cet art poétique que M. Leflocq avait cru être tout le Bardisme, mais qu'on n'y reporta point les secrets bardiques.

Le Glamorgan, poursuit Edward Williams, fut plus heureux que le reste du pays de Galles; il ne relevait pas directement de la couronne, et ses seigneurs sanctionnèrent publiquement, deux ou trois siècles durant, les sessions bardiques de Tir-Jarll. L'esprit ancien a pu se conserver là sans obstacles, tandis qu'à Caermarthen et dans tout le reste du pays on oubliait les grandes traditions pour s'absorber dans des raffinements et des recherches subtiles de procédés de versification. « Les bardes de Glamorgan maintinrent la tradition en instituant une enquête sur les anciens systèmes de *mythologie,* gouvernement, politique, discipline, lois de poésie et principes de versification. Ils n'évitèrent pas eux-mêmes les raffinements littéraires du Nord, qui servirent, on ne peut le nier, à tirer de la langue toutes ses ressources, à raviver beaucoup de vieux mots oubliés, et à nous rendre ainsi capables de comprendre nos plus anciens écrivains, dont le sens serait perdu pour nous sans cette revivification du langage dans une époque intermédiaire. »

Ce passage, qui nous apprend beaucoup sur l'opposition des deux écoles bardiques, ne nous dit cependant pas tout. Il nous semble que l'école de Caermarthen, précisément parce qu'elle ne conserva point l'enseignement théologique et philosophique, se remit à rechercher les éléments *païens* antérieurs au christianisme et au néo-druidisme, dans une voie qui aboutit au système d'Edward Davies, l'auteur de la *Mythology and Rites of ancient british Druids and Bards*, système chimérique dans l'ensemble, mais conservateur de traditions et de faits curieux. Nous indiquons, seulement en passant, ce point sur lequel nous ne sommes pas assez éclairé, et qui mériterait une étude particulière.

Nous ne pouvons mieux terminer, en ce qui regarde Edward Williams, que par le témoignage qu'il se rend à lui-même dans une de ses notes :

« On pourra dire de moi aussi que je me suis trompé. Je n'en doute point, mais je regarderai comme une très-grande faveur que quelque lecteur sincère veuille bien me rectifier, et je puis assurer le Monde que je n'ai volontairement altéré quoi que ce fût. Je donne mes autorités telles qu'elles sont et où je les rencontre, et je mets le lecteur, autant que je puis, à même d'en penser ce qu'il lui plaît. »

Il exprime ensuite les principes les plus sévères sur les devoirs de l'historien, qui doit « donner honnêtement matière de faits plutôt que de spéculations, » et dit n'y pas manquer dans ses notes ni dans ses dissertations, soit sur la théologie et la philosophie, soit sur la discipline des Bardes, etc.

Pour reproduire les principaux documents secrets des Bardes, étudier les questions qui s'y rapportent, et raconter la vie du vieil Iolo, une des existences les plus originales qu'on puisse rencontrer, il faudrait présenter au lecteur, non plus un article de Revue, mais un volume. Nous espérons le tenter quelque jour, si nos années qui se précipitent et les éléments qui nous emportent nous en laissent la force et le temps.

Nota. — Aux documents tirés des *Barddas*, nous ajoutons ici une double citation d'autre origine, qui relie les *Barddas* à l'histoire et à la poésie galloise : 1° le Chant du Petit Monde (*Kanu y Byt Bychan*), qui fait partie du recueil de poésies bardiques intitulé : *le Livre de Taliesin ;* 2° un extrait d'un célèbre historien du XIIe siècle, Giraud le Gallois (*Giraldus Cambrensis*).

Chant du Petit Monde.

Le beau Monde j'ai chanté
Et chanterai un jour de plus.
Beaucoup je raisonne
Et je médite.
J'interrogerai les bardes du Monde,
Jusqu'à ce qu'il ait été dit
Qui soutient le Monde
(En sorte) Qu'il ne tombe dans le Vide.
Ou, si le Monde tombait,
Sur quoi tomberait-il?
Qui le soutient en équilibre?
Le Monde, comme il va se relevant,
Depuis qu'il a été précipité
Derechef dans le VIDE INFINI [1] !
Le Monde, combien il est puissant,
Qu'il ne tombe une seule fois!
Le Monde, comme c'est chose surprenante
Combien grand il s'étend sous nos pieds!
Jean, Mathieu,
Luc et Marc,
D'eux est soutenu le Monde
Par la grâce de l'Esprit.

1. *Ceugant;* la Circonférence vide.

Ce petit chant astronomique, si remarquable et si souvent cité, se relie à la cosmogonie des *Barddas* par l'allusion au *Ceugant*, au Cercle du Vide infini, d'où le Monde est issu par la descente des *Manred* dans *Annwn*, où le Monde est tombé *derechef* par l'orgueil des bienheureux, et d'où il *se relève;* et, en même temps, le chant se termine chrétiennement en représentant le Monde comme soutenu par les Quatre Évangélistes, inspirés de l'Esprit. Le passage sur le *Ceugant* était incompréhensible, avant que l'on connût les *Barddas*.

Le titre de *Petit Monde* doit être l'erreur d'un copiste, qui a interverti les titres de deux chants qui se suivent dans le Livre de Taliesin; celui que nous venons de citer devait s'appeler : le Chant du Grand Monde (*Kanu y Byt Mawr*), et l'autre, le Chant du Petit Monde, c'est-à-dire du corps humain [1].

Voici maintenant la citation de Giraud le Gallois, qui nous montre, dans la pleine réalité historique, les traditions rapportées par les *Barddas* sur les Voyants (*Gwyddoniaid*) ou Inspirés (*Awenyddion*).

« Parmi les Gallois, il existe certains hommes qu'on appelle *avendhyon*, c'est-à-dire : *conduits par l'esprit*. Quand on les interroge sur quelque chose d'obscur, on les voit soudain fré-

1. Voir le texte de ces deux chants dans la très-importante publication de M. W. Skene : *The Four Ancient Books of Wales, containing the cymric poems attributed to the Bards of the sixth century, by William F. Skene; Edinburgh, Edmonston and Douglas*; 1868, vol. II, p. 214-217. Là sont réunis tous les anciens monuments de la poésie bardique que contiennent les quatre célèbres manuscrits intitulés : le *Livre noir de Caermarthen* (ou de *Hengurt*); le *Livre d'Aneurin;* le *Livre de Taliesin*, et le *Livre Rouge de Hergest*, avec traduction anglaise du Rév. Silvan Evans, à qui nous devrons bientôt un grand dictionnaire cymrique.

missants et comme ravis hors d'eux-mêmes par l'Esprit. Ce n'est pas néanmoins sur-le-champ qu'ils donnent ce qu'on désire d'eux; mais, après beaucoup de détours et de circonlocutions, de paroles vagues, oiseuses, sans liaison, toujours ornées toutefois de figures éclatantes, le questionneur attentif saisit enfin, dans quelque phrase jetée au hasard, la réponse attendue. Ils sortent de cette extase comme d'un profond sommeil. Il faut qu'on les réveille de force pour les rendre à eux-mêmes..... C'est le plus souvent dans les visions du sommeil que leur est infusé ce don de prophétie. A quelques-uns, il semble qu'on leur met dans la bouche du lait ou du miel; à d'autres, une cédule écrite; et, aussitôt éveillés, ils annoncent publiquement qu'ils ont reçu cette grâce..... Pendant qu'ils prophétisent, ils invoquent le Dieu vivant, le Dieu de Vérité et la sainte Trinité, afin que leurs péchés ne les empêchent point de révéler la vérité. On trouve peu de ces prophètes chez d'autres peuples que chez les Bretons..... Ce fut ainsi qu'autrefois Merlin..... prédit la venue des Saxons et même celle des Normands. » *Girald. Cambrens. ap. Anglica, Hibernica, Cambrica*, etc ; *Francoforti*, 1602, in-fol., p. 892.

Les livres dépositaires des traditions religieuses et poétiques des Bardes sont appelés par les écrivains latins du moyen âge *libri exaltationis*, les livres de l'extase.

IV

En répondant aux objections de M. Leflocq, nous pensons avoir aussi répondu à celles de M. de Belloguet (*Ethnogénie gauloise*, section III, § 28). M. de Belloguet nie le *néo-druidisme*, entendant par là nier qu'il y ait eu, après l'évacuation de la Grande-Bretagne par les Romains, un réveil du druidisme *païen*, lequel aurait « prolongé son existence fort avant dans le moyen âge. » On a pu voir que ce n'est pas de cela qu'il s'agit. Nous avons indiqué le fait étrange de quelques chants bardiques d'un caractère païen vers 1400; mais le néo-druidisme est tout autre chose; les néo-druides, comme nous l'avons montré, n'entendaient point du tout être païens, et se regardaient comme de fort bons chrétiens à leur façon, tout en étant druides.

Quant à la négation de l'*authenticité* des triades publiées par Edward Williams ou Iolo (M. de Belloguet ne paraît avoir eu connaissance que de ce seul document), si l'on entend par là qu'elles ont pu être supposées par Iolo, c'est une hypothèse qui ne saurait subsister, nous ne dirons pas seulement devant l'examen des documents inédits, des écrits et des notes laissés par Iolo et que nous avons pu étudier à loisir, mais devant une étude un peu sérieuse de la partie des documents qui a été publiée. Il est de toute évidence que les triades publiées en 1794 et les autres documents publiés en 1848 et 1862 sont l'œuvre traditionnelle non d'un seul homme, mais d'une école, d'une secte, d'une association, peu importe le titre qu'on voudra lui donner. Les caractères intrinsèques ne peuvent laisser là-dessus aucun doute à quiconque a pratiqué la philosophie et l'histoire[1].

Aussi le débat digne d'intérêt n'est-il pas sur la question d'*authenticité*, mais bien sur un autre point qui n'a pas échappé à M. de Belloguet, à savoir : si les doctrines bardiques proviennent réellement du druidisme, nous ne dirons pas *exclusivement*, comme fait

1. Nous reviendrons sur ce qui concerne ces documents lorsque nous publierons la biographie d'Iolo.

M. de Belloguet, mais dans ce qu'elles ont d'entièrement différent de la philosophie scolastique et de l'enseignement orthodoxe du moyen âge. En d'autres termes, les néo-druides procèdent-ils réellement de l'ancien druidisme, ou ne sont-ils que les disciples d'une secte chrétienne hétérodoxe quelconque?

Le savant auteur de la *Littérature des Cymrys*, M. Thomas Stephens, s'est préoccupé de cette question et a fait des recherches à cet égard dans l'histoire des hérésies du moyen âge. Nous avons été là-dessus en correspondance. Les rapprochements curieux qu'il a rencontrés dans la grande hérésie manichéenne, des Cathares ou Albigeois, ne portent pas sur le fond des choses. L'esprit du bardisme est tout à fait différent et même opposé. Il y a peut-être plus à trouver, comme point de comparaison, dans une autre source où M. Stephens a cherché également, dans la Kabbale ou philosophie mystique des juifs, relativement aux *Mystères du Nom divin;* mais, comme nous n'avons pas le *secret oral* des Bardes, on n'arriverait, sur ce point, qu'à des résultats incomplets, et ce n'est pas là, d'ailleurs, mais dans ce qui regarde les destinées de l'âme humaine et la série des existences, qu'est l'essentiel de la doctrine bardique.

Il faut donc écarter les hérésies chrétiennes du moyen âge. Un écrivain et professeur français, qui a conquis un juste renom par d'importants travaux sur l'histoire religieuse, M. Michel Nicolas, est remonté plus haut, jusqu'aux sectes chrétiennes des premiers siècles, et là il a rencontré, ce qu'on ne trouvait pas au moyen âge, des concordances tellement considérables, qu'il a cru pouvoir démontrer que le néo-druidisme provenait, non pas de la vieille Gaule, mais d'Alexandrie, et que les bardes du moyen âge étaient des disciples d'Origène. Cette thèse est sérieuse, la seule sérieuse qu'on ait posée contre l'origine druidique du bardisme. Il n'est pas douteux que l'école d'Alexandrie n'ait pénétré en Irlande et en Galles ; que les docteurs *scotts* ou irlandais qui firent grande figure dans la Gaule franque, au temps de Charlemagne et de ses successeurs, et, parmi eux, l'illustre Jean Scott Érigène, n'aient été imbus des traditions alexandrines. Et quant à nos Bardes, comme nous en avons fait l'observation plus haut, si l'on lisait isolément le *Rôl Cof a Chyfrif*, on pourrait les croire origénistes.

M. Michel Nicolas a fait ressortir avec beaucoup de force, dans un remarquable article de la *Revue de théologie* (Strasbourg, juillet-août 1868), les analogies, qu'il a considérées comme une identité, entre le grand docteur d'Alexandrie et les rédacteurs des *Barddas*, à l'élévation morale et métaphysique desquels il rend pleine justice. Il a un peu exagéré ces analogies, par suite d'une erreur sur l'interprétation de la treizième triade. Il a cru qu'Annwn (l'Abîme) n'était qu'un mode d'existence de l'âme et non « la région de la matière inanimée, » et il a pensé que « tomber dans Annwn » signifiait déchoir jusqu'à l'état des démons, ce qui serait conforme à la doctrine d'Origène.

Il n'y a point de démons dans le bardisme. Annwn est bien, comme le montre l'ensemble des documents, la région de la matière passive et morte, au fond de laquelle retombe l'âme qui a voulu, par orgueil, se faire dieu, et qui est précipitée au-dessous de l'animalité jusqu'au plus bas degré de l'être.

Mais il y a entre l'origénisme et le bardisme deux différences, ou plutôt deux oppositions bien autrement radicales, et qui ne permettent pas d'admettre que celui-ci soit dérivé de l'autre. La première de ces oppositions, nous l'avons montrée plus haut. Origène, après Platon, suppose l'homme créé dans la lumière et dans la perfection, d'où il est tombé par sa faute ; il en fait un ange déchu. Le bardisme enseigne, au contraire, que tout être a été créé au plus bas degré de l'existence, d'où il s'est élevé progressivement, puis est retombé par sa faute.

La seconde opposition est plus capitale encore, s'il est possible, et elle est tout à l'avantage du bardisme. « Dieu, dit Origène, ayant été la cause de ce qui devait être créé, et n'ayant en lui ni variété, ni changement, a créé égaux et semblables tous ceux qu'il avait à créer ; car il n'y avait en lui aucune cause de variété ou de diversité [1]. »

Ainsi, dans le monde primitif d'Origène, tous les êtres étaient identiques et indistincts. C'est par le péché que s'introduit dans le monde la diversité, qui n'est qu'une dégénérescence.

La doctrine bardique est absolument contraire à cette conception. Pour elle, tout être a été créé avec un *awen* propre, terme dont l'extrême énergie ne peut se rendre exactement par aucune traduction, mais qui exprime une individualité distinguant essentiellement chaque être de tous les autres. « Dieu, dit la trente-quatrième triade, a donné à tout être vivant la distinc-

1. Périarchon, II, 9, cité par Jean Reynaud, *Études encyclopédiques*, t. II, p. 71.

tion complète de son individualité et l'originalité de son awen *primitif* par rapport à tout autre [1]. »

« Il n'est pas possible, dit la trente-septième triade, que deux êtres soient identiques à tous égards; il y aura plénitude pour chacun (dans le ciel) en ce qui concerne sa prééminence (le caractère particulier qui domine en lui) [2]. »

Ainsi, pour les Bardes, la perfection consiste dans le plus grand développement possible de l'individualité, dans la distinction la plus complète possible entre un être et tout autre être. Pour Origène, la perfection serait, au contraire, l'identification universelle.

La doctrine d'Origène, dans ses conséquences logiques, bien que son auteur ne les ait pas tirées, tend au panthéisme brahmanique, c'est-à-dire au retour à l'unité d'où les êtres divers sont sortis. La doctrine des Bardes est, au contraire, le plus énergique individualisme qui ait jamais été. Elle est bien, sous ce rapport, la doctrine nationale des compatriotes de Pélage, si, quant à la transmigration, elle s'accorde avec Origène.

Notre conclusion est que, le fond de la doctrine bardique reposant sur des principes différents de ceux d'Origène, les éléments de cette doctrine préexistaient à l'origénisme; selon nous, l'origénisme n'a pénétré chez les Bardes et n'a exercé chez eux une certaine influence que parce que, seul entre les sectes chrétiennes, il leur présentait, sur les destinées de l'âme et la série des existences, un système analogue à celui que Gallois et Irlandais tenaient de leurs pères les Celtes.

1. *Gwahander pen ei hûn, a bannogueth awen gysefin rhag arall.*
2. *Nis gellir dau'n bod yn ungyfin y mhob peth; gan y bydd cyflawn pob un yn ybo bannog arno.*

Un des motifs, et le principal sans doute, qui porte M. de Belloguet et M. Michel Nicolas à nier l'origine druidique du bardisme, est qu'ils nient tous deux que les anciens druides aient admis la transmigration des âmes. Nous croyons qu'ils sont dans l'erreur à cet égard, et que M. Michel Nicolas méconnaît l'antiquité et la vaste extension de la doctrine de la transmigration, en ne la faisant naître que dans le brahmanisme. Elle est, pour nous, le legs fait aux Aryas par une civilisation bien plus ancienne, qui a, d'une part, modifié les Aryas védiques après leur conquête de l'Inde, et, de l'autre part, agi sur nos Celtes primitifs dans des temps et dans des conditions qui nous sont inconnus. Cette civilisation primitive, qui s'est déployée depuis l'Inde jusqu'à l'Égypte et jusqu'aux mers de la Grèce, était celle des Chamites et Couschites de la Bible. Nous ne ferons qu'indiquer ici ce point de vue, qui demanderait des développements beaucoup trop étendus, et qui nécessiterait un exposé des travaux du baron d'Eckstein, une analyse de ce qu'on connaît du *Livre des Morts* de l'Égypte, une étude des recherches publiées à diverses époques sur l'antique symbole cosmogonique du serpent, etc.

Pour nous borner à ce qui regarde les peuples celtiques, nous avons déjà rappelé dans ce volume que les traditions relatives à la transmigration des âmes ne sont nullement particulières aux bardes gallois, et que, si elles se trouvent à l'état théologique et métaphysique dans les *Barddas*, et à l'état mythique dans les poésies bardiques galloises, elles se rencontrent aussi à l'état mythique, ainsi qu'à l'état de légendes et de croyances populaires, en Irlande et dans les autres pays celtiques.

Elles s'y mêlent aux souvenirs les plus anciens de ces peuples, et tout porte à croire qu'elles y sont de temps immémorial et proviennent du fond national primitif. Des restes de ces croyances populaires subsistent aujourd'hui même, et nous pourrions citer à ce sujet d'étranges récits qui, à notre connaissance personnelle, ont cours encore, à l'heure qu'il est, parmi les paysans et les mineurs gallois.

La doctrine bardique, ou le néo-druidisme, comme le montrent les documents que nous avons reproduits ci-dessus, admet que l'homme doit s'élever à un ordre d'existence où il recouvre la mémoire de toutes ses existences passées et ne meurt plus; mais, jusqu'à ce qu'il ait atteint ce monde de lumière, l'homme peut retomber, par sa faute, dans des existences inférieures où sa mémoire est pour un temps interrompue. La croyance à la perte momentanée de la mémoire est nécessairement liée à celle de la préexistence, puisque, dans la vie actuelle, nous ne nous souvenons pas de notre passé, si nous avons un passé antérieur à cette vie. Cette croyance à la perte de la mémoire ne se relie pas, avec la même nécessité, à la croyance à la rechute dans des existences animales ou même inorganiques, commune au néo-druidisme avec le brahmanisme et le bouddhisme. On peut très-bien admettre que l'être parvenu à l'état de libre arbitre, de conscience réfléchie, ne retombe plus dans l'état inconscient de l'animalité, et qu'il ne renaisse plus que dans la condition humaine, avec les innéités résultant de son passé, quoiqu'il n'en ait pas la mémoire distincte. Nous ne croyons pas cependant que les Gaulois soient arrivés jusque-là, et nous croyons qu'ils ne se sont pas dégagés de la doctrine de la métempsycose telle qu'elle a dominé dans l'antiquité. Les légendes et les superstitions populaires galloises, irlandaises, bretonnes, sont d'accord là-dessus avec les *Barddas*.

M. de Belloguet et, avant lui, notre grand critique Fréret ont opposé à l'opinion que les Gaulois admettaient la métempsycose avec perte de mémoire après la mort, les usages si connus par lesquels les Gaulois mouraient avec leurs amis pour les retrouver dans l'autre monde, confiaient des lettres aux mourants pour les morts, et se prêtaient de l'argent à rembourser dans l'autre vie. Ces usages prouvaient seulement que ceux qui les pratiquaient avaient, les uns dans les autres, ce genre de confiance qu'ont les chrétiens qui, au lit de mort, donnent rendez-vous dans le ciel aux objets de leurs affections. Ceux-ci savent pourtant bien que leur religion admet un purgatoire et un enfer, de même que les Gaulois croyaient, selon notre opinion, qu'on pouvait retomber, si on l'avait mérité, dans des existences sans mémoire. Si cette observation ne paraît pas suffisante, en voici une autre plus décisive. L'Indienne qui se brûle sur le bûcher de son mari ne croit sans doute pas renaître la femme « d'un chien ou d'un loup, » pour employer les expressions de M. de Belloguet ; et cependant, M. de Belloguet, qui connaît comme nous la loi de l'Inde brahmanique, la loi de Manou, sait très-bien que cette loi condamne le méchant à renaître loup, tigre, etc., et entre, en ce qui regarde la métempsycose, dans des détails bien autrement précis et minutieux que ne font les *Barddas*. Nous doutons que cet exemple laisse rien à répliquer.

IX

LE NORD SCANDINAVE

(NOTES DE VOYAGE)

(1869)

I

La Suède.

Le Congrès anthropologique et archéologique de Copenhague devait s'ouvrir le 27 août 1869. Nous touchions au 15. Le délai était court pour ajouter un autre voyage au voyage de Danemark; mais, grâce aux chemins de fer, l'impossible d'hier est devenu le facile d'aujourd'hui. En employant bien le temps, il y avait moyen de pousser jusqu'à Stockholm et d'entrevoir tout au moins cette Suède qui m'intéressait tant de loin, et que je ne connaissais que par les livres.

Je pars le 15. Débuts peu encourageants. Un voile

gris sur la Belgique et l'Allemagne. Un ciel de novembre, quand novembre tourne au froid et au sombre. Tout semble enveloppé dans la fumée des usines des villes industrielles de la Westphalie. C'est à rendre injuste envers une contrée qui offre cependant des parties pittoresques, par exemple la belle vallée du Weser avec ses longues chaînes de grandes collines boisées. Le même ciel obscur pèse sur les vastes plaines de la basse Saxe, tantôt champs fertiles, tantôt landes et bruyères. Arrivé au bord de l'Elbe, le soir, il faut exécuter une opération compliquée et rapide, si l'on ne veut perdre vingt-quatre heures : s'embarquer sur l'Elbe à Harbourg, descendre à Altona, courir prendre le chemin de fer pour Kiel, et se rembarquer à Kiel, sur la Baltique, pour l'île de Sjœland, la principale des îles danoises.

Après une assez mauvaise traversée de sept à huit heures, débarquement au port danois de Korsœr, où l'on prend le chemin de fer qui traverse l'île de Sjœland jusqu'à Copenhague. A peine installé dans le vagon, j'aperçois sur le bord de la route un cercle de pierres, (*cromlech*) et bon nombre de tumulus. Tous les environs de Korsœr sont remplis de ces monuments et semblent une grande nécropole des anciens peuples de la Scandinavie. C'était d'heureux présage pour un membre du congrès d'archéologie, et une manière toute de circonstance, pour la Scandinavie, de souhaiter la bienvenue à son hôte. Le soleil se mit de la partie et ne m'a plus quitté durant tout mon séjour dans les régions scandinaves. J'avais laissé le brouillard sur l'Europe centrale pour retrouver dans le nord la lumière du midi.

De Korsœr à Copenhague, le pays est fertile, mais peu accidenté et assez uniforme, sauf quelques bois de hêtres qui annoncent la végétation magnifique de certaines autres parties de l'île, et de gracieux petits lacs entre lesquels on arrive à la gare de Copenhague.

Les masses de verdure et les fraîches eaux des beaux jardins qu'on a dessinés sur les terre-pleins et les boulevards des anciennes fortifications annoncent heureusement Copenhague, jolie ville de 180,000 âmes qui ne dément pas cette riante entrée. Ce n'est pas une cité monumentale; elle n'offre qu'un seul édifice vraiment original, la vieille Bourse, avec son clocher en bois, formé par quatre dragons dont les queues entrelacées montent en flèche vers le ciel; mais, si la grande architecture manque, les aspects sont partout agréables et pittoresques; partout de l'air et de l'eau, de l'espace et de la verdure, du mouvement et de la vie; la navigation au cœur même de la cité; une population active, aux physionomies ouvertes, intelligentes et bienveillantes. On se sent là dans un milieu où il est bon de vivre.

Je m'y arrêtai cependant à peine, y devant bientôt revenir, et je franchis le Sund pour entrer en Suède.

Ce fameux détroit, entre Copenhague et Malmœ, est à peu près aussi large que le Pas de-Calais, mais la mer y connaît peu les violences de notre détroit de Gaule. Elle n'a point ces terribles courants et contre-courants qui s'entre-heurtent sans cesse de la mer du Nord et de la Manche. Quatre fois j'ai passé et repassé le Sund paisible et brillant comme un beau lac.

La première province suédoise, la Scanie ou Scandinavie proprement dite, ressemble beaucoup plus au

Danemark qu'au reste de la Suède. On y achevait la moisson ; le climat n'est pas rigoureux dans ces plaines abondantes en grains. Dans l'est de la Scanie, le nom de Cimbrishamn rappelle les anciens Cimbres, frères des Gaulois, qui ont occupé la Suède, et probablement la Norvége, comme le Danemark, et que je crois y avoir laissé de nombreux vestiges.

A quelques lieues en mer et au sud-est de Cimbrishamn, est l'île de Bornholm, autrefois Borgundar-Holm, c'est-à-dire l'île des Burgundes ou des Bourguignons, un des séjours de ce peuple germanique qui est venu, avec les Francs, s'établir dans notre Gaule.

Au nord de la ville commerçante de Malmœ, la première station sur la route de Stockholm est la ville universitaire de Lund, un des foyers du mouvement scandinaviste, remarquable par sa belle cathédrale du treizième siècle, dont la crypte est digne d'être comparée à celle de Chartres, par sa vaste et riche bibliothèque, et par ses collections paléontologiques et archéologiques. C'est le séjour du doyen de la science du nord, le vénérable professeur Nilsson, dont le bel ouvrage sur les habitants primitifs de la Scandinavie vient d'être traduit en français au grand profit de la science européenne, peu familière avec la langue suédoise.

Dès qu'on a mis le pied dans les pays scandinaves, on observe une particularité qui frappe davantage à mesure qu'on monte vers le nord ; la langue devient plus sonore que dans les régions germaniques ; elle s'est moins contractée, elle a gardé plus de voyelles. Rien qu'à lire, inscrits sur les gares, les noms des villes et des bourgades, ces beaux noms de Dylta, d'Arboga, de Nora, de Mohéda, d'Alfvesta, on ne se sent plus dans le monde teutonique moderne, mais dans un monde ancien et primitif; l'homme qui a étudié les origines se sent comme transporté près du berceau commun de notre race, dans le voisinage des vieux Aryas de l'Inde et de la Bactriane.

Quand on passe de la Scanie dans le Gothland, l'ancienne terre des Goths, l'aspect du sol change. Les cultures deviennent plus rares; les bois, les landes, les étangs, les lacs, envahissent; le pittoresque gagne aux dépens de la fertilité; puis le pittoresque lui-même diminue par l'uniformité; à la végétation variée succède une alternative continue de bois de pins, de sapins et de bouleaux, et de vastes landes marécageuses analogues aux bogs d'Irlande; les grands étangs raniment de temps à autre le paysage, jusqu'à ce que l'arrivée à Jœnkœping vous arrache un cri d'admiration devant le magnifique lac Wettern, si vaste que vous ne voyez plus de rivage à l'horizon, et que vous croyez retrouver devant vous l'océan.

Après qu'on a quitté les beaux rivages du lac Wettern, recommencent les pins et les sapins, les bouleaux et les bruyères, durant des milles et des milles, non pas des milles anglais, mais des milles de sept kilomètres. On croit avoir dit adieu à toute végétation moins boréale et quasi à toute culture, et c'est avec une agréable surprise qu'on retrouve tout à coup une terre noire, féconde en céréales, et notre chêne de Gaule, et le hêtre de Danemark, et les aulnes à la fraîche verdure, et les vigoureux érables du nord. On est au cœur de la Suède, de la terre que la belle et pure race des Suédois proprement dits, les *Suiones* de Tacite, occupaient déjà au premier siècle de l'ère chrétienne, et l'on entre bientôt à Stockholm.

La première impression que causent au voyageur Stockholm et ses environs, visités dans la saison d'été, est un étonnement qui n'est certes pas un désappointement; le nom de cette capitale du nord, pour nous autres habitants des régions centrales ou méridionales de l'Europe, éveille l'idée de quelque chose d'austère et de rigoureux; nous pensons aux longs hivers, aux longues nuits, aux familles qui lisent la Bible autour du poêle, sous le toit encombré de neige. Et nous trouvons une ville charmante, la verdure et les fleurs, et les grands chênes aux bords des eaux, et un peuple joyeux, vivant en plein air et se répandant au loin dans les chalets, parmi les bois, sur les rives des lacs bleus inondés de lumière.

C'est que les étés du nord, s'ils sont courts, sont splendides, et que, plus la vie est comprimée pendant les trois quarts de l'année, plus vivement elle s'épanche et s'épanouit pendant les trois mois où le soleil ne se couche guère et où la végétation croît à vue d'œil. On vit double et triple dans cette saison; ces populations, dont le fond est toujours jeune et nullement triste, font provision de joie pour tout le reste de l'année.

Quand on a vu Stockholm, on ne peut plus dire qu'Edimbourg soit sans rivale en Occident pour l'originalité du site et le pittoresque de la physionomie. Vaste et grandiose avec une médiocre population (140,000 âmes à peine), qui se déploie à l'aise dans un large espace, Stockholm change d'aspect à chaque pas.

Ses bras de mer et sa tête de lac, qui pénètrent au cœur de la ville, ses îles grandes et petites, ses collines chargées d'habitations et de jardins, en font une cité vraiment unique. Il est peu de vues comparables à celles de Mosebacke, la hauteur d'où l'on embrasse l'ensemble de la ville et des environs, et il n'est pas de promenade publique qui ressemble au Djurgarden, œuvre de la nature bien plus que de l'art, séjour inspirateur de ce poëte et musicien national Bellman, dont la vive et libre fantaisie semblait animer le nord de tous les feux du midi.

Stockholm a de commun avec Paris d'avoir débuté par une île centrale, une petite cité, d'où elle a rayonné au nord et au sud. Staden, où se trouvent le vaste mais moderne palais des rois, et l'ancien palais de l'ordre équestre, est sa *Cité*, et Riddare-Holmen, l'île des nobles ou des chevaliers, est son île Saint-Louis. L'église de Riddare-Holmen est le Saint-Denis des rois et des grands hommes de la Suède. Là reposent, à l'ombre des drapeaux conquis sur la Russie et l'Autriche, Gustave-Adolphe et Charles XII, et, près d'eux, Baner et Torstenson, ces illustres compagnons d'armes de nos Guébriant et de nos Turenne.

Un des traits caractéristiques de Stockholm, ce sont les statues de rois élevées sur toutes les places, et qui, pour ainsi dire, écrivent là en bronze toutes les phases heureuses ou malheureuses de l'histoire suédoise. J'avais eu bonne chance : c'était Gustave-Adolphe que j'avais devant ma fenêtre, le meilleur des héros, la grande épée qui n'a vaincu que pour la justice et la civilisation.

Dans l'île de Staden est Gustave Wasa, qui renversa

le despote danois Christiern II; sa statue fut élevée, au siècle dernier, par une souscription de la noblesse. Sur une des places de la rive nord est la statue de Charles XII, récemment érigée par une souscription populaire. Ce héros téméraire et malheureux, qui attira tant de maux sur la Suède, est resté cher au peuple, qui le juge sur l'intention et non sur le succès. Le vaincu de Pultawa est debout, le bras étendu vers la Russie, comme faisant appel à cette Europe pour laquelle il a combattu et qui l'a laissé périr.

La variété, l'imprévu, sont surtout le caractère des environs de Stockholm, qui ne sont plus la plaine boisée et marécageuse, comme dans le Gothland, et qui ne sont pas encore la montagne, comme en Dalécarlie, mais qui sont le mélange, sous mille formes et avec mille accidents, des collines, des bois et des grandes eaux. A droite, en allant vers la Baltique, on ne voit qu'îles et presqu'îles de toutes dimensions, bras de mer, tantôt larges comme des baies, tantôt se rétrécissant jusqu'à livrer à peine le passage aux bateaux à vapeur entre les épais ombrages des deux rives.

Le bras principal mène à Waxholm, la seule position militaire qui protége aujourd'hui Stockholm contre la Russie, restée maîtresse de ces îles d'Aland, qu'on a fait la faute de ne pas rendre à la Suède lors de la guerre de Crimée. L'un des petits bras m'a mené à Dalarœ̈, jolie station de bains de mer enveloppée de grands bois de pins, visiter le doyen vénéré de la presse et de la tribune suédoise, M. Hierta, qui, depuis quarante ans, n'a cessé de guider sa patrie dans la route du progrès et de la liberté.

Nous disions le doyen, nous devions dire le créateur

de la presse, car elle n'existait véritablement point avant qu'il eût créé l'*Aftonbladet*, qu'il a si longtemps et si fermement dirigé, et qui est encore aujourd'hui, avec M. le docteur Sohlman, l'organe des sentiments nationaux. La presse libre a été dure à enfanter, dans le Nord comme ailleurs. Durant les premiers temps, il ne s'est agi de rien moins, pour M. Hierta, que d'une condamnation à mort pour lèse-majesté. Chose curieuse, là comme en Angleterre, les vieilles lois qui renfermaient de telles menaces n'ont pas encore été supprimées, mais on est aujourd'hui fort rassuré sur leur exécution.

Sur un autre bras de mer, au nord de Stockholm, est la résidence favorite du roi pendant l'été, Ulriksdal, remarquable, non par son architecture fort simple, mais par la beauté de ses ombrages, le charme de sa situation et la collection d'objets d'art et de meubles anciens qu'a formée avec un goût exquis le roi Charles XV. Ce prince, plus que connaisseur en matière d'art et de littérature, poëte, peintre, écrivain militaire, est un juste appréciateur de l'importance des traditions et des antiquités nationales, qui, dans la Scandinavie plus que partout ailleurs, sont un auxiliaire indispensable de l'esprit de nationalité.

A l'ouest de Stockholm, les bras de mer sont remplacés par les eaux douces du lac Mælar, le plus étrange lac du monde, dédale immense de golfes et d'îles, d'étroits canaux et de larges baies, et dont il est partout impossible d'apprécier la forme générale ou de mesurer l'étendue. Il ne compte pas moins de treize cents îles. Il y en a qui ne sont qu'un rocher avec quelques arbres; il y en a de sept ou huit lieues de long.

Au fond d'une des baies les plus accidentées et les plus charmantes, est la Bourgade de Marie-Fred, aux maisons d'un rouge éclatant, se détachant sur les masses vertes des énormes érables et des grands chênes. Ces maisons de bois, peintes en rouge vif, un rouge minéral emprunté aux mines de cuivre de la Dalécarlie, doivent trancher encore plus vivement sur la neige l'hiver que sur la verdure l'été, et égayer la sévérité du paysage. La Suède est le pays de la *maison rouge*, comme le Danemark et le pays de Galles sont les régions de la *maison blanche*.

Au-dessus de Marie-Fred s'élèvent les tours de Grippsholm, le château de Gustave Wasa. Dans la cour sont deux énormes canons à figures d'animaux fantastiques, conquis sur Ivan le Terrible par notre La Gardie, ce vaillant aventurier français dont le fils fut le maître de stratégie de Gustave-Adolphe. Les salles du château contiennent une des plus nombreuses collections de portraits historiques qui existent; elle mériterait à elle seule le voyage.

Il y a là un admirable portrait de Cromwell, qui n'a peut-être pas son pareil en Angleterre. On ne peut détacher ses regards de ce noble visage et de cet œil fier et profond, animé d'une volonté inflexible et d'une foi à transporter les montagnes.

Il faut citer encore les images de deux Suédois célèbres à des titres bien divers : la bonne et sereine et harmonieuse figure du grand naturaliste Linné, et la physionomie singulière et frappante du mystique Swedenborg, à l'œil brillant et illuminé, mais ferme et perçant, et nullement rêveur ni vague; ceci est du reste en rapport avec la nature de ses conceptions, qui tranchent par leur précision méthodique sur celles de la plupart des mystiques.

La salle des souverains du dix-huitième siècle est aussi d'un grand intérêt. Il y a là trois excellents portraits du grand Frédéric, de Catherine II et de Stanislas-Auguste (Poniatowski). Le roi de Pologne, avec son élégant aspect, ses beaux traits et sa physionomie indécise, inquiète et troublée, a l'air d'un paon sans défense entre deux faucons.

La grande ligne de fer de la Suède se termine, quant à présent, vers le nord, à Upsal, la vieille capitale de la Suède avant Stockholm, et aujourd'hui le siége de la principale université suédoise. La vaste cathédrale ogivale a été construite sur les plans d'un de nos architectes français de la fin du treizième siècle, et renferme les tombeaux de Gustave Wasa, d'Oxenstiern, le ministre et le continuateur de la politique de Gustave-Adolphe, et de Linné, un des plus grands initiateurs des sciences de la nature.

Auprès d'Upsal s'élèvent trois tumulus hauts comme les plus grands de notre Gaule et de la Grande-Bretagne. On les appelle vulgairement les tombeaux d'Odin, de Thor et de Balder, les trois grands dieux de la mythologie scandinave. Ce sont bien du moins des monuments typiques de la vieille Scandinavie. Les rois morts étaient ensevelis dans la profondeur de ces tertres; les rois vivants parlaient au peuple du haut de leur sommet.

Si la nature, en Suède, m'avait frappé et charmé, les hommes m'intéressaient encore davantage; la nature est le cadre, les hommes sont le tableau. Grâce à l'hospitalité suédoise et aux dispositions sympathiques envers la France et les Français, j'ai pu, dans un bien court séjour, entrer plus avant dans la société de Stockholm, et toucher à plus de personnes et à plus d'idées que je ne l'avais espéré.

Le trait le plus saillant, pour tout Français qui visite les pays scandinaves, est celui-ci : qu'il se sent plus près de chez lui, sur les bords du Sund ou du lac Mælar, que sur la rive droite du Rhin, et qu'il rencontre bien plus de rapports dans les caractères, les manières, le mouvement d'esprit, la façon de sentir et d'exprimer ce qu'on sent, entre les hommes de l'extrême Nord et ses compatriotes, qu'entre les Français et leurs proches voisins les Allemands.

Cela tient-il à ce que, dans les manières et dans les sentiments comme dans la langue, les Scandinaves sont restés plus près du caractère primitif de nos communs ancêtres, tandis que l'Allemagne, en développant son génie particulier et en se concentrant sur elle-même, se modifiait davantage et s'éloignait du type commun? Quant à nous, malgré la mobilité qu'on nous reproche et qui ne porte que sur les choses de surface, nous avons au fond moins changé depuis deux mille ans qu'on ne l'imagine d'ordinaire.

Ne pouvant en quelques jours visiter dans leur ensemble les établissements d'enseignement et de science, nombreux dans cette capitale si lettrée, je me bornai à trois objets : la bibliothèque royale, riche en précieux manuscrits, et dont un des conservateurs était un de mes nouveaux amis, un des hommes les plus distingués de la Suède, M. Wieselgren, fondateur de l'excellente Revue illustrée de Stockholm ; puis le musée archéologique et la principale école primaire. Le musée archéologique de Stockholm, supérieurement organisé et classé par M. Hildebrand, était pour moi comme la préface de ce grand musée de Copenhague, qui allait être le centre d'études du congrès.

Le musée de Stockholm me présentait un haut intérêt, précisément parce qu'il est exclusivement suédois et offre la série complète et sans mélange des découvertes opérées dans cette région. Il en ressort divers points essentiels : pas d'antiquités du vieil âge de pierre; rien d'antérieur à l'âge relativement moderne de la pierre polie, qui touche de si près à celui des premiers métaux et s'y confond presque ; ce qui indique que la Suède était inhabitée longtemps après que l'homme eut paru dans notre Gaule. Autre fait bien constaté : l'âge du fer, qui correspond à l'arrivée en Suède des Scandinaves, Goths et Suédois, a un art original, un goût et un style ornemental qui n'est pas une imitation de l'art de Rome ou de Byzance.

Du passé à l'avenir ; du musée archéologique à l'école primaire. La grande école que je visitai est sous la direction immédiate de M. Meyerbeer, le régénérateur de l'enseignement populaire en Suède, homme d'un zèle et d'un dévouement qui l'ont fait appeler un Vincent de Paul laïque. La place me manque pour décrire tout ce que j'ai vu et qui confirme pleinement le témoignage rendu récemment sur ce sujet par la *Revue française de l'instruction publique*. C'est la perfection même de l'instruction primaire, et il est impossible d'aller plus loin.

On enseigne là tout ce qu'il est nécessaire de savoir pour être un homme ; je dis un homme dans le sens général du mot, un *être humain* ; car les deux sexes reçoivent ensemble l'instruction, et la reçoivent d'*institutrices*, selon la méthode américaine, et avec le même succès qu'en Amérique. L'ordre le plus parfait règne dans ces écoles, sous cette direction féminine, plus douce et plus habile que celle des hommes.

Ce qui frappe avant tout quand on entre dans ces vastes salles bien aérées, bien éclairées, c'est la bonne humeur sur tous les visages ; on a résolu là le grand secret : l'enfant se plaît à apprendre ; on lui a rendu l'étude attrayante, et cette étude va aussi loin que possible dans l'histoire, la géographie, les notions élémentaires des sciences, et en général toutes les connaissances utiles à tous.

Un garçon de douze ans, au premier mot, nous a dessiné plus exactement la carte de France que bien des hommes de vingt ans ne sauraient le faire chez nous. Une petite fille nous a expliqué la machine à vapeur. Le chant en chœur et les récréations mouvementées et fréquentes sont deux des ressorts capitaux de cette excellente organisation. Un seul exercice n'est pas commun aux deux sexes ; celui-là n'est pas gouverné par de jeunes filles, mais par des officiers de l'armée : c'est l'exercice militaire, auquel les garçons se livrent avec la même ardeur que chez nos voisins les Suisses. C'est là le complément nécessaire de toute éducation virile ; il n'y a de peuple libre que celui chez lequel chacun est capable de défendre les libertés publiques et l'indépendance de la patrie.

L'instruction publique en Suède est dirigée par un ministre éclairé et zélé, et le régime des écoles de Stockholm a été décrété pour tout le royaume ; mais il faudra quelque temps pour en rendre l'application générale. Dans ce vaste pays aux populations disséminées, les choses ne peuvent aller aussi vite que dans le petit Danemark, où tout s'est si rapidement renouvelé.

La Suède à son tour est dans une phase de renouvellement ; celui du Danemark a été brusque ; la Suède s'est engagée dans une transition plus lente, quoique allant au même but.

Le Danemark a passé soudainement de la monarchie absolue à ce qu'on pourrait appeler une démocratie royale. La Suède avance peu à peu. Ce n'est que d'hier (1865) qu'elle a mis fin à son vieux régime des quatre ordres, clergé (luthérien), noblesse, bourgeois et paysans, et qu'elle l'a remplacé par le régime parlementaire des deux chambres, régime où existe encore un cens électoral pour les deux chambres et un cens d'éligibilité pour le sénat, mais plus de distinction fondée sur la naissance.

La noblesse suédoise a eu sa nuit du 4 août. Cette grande salle de la maison de l'ordre équestre (*Riddarhuset*) où figurent les blasons de toutes les familles qui avaient droit de vote dans la chambre nobiliaire, a vu la noblesse renoncer à ses priviléges et donner son consentement à la constitution nouvelle. Mais *la nuit du 4 août* suédoise n'a pas été suivie, comme la nôtre, d'un retour en arrière et d'une émigration. Il peut bien, après un tel acte, subsister des dissidences, des tiraillements entre les classes de la société, mais non pas les terribles haines de notre Révolution.

Il en est de même quant à la royauté. Il existe un parti en arrière et un parti en avant du gouvernement. Dans le parti avancé, on a des opinions démocratiques, même des idées républicaines ; mais, dans la pratique, les luttes actuelles ne sauraient avoir une grande violence. Il n'y a point d'abîme entre les opinions, encore moins entre les personnes. La royauté, en général, garde de la popularité dans les souvenirs nationaux, et le roi est personnellement populaire ; et puis la nation sent que c'est sous cette forme que s'accomplira une grande phase, nécessaire et prochaine peut-être, de la destinée des peuples scandinaves.

Les institutions politiques présentent de singulières anomalies. L'abolition des priviléges nobiliaires n'a été obtenue qu'au prix d'étranges concessions faites à l'aristocratie d'argent. Ainsi, dans les élections municipales et provinciales, élections d'où sortent au second degré les élections sénatoriales, quiconque a un revenu de 400 rixdales (un peu moins de 600 francs) est électeur, et celui qui a le double de revenu a deux voix, et ainsi à proportion, en sorte qu'une seule personne peut avoir des centaines de voix. Pour l'élection de la chambre des députés, s'il y a un cens, du moins chacun n'a que sa voix. Cette législation électorale n'est pas destinée sans doute à une longue durée, et les luttes politiques des grands propriétaires avec les paysans, c'est-à-dire avec les petits propriétaires électeurs, pourront bien contribuer à amener le vote universel.

Le pays s'était un peu trop assoupi depuis 1815 ; il n'avait pas assez suivi, à plus d'un égard, le mouvement accéléré de l'Europe contemporaine. L'organisation des forces nationales n'est pas suffisante. En 1864, ce n'est pas seulement le déplorable abandon des puissances d'Occident qui a empêché la Suède de secourir le Danemark. Elle n'était pas en mesure de faire, dans la proportion de ses ressources, un effort sérieux qui pût agir sur l'opinion européenne. Et cette impuissance explique l'opposition des ministres, en ces tristes moments, aux tendances scandinaves du roi.

Les néo-libéraux, préoccupés surtout de la liberté, et ce n'est pas nous qui leur en ferons un crime, et les représentants de ce qu'on appelle le parti des paysans, préoccupés surtout d'économie, feront bien d'accepter les nécessités qu'imposent la défense nationale et les dangers de l'avenir. L'organisation de ce qu'on appelle les troupes de conscription, espèce de landwehr, semble avoir besoin d'être notablement fortifiée pour donner l'équivalent de l'organisation suisse.

Les yeux de la Suède actuelle se tournent vers la France. On ne demande qu'à s'appuyer sur nous. La crainte ancienne et habituelle de la Russie est quelque peu amortie par la crainte actuelle qu'inpire la Prusse; on sent bien que la cause du Danemark et la cause scandinave ne font qu'un. Les phases intérieures de notre politique font plus qu'inspirer un vif intérêt; elles ont un contre-coup immédiat. L'effet des élections de Paris [1] a été de donner les élections de Stockholm au parti avancé, dont j'ai pu apprécier un des dignes représentants, M. Hedin, caractère droit, esprit pénétrant et ferme, et l'un des hommes qui comprennent le plus nettement les questions européennes.

Un grand mouvement en avant chez nous, un complet succès de l'opinion libérale et démocratique, amènerait sans doute en Suède, non une crise révolution-

1. En 1869. — Nous laissons à cette esquisse de voyage le cachet du moment où elle a été tracée, et dont nous sommes séparés par des abîmes!

naire, qui n'est aucunement dans les conditions actuelles de ce pays, mais la disparition des anomalies que nous citions, et d'autres analogues, et l'adoption de lois électorales démocratiques.

C'est dans ces contrées lointaines qu'on sent le mieux combien sont grands les devoirs de la France, et à quel point il lui est interdit de se désintéresser de ce mouvement général dont elle a donné le signal au monde, et dont elle reste toujours le centre et le foyer. Rien n'a pu faire que l'on ait cessé d'espérer en elle.

II

Le congrès archéologique et les musées de Copenhague.

Ce fut pour moi un vif regret de quitter sitôt cette société de Stockholm, si sympathique que, après quelques jours passés au milieu d'elle, il me semblait dire adieu à de vieux amis. Il m'en coûtait de ne pouvoir compléter le voyage de Suède, ni voir les grands aspects de la nature norvégienne. Mais le congrès archéologique me rappelait, et il fallut partir de Stockholm de grand matin, le 26 août, pour être à Copenhague le lendemain dans la matinée.

Le congrès s'ouvrit le 27 août, à une heure, dans la grande salle de l'Université. La première séance offrit un double caractère également significatif : l'ouverture en français par le discours du président du congrès, M. Worsaaë, directeur des musées de Copenhague, et l'ouverture par le roi de Danemark en personne.

L'ouverture en français indiquait que la langue française avait été choisie pour être l'organe du congrès, et que le français serait seul employé dans les débats et dans le compte rendu. La langue danoise, fort peu connue des étrangers, ne pouvant servir d'organe commun, on avait adopté la langue la plus répandue et la plus claire; mais on avait été bien aise d'avoir de bonnes raisons pour l'adopter, et les membres français du congrès ne cessèrent, durant tout leur séjour en Danemark, de voir se multiplier autour d'eux les témoignages des cordiales et chaleureuses dispositions de ce pays envers le nôtre.

Les Français, du reste, ce que je constatai avec satisfaction à notre première réunion, s'étaient rendus en grand nombre à l'appel de la science scandinave, et nous avions une forte majorité relative parmi les étrangers, surtout en nous adjoignant nos frères d'origine et de langue, les savants de la Belgique et de la Suisse romane, représentés là avec une haute distinction.

Quant à l'ouverture de la session par le roi, elle montrait que le gouvernement entendait donner à cette réunion scientifique un caractère public et national, et par la cérémonie d'inauguration, et par l'accueil officiel fait aux membres étrangers.

Cela était d'une bonne politique, attestant que, là comme dans une plus grande affaire, l'alliance de famille avec la Suède, la nouvelle dynastie de Danemark effaçait de son mieux son origine étrangère pour suivre l'impulsion de l'esprit patriotique.

L'archéologie est là de la politique indirecte, pour ainsi dire, parce qu'elle est une gloire nationale, et que chez un petit peuple menacé dans son existence, tout ce qui contribue à fortifier son originalité et à la marquer d'une physionomie particulière est pour lui une arme défensive. Aussi doit-on applaudir aux habiles et persévérants efforts qui, en Danemark, ont fait pénétrer le goût des antiquités nationales jusque chez les paysans.

Un concours de circonstances a fait du Danemark le foyer le plus actif et le centre le plus spécial de l'archéologie en Europe. C'est là que s'est formée cette école qui, en séparant pour un temps l'archéologie de l'histoire, lui a donné une impulsion très-énergique et très-féconde, bien qu'elle ait eu, comme toute école nouvelle, surtout hors de son berceau, ses prétentions trop exclusives et ses témérités. Dans ces contrées du nord, l'homme est beaucoup plus récent que dans nos régions du centre et du midi; et cependant, par un contraste assez singulier, c'est là que la science a, pour la première fois, entrepris de systématiser les découvertes qui attestent l'ancienneté de l'homme sur la terre, bien au delà des commencements de l'histoire telle qu'elle a été jusqu'ici enseignée. De là cette qualification de *préhistorique*, assignée par les savants du Nord à ce monde perdu dont les débris les plus anciens ont été d'abord retrouvés en France, mais se retrouvent peu à peu sur les points les plus divers du globe.

Ce terme de *préhistorique* prête à l'arbitraire, et on l'a étendu jusqu'à des monuments et à des âges qui, à notre avis, se rapportent aux peuples historiques; mais il est certainement bien légitime, appliqué aux hommes inconnus qui ont vécu sur notre sol avec l'éléphant velu (le mammouth), le rhinocéros du nord et toute une *faune* disparue. Aux savants scandinaves appartient l'établissement de ces classifications actuellement partout répandues et commentées, l'âge de la pierre éclatée, l'âge de la pierre polie, l'âge du bronze, l'âge du fer. On ne comprend bien comment ils y ont été conduits avant les archéologues des autres contrées, que lorsqu'on a visité leur pays et étudié avec eux leurs riches collections.

Les périodes dont nous venons de parler sont beaucoup plus tranchées en Danemark qu'ailleurs, et il ne faut point s'aviser d'appliquer sans réserve à notre Gaule et au reste de l'Occident les données et les conclusions qu'on peut tirer de l'examen des antiquités du Nord; les savants danois sont les premiers aujourd'hui à le reconnaître. Les classifications, si utiles pour mettre de l'ordre dans les recherches scientifiques, n'ont jamais qu'une valeur relative, et il faut bien se garder d'en faire des dogmes.

Je parlais de la séparation de l'archéologie et de l'histoire. Elles tendent à se rejoindre. La vieille histoire se reposait beaucoup trop sur des données routinières et arbitraires quant aux origines; elle élargit et élargira ses bases de jour en jour, par le concours de la linguistique, de l'archéologie et de l'anthropologie. L'archéologie, de son côté, en écartant les traditions écrites et orales, et en se fiant aux classifications plus qu'il ne convient, risquait de remplacer un arbitraire par un autre. On se rapproche en s'éclairant. L'histoire ne nie plus, en Europe, la préexistence de l'âge, ou plutôt des longs âges de la pierre éclatée (travaillée par éclats), c'est-à-dire des temps incalculables pendant lesquels les hommes primitifs ont ignoré les métaux et progressé avec une lenteur infinie.

L'archéologie, de son côté, cesse d'attribuer à l'époque de la pierre polie et des monuments mégalithiques une antiquité exagérée, et tend, croyons-nous, à reconnaître que cet âge peut avoir précédé de peu celui de l'or et du bronze, et se confond assez vite avec lui. C'est là que le terme de *préhistorique* devient discutable et réclamerait une définition plus précise.

L'honneur de la science danoise, ce sont ses musées. Avant de parler de la physionomie du congrès, nous devons nous arrêter un moment devant ces admirables collections qui ont été le principe et l'aliment essentiel de cette intéressante et utile réunion.

C'est dans l'édifice appelé le palais du Prince, situé sur un canal, derrière le vaste palais royal de Christiansborg, que se trouvent réunis les deux musées ethnographique et archéologique, destinés à se compléter et à s'expliquer l'un par l'autre.

La fondation du musée des antiquités du Nord remonte jusqu'à 1807 ; elle est due au savant Nyerup. Le musée d'ethnographie a été créé en 1851 par un homme supérieur, Thomsen, qui a exercé une vigoureuse initiative dans les études archéologiques et qui a été le promoteur le plus actif du grand mouvement dont nous voyons les résultats. L'utile association des deux musées, due à Thomsen, a été complétée, après sa mort en 1865, par une très-heureuse pensée de M. Worsaaë, directeur actuel des musées de Copenhague ; M. Worsaaë a relié la collection ethnographique à celle des antiquités du Nord en plaçant, en tête des salles contenant les types, les costumes et les ustensiles des populations actuelles du globe, une collection d'antiquités primitives provenant de presque toutes les parties du monde et destinée à servir de point de comparaison avec les antiquités des pays scandinaves.

On peut maintenant, grâce au plan excellent de M. Worsaaë, comparer les antiquités du Nord à celles de notre Bretagne ou des autres contrées d'Occident, et à ces restes primitifs qui se retrouvent en Amérique comme au Japon, en Égypte comme en Grèce ; et l'on peut également comparer tous ces débris du monde ou primitif ou ancien aux ustensiles et aux ornements des populations qui, aujourd'hui, vivent encore dans des conditions analogues à celles où a vécu le vieux monde. On peut aussi, chose de très-haut intérêt, rechercher les transmissions et les modifications des formes ornementales d'un peuple à l'autre et d'une région à l'autre, à travers le temps et à travers l'espace.

Sans nous engager dans un examen détaillé qui demanderait un livre et non un article, consignons ici, à propos des types de races diverses rassemblés par le musée ethnographique de Copenhague, une observation qui mérite peut-être quelque attention des anthropologistes : c'est qu'à peu près partout, autant que nous avons pu nous en assurer, dans les diverses populations de l'Europe comme dans les tribus les plus lointaines de l'Amérique ou de l'Asie, on trouve invariablement mêlés deux types, différents non pas seulement ou non pas principalement par cette forme du crâne qui est l'objet principal des débats actuels de l'anthropologie, mais par la conformation générale de l'individu : chez l'un des types, la tête courte et la face large, avec variantes de forme, tendant par exemple chez nous à devenir tête en boule, chez l'Allemand à devenir tête carrée ; la forme générale du corps trapue ; la taille ordinairement peu élevée; chez l'autre type, le long visage, le nez droit ou aquilin, la forme générale du corps élancée et la haute taille. Bornons-nous à poser le point d'interrogation.

Le musée des antiquités du Nord est, pour la bonne ordonnance comme pour l'abondance, la variété, l'excellente conservation des objets, leur distribution et leur classification, le modèle de tous les musées de l'Europe.

Je ne pourrais même essayer de donner une idée de cette splendide collection. Je me contenterai de quelques remarques résultant des longues et pourtant bien insuffisantes visites que nous avons faites à ces salles regorgeant de trésors scientifiques, et de nos conversations avec leurs dignes dépositaires, M. Worsaaë et ses habiles auxiliaires, MM. Valdemar Schmidt, Engelhardt, Herbst, Steinhauer, Strunk, etc.

Comme nous avions déjà pu nous en apercevoir par les spécimens envoyés aux musées de la France et des Iles Britanniques, et surtout à l'Exposition universelle du Champ-de-Mars, il y a, entre les antiquités du Nord et celles des Gaules, d'intimes analogies avec des variantes intéressantes. Ainsi le Danemark et la Suède possèdent, en silex polis ou travaillés finement à petits éclats, une multitude d'instruments et d'armes, pointes de lances, de javelots, haches, couteaux, marteaux, etc., dont nous ne rencontrons chez nous que très-exceptionnellement les analogues. Par contre, le Nord n'a rien qui rivalise avec nos magnifiques haches funéraires de Bretagne en belles et rares pierres, telles que jadéide, obsidienne, etc., nos colliers de turquoise verte, etc.

L'or et le bronze, puis le fer, paraissent s'être répandus dans notre Gaule par le commerce, par des modifications survenues dans les usages des peuples qui habitaient nos contrées, et non par l'invasion et la conquête. Il ne semble pas qu'il en ait été de même dans le Nord. L'usage du bronze et de l'or, à une époque, puis du fer et de l'argent, à une autre époque, paraissent y avoir été importés brusquement par des peuples nouveaux, en sorte que le peuple de l'âge de bronze aurait subjugué le peuple de l'âge de la pierre polie, et le peuple de l'âge de fer aurait envahi le peuple de l'âge de bronze, ce qui ne veut pas dire que ces peuples aient appartenu à des races essentiellement différentes. Ceci est une autre question.

Autre réserve essentielle. En admettant ces termes d'âges de la pierre polie, du bronze, du fer, je ne leur donne point pour mon compte un sens absolu ; je doute fort que le peuple de la pierre polie, même dans le Nord, ait ignoré entièrement le bronze et l'or, et je crois que le peuple du bronze n'ignorait pas le fer, mais seulement qu'il n'en savait point tirer parti.

Ce qui du moins est tout à fait certain, c'est que l'art de l'âge de bronze, et après lui l'art de l'âge de fer, sont arrivés dans les pays scandinaves en pleine perfection ; c'est-à-dire que les armes et les ornements ont des formes plus fines et plus élégantes à mesure qu'on remonte vers l'origine, et qu'il y a eu postérieurement plutôt altération et décadence que progrès.

Cette observation a beaucoup d'importance pour l'histoire ; elle prouve que le peuple du bronze, puis le peuple du fer, sont entrés en Scandinavie tout civilisés, et ayant probablement emprunté les types de leur art à des peuples plus anciens.

Cela renverse bien des préjugés sur la prétendue sauvagerie des hommes du Nord. D'où venaient-ils ? Les hommes du fer, qui sont très-certainement les Scandinaves, venaient de l'Orient; on n'en saurait douter. Les hommes du bronze en venaient sans doute aussi, plus ou moins directement. Quant aux hommes de la pierre polie, qui ont construit en Danemark et en Suède des monuments mégalithiques, des dolmens, peut-être avaient-ils remonté de l'Occident au Nord, et venaient-ils des Gaules; les primitifs monuments mégalithiques de la Bretagne et de l'ouest de l'Irlande paraissent beaucoup plus anciens que ceux du Nord.

Il est essentiel d'observer que l'âge du bronze offre partout des modèles d'armes à peu près identiques. Il n'y avait guère de différence appréciable entre les glaives, les poignards, les lances des Grecs de l'âge homérique, des Étrusques, de nos Celtes, enfin des hommes du Nord que, dans mon opinion personnelle, je crois de la famille des Celtes. Les distinctions ne peuvent guère se faire que par la décoration et l'ornementisme, assez rapprochés encore, mais où cependant il est aisé de signaler des caractères particuliers.

L'étude comparative des musées de Copenhague et de Stockholm avec ceux de la France et des Iles Britanniques nous a signalé des échanges, dignes de l'intérêt des historiens et des artistes, entre l'art des peuples celtiques et celui des peuples teutoniques et scandinaves. Les cercles ou disques pointillés et concentriques, les dents de scie, les losanges, les spirales, formes habituelles et constantes de l'ornementisme celtique, ont été sans doute communiqués par les Celtes aux Teutons et Scandinaves primitifs.

Plus tard, au contraire, les serpents entrelacés, les formes diverses de nœuds et d'entrelacs, les combinaisons de lignes où figurent des formes animales, ont été introduits par les Scandinaves et les Germains en Occident, surtout chez les Celtes du moyen âge, Irlandais, Bretons, Écossais, qui en ont tiré si grand parti.

Nous avions cru longtemps que le luxe des chefs goths et francs, à l'époque où ils envahirent l'empire romain, n'était qu'une imitation de Rome et de Constantinople; il faut bien renoncer à ce préjugé, déjà combattu chez nous par M. Ferdinand de Lasteyrie, quand on a vu ces belles armes et ces riches ornements des hommes du Nord, antérieurs à toute influence de la civilisation classique. On s'était singulièrement exagéré la grossièreté des *barbares* du Nord comme de ceux de l'Occident.

En rendant témoignage à l'admirable collection des antiquités du Nord, il ne serait pas juste d'oublier tout à fait les temps modernes, car les musées de Copenhague offrent la série complète de l'histoire, depuis les débris les plus rudimentaires de l'industrie primitive jusqu'au dix-neuvième siècle. Les salles du *palais du Prince*, à la suite de l'âge de fer païen, contiennent les spécimens du moyen âge chrétien et de la Renaissance dans le Nord jusqu'au dix-septième siècle. Un autre musée, réuni dans les tours du pittoresque château de Rosenborg, au milieu d'un beau parc enfermé dans l'enceinte de la ville, présente la plus curieuse collection de portraits, de meubles, de costumes, d'objets rares et précieux de tous genres, provenant des rois et des grands personnages modernes du Danemark.

Il y a là de vraies merveilles de haute curiosité, et

aussi des objets d'un intérêt plus sérieux ; on ne peut voir sans émotion les habits ensanglantés du brave, loyal et populaire Christian IV, souvenir éloquent de cette bataille navale où le roi danois combattit jusqu'à la fin après avoir perdu un œil par un éclat de mitraille ; ni le portrait de Struensée entre les images des deux reines Caroline-Mathilde et Marie-Julie. La belle et inquiète figure de Struensée semble empreinte d'un destin tragique, et quand on regarde les deux reines, l'une avec sa douceur un peu moutonnière, et l'autre avec son œil et son profil d'oiseau de proie, on sent qu'on a devant soi la victime et le bourreau.

L'habile et ingénieuse disposition du musée de Rosenborg est due à M. Worsaaë, dont l'esprit vif et actif, ouvert et varié, organisateur avant tout, marque partout là-bas son cachet.

La présidence du congrès revenait tout naturellement à l'homme qui a dans sa main le grand ensemble de trésors scientifiques que nous venions étudier, et qui se multipliait pour les mettre à notre disposition et nous aider à en apprécier toutes les parties. Personne que lui ne pouvait se faire le centre de cette réunion composée d'éléments si divers et lui imprimer un nécessaire ensemble. Lui seul, d'ailleurs admirablement secondé par le zèle et l'obligeance d'excellents lieutenants, pouvait diriger ces visites collectives aux musées qui étaient l'indispensable point de départ de nos séances, et qui nous donnaient la base de nos études et la matière de nos discussions.

Nos séances à l'université n'étaient en quelque sorte que le commentaire et le complément des visites aux musées. Les savants venus de tous les points de l'horizon apportaient des notes et des mémoires sur leurs découvertes particulières et sur celles qui s'étaient faites autour d'eux, et constataient, chacun à leur tour, les résultats de ces découvertes et l'état présent de l'archéologie dans leurs pays respectifs. C'était la continuation élargie de l'intéressante et féconde session du congrès de Paris en 1867, et il est aisé de se figurer que de lumières jaillissaient et de ces analogies et de ces diversités signalées par tous ces rapports qui nous arrivaient depuis les sierras de l'Andalousie jusqu'aux bouches du Danube, au Dnieper et au Volga.

La multiplicité des matières et la brièveté du temps ne permettaient pas de remplir tout le programme, qui s'étendait depuis l'origine de l'homme jusqu'à l'âge de fer dans le Nord, c'est-à-dire jusqu'au temps de l'empire romain. Les débats, en partant de la docte et originale discussion entre MM. Karl Vogt et de Quatrefages sur les débuts du genre humain, eussent dû descendre jusqu'à la recherche des phases diverses des runes scandinaves et de l'art du Nord, et l'on doit bien se douter que nous sommes restés en chemin. Remarquons en passant que, dans la discussion, bien des fois renouvelée, à laquelle nous faisons allusion, le savant et spirituel professeur de Genève, Karl Vogt, n'a nullement, comme on le lui impute, prétendu faire descendre l'homme du singe, et qu'il s'agit de tout autre chose dans la profonde question, plus que jamais débattue, de la fixité ou de la muabilité des espèces.

Il n'est pas sorti et ne pouvait sortir, du congrès de Copenhague, un ensemble de conclusions directes; aucune question générale n'a été mise aux voix; mais chacun est parti la tête pleine de notions nouvelles et l'esprit éveillé sur les vues qui doivent résulter de ces notions.

L'archéologie du Nord poursuit la méthode qui l'a conduite dans sa marche et maintient encore provisoirement son attitude réservée vis-à-vis de l'histoire. N'étant pas engagé à la même discrétion, je n'ai pas de raisons de ne pas indiquer les données générales historiques qui me semblent se dégager des faits constatés.

L'archéologie du Nord est bien obligée de déroger à sa réserve sur deux points, et de poser, au commencement et à la fin de ce qu'elle nomme les âges préhistoriques en Scandinavie, une double conclusion qui appartient désormais à l'histoire. 1° Au dernier des âges dits préhistoriques, l'homme de l'âge de fer est évidemment le Scandinave. 2° Quant au premier âge, l'âge de la pierre éclatée, s'il existe en Danemark et en Scanie, il n'existe point dans le reste de la Suède, et encore moins en Norvége, où jusqu'ici l'on ne retrouve pas même de dolmens ni de traces bien certaines de la pierre polie.

Ce second point constaté, il en résulte que l'opinion historique qui faisait habiter très-anciennement la grande presqu'île scandinave par des populations laponnes ou finnoises avant l'arrivée de la race aryenne doit être formellement abandonnée. Dans la période glaciaire dont il s'agit, la grande péninsule, qui a été jadis séparée de la Scanie par un canal maritime, était complétement inhabitée, et les lacs suédois étaient sans doute d'immenses glaciers. Des tribus finnoises ont pu durant cette même période arriver en Danemark, non par le nord, mais par l'est, en côtoyant la Baltique, et il n'y a rien d'invraisemblable à leur attribuer les débris qui correspondent, en Danemark, à ce qu'on nomme chez nous l'âge des cavernes, du moins, d'après certains indices, à la dernière partie de cet âge[1]. Si les Finnois, ou plus exactement les Ouraliens, ont pu être les premiers habitants du Danemark, quels ont été les seconds, ces seconds habitants du Danemark qui ont été les premiers de la Suède? Les hommes de la pierre polie et des dolmens? L'archéologie du Nord ne croit pas devoir se prononcer positivement encore, mais elle fournit là-dessus des inductions très-fortes dont elle ne peut trouver mauvais que d'autres s'emparent.

Trois essences forestières ont dominé successivement en Danemark : le pin, le chêne et le hêtre. Ces trois époques végétales paraissent correspondre précisément aux trois époques de la pierre éclatée, des dolmens et du bronze. Les hommes des dolmens, qui ont amené avec eux les animaux domestiques (les hommes primitifs n'avaient que le chien) et sans doute les céréales, ont été les contemporains des grands chênes qui ont remplacé les bois de pins. Leurs poteries et certains de leurs instruments présentent absolument les mêmes lignes ornementales ou symboliques que dans nos Gaules. L'actif et zélé secrétaire du congrès, M. Valdemar Schmidt, dans son excellent livre *le Danemark à*

1. En relisant ce que j'ai écrit en 1869 sur les primitives populations du Nord, je m'aperçois que je me suis exprimé d'une manière trop absolue contre l'existence ancienne des Lapons et des Finnois en Suède et en Norvége. Ils n'y existaient pas durant les longs âges où l'Occident était déjà peuplé, tandis que la Scandinavie était déserte; mais ils ont pu passer dans la Gothie et la Suède lorsque les Aryas les ont refoulés du Danemark et de la Scanie. (Voir, sur ce qui les concerne, *les Habitants primitifs de la Scandinavie,* chap. VI, où M. Nilsson identifie les Lapons avec les nains des légendes scandinaves.)

l'Exposition universelle de 1867, indique que les objets qui nous restent de cette population doivent appartenir à la période comprise approximativement dans l'intervalle entre deux mille et mille ans avant notre ère ; c'est-à-dire que les hommes des dolmens devaient être déjà en Danemark une vingtaine de siècles avant Jésus-Christ, et que les hommes du bronze leur auraient succédé entre dix et huit siècles avant notre ère.

Il est impossible de n'être pas extrêmement frappé de ces dates approximatives. J'ai bien des fois énoncé, d'après des inductions tirées de l'ensemble des traditions historiques et des traditions religieuses, l'opinion que les Aryas, nos ancêtres, avaient dû arriver par grandes masses en Europe entre vingt-cinq et vingt siècles au plus bas avant notre ère, sans parler des essaims plus anciens qui pouvaient avoir précédé les grandes colonies. La vraisemblance de l'attribution des dolmens en Europe à la race aryenne se confirme donc pour moi par ce que m'a appris le Nord. Elle se fortifie encore par un important indice anthropologique, à avoir : le fait, admis par les savants du Nord, que les crânes trouvés dans leurs dolmens ne diffèrent pas sensiblement de ceux des habitants actuels.

Il me semble donc très-probable que les hommes des dolmens et de la pierre polie, en Danemark et en Suède, ont été une branche des Celtes primitifs, avant-garde des Aryas dans l'Occident et le Nord. Quant aux hommes du bronze, si je rapproche la date approximative de leur arrivée dans le Nord avec la double émigration cimmérienne mentionnée par Strabon et par Hérodote, j'inclinerais à voir dans leur établissement en Scandinavie la conséquence de cette première émigration des Cimmériens, que Strabon nous montre quittant les bords de la mer Noire peu après le temps de la rédaction des poëmes homériques. Les hommes de l'âge du bronze, dans le Nord, seraient pour moi, selon toute apparence, une colonie de Cimmériens, et les Cimmériens ne seraient autre chose que les Cimbres.

Maintenant, quant à cet ornementisme symbolique dont les lignes adoptées par les premiers Celtes se retrouvent chez ceux que j'appelle Cimbres, et jusque chez les Scandinaves, il n'est pas douteux qu'il ne vienne primitivement de l'Orient, certains de ses principaux signes s'interprétant très-positivement par les hiéroglyphes d'Egypte ; ce qui ne veut pas dire que les Aryas les aient tirés d'Egypte, mais bien d'un fonds commun de la primitive Asie. Notre savant et vénérable doyen du congrès, M. Nilsson, me semble trop attribuer à l'influence phénicienne en Europe, mais il a vu juste au fond en reconnaissant sur nos monuments mégalithiques l'antique empreinte orientale.

Le congrès était resté fidèle à son programme, qu'il ne put, comme je l'ai dit, remplir tout entier ; les visites du matin aux musées et les séances qui les suivaient avaient été toutes à la science. La politique devait avoir son tour, soit dans nos réunions générales du soir, soit dans les réunions particulières où l'on nous conviait, soit dans nos agapes des excursions archéologiques, à bord des bateaux à vapeur, à l'ombre des bois ou au pied des dolmens. Une pensée domine tout chez les Danois, et leur cœur déborde en toute occasion.

Cette politique, qui se mêle chez eux à toute chose, n'est pas celle des partis, mais celle de la nationalité. Cette idée fixe, c'est celle de protester qu'ils vivent et veulent vivre, d'en convaincre les étrangers, et d'en appeler à la justice de l'Europe et spécialement à la sympathie active de la France, pour eux et pour ceux de leurs compatriotes qui sont retenus sous le joug étranger contre la foi des traités. C'était là le sens invariable de tous les toasts portés aux hôtes étrangers, avec un sentiment sérieux et profond qui gagnait et entraînait, parmi ces savants venus de toute l'Europe, les hommes les moins mêlés à la politique active ; l'émotion se communiquait aux membres allemands eux-mêmes, dont la position était délicate devant la question toujours saignante et toujours indécise du Slesvig.

Les hommes distingués qui représentaient l'Allemagne au congrès ne pouvaient d'ailleurs inspirer que des sympathies personnelles, et l'intimité rapidement établie entre les Scandinaves et les Français ne porta point atteinte à la concorde générale, qu'on sut maintenir dans une réunion composée d'éléments si divers, et où siégeaient pêle-mêle, à côté des représentants des trois peuples scandinaves, Français et Anglais, Allemands et Italiens, Belges et Hollandais, Suisses, Roumains, Espagnols, Hongrois, Polonais, Russes et Finlandais.

Quelques noms donneraient une idée de la variété de composition et de l'intérêt du congrès, mais le choix n'est pas aisé à faire sur la longue liste des membres danois; bornons-nous à rappeler qu'à côté des hommes de science, de notre président M. Worsaaë, de notre secrétaire général, M. Valdemar Schmidt, de leurs collègues des musées, du célèbre géologue et naturaliste M. Steenstrup, secrétaire perpétuel de la Société royale des sciences, de l'auteur du grand recueil des *Runes*,

M. Stephens, et de tant d'autres, figuraient des hommes politiques des plus considérables ; les anciens ministres Fenger, Hall, Krieger, Orla-Lehmann ; le ministre de l'instruction publique, M. Hansen ; l'amiral Bille ; et, parmi les publicistes, le docteur Rosenberg, champion si loyal et si dévoué du scandinavisme ; l'actif et énergique rédacteur du *Dagbladet*, M. Bille, etc.

Notre embarras à choisir n'est guère moindre pour la Suède, qui nous avait envoyé notre doyen, le professeur Nilsson, dont toute l'Europe connaît les titres, et M. Hildebrand, dont nous avons déjà parlé. La Norvége avait délégué des savants pleins d'avenir, MM. Lieblein, Boeck, etc.

Pour la France, citons notre éminent ethnographe, anthropologiste et zoologiste, M. de Quatrefages ; MM. les professeurs Hébert et Gervais, représentants de la géologie et de l'anatomie comparée ; M. Alexandre Bertrand, directeur du musée archéologique de Saint-Germain ; M. le colonel Penguilly, directeur du musée d'artillerie de Paris ; M. le professeur Oppert, lauréat du prix biennal pour ses découvertes sur l'ancienne Assyrie ; M. Léouzon-Leduc, à qui nous devons d'importantes études sur le nord de l'Europe, et nombre d'archéologues distingués, qui auraient droit à des mentions spéciales ailleurs que dans une rapide esquisse comme la nôtre.

Pour l'Allemagne, M. Virchow, dont le nom n'a pas besoin de commentaire ; le docteur Lisch, directeur de l'important musée archéologique de Schwerin ; les professeurs Fraas, de Stuttgard ; Schaaffhausen, de Bonn ; le baron de Dücker, de Silésie, dont la parole chaleureuse n'a pas été sans effet pour maintenir la cordialité de nos réunions.

Les Anglais, contre l'ordinaire, étaient en petit nombre; parmi eux, M. le général Lefroy.

La Suisse n'avait que deux représentants; mais leurs noms en disent assez : M. Karl Vogt et M. Desor, le profond géologue qui a fait son domaine des cités lacustres de la vieille Helvétie.

Parmi les Belges, M. Dupont, l'habile découvreur; l'actif et zélé M. Dognée; M. le professeur Spring.

M. le professeur Capellini, de Bologne, et M. Biondelli, directeur du musée de Milan, ont maintenu à l'Italie dans le congrès une place qui grandira l'année prochaine, Bologne ayant été désignée pour le siége de la session de 1870 [1].

MM. Tubino et Villanova, pour l'Espagne; Hunfalvy, pour la Hongrie; Odobesco et Urechia, pour la Roumanie; le comte Przezdziecki, pour la Pologne; le comte Ouvaroff et M. Lerch, pour la Russie, nous ont communiqué les renseignements les plus intéressants et les plus nouveaux.

Les éléments si divers que je viens d'énumérer composaient l'équipage fort bigarré du bateau à vapeur sur lequel s'embarqua le congrès, pour aller visiter quelques-unes des localités et quelques-uns des monuments où le musée archéologique a puisé ses trésors. Nos hôtes danois avaient tout prévu, tout combiné, avec une ingénieuse sollicitude, afin de rendre nos expéditions aussi agréables qu'utiles. La présence d'un certain nombre de dames, qui s'associèrent résolûment, sur

1. Cette session, empêchée par les terribles événements de 1870, se tient en ce moment même (octobre 1871).

terre et sur mer, aux travaux du congrès, donnait un charme de plus à ces voyages, et contribuait pour une bonne part à y entretenir l'harmonie. Nous regrettâmes de n'y pas voir de dames françaises.

La première journée fut pour les antiquités primitives. Nous remontâmes dans toute sa longueur le *Fiord* ou bras de mer de Rœskild, qui rappelle parfois notre petite mer intérieure du Morbihan par l'aspect de ses bords semés de tumulus funéraires; nous allions rendre visite à l'un des *kiœkken-mœddings* (débris de cuisines), singuliers amas de coquillages parmi lesquels on trouve des restes de charbon, des poteries grossières, des ossements d'animaux et des instruments de silex grossièrement taillés par éclats. Ce sont les restes des repas des premiers habitants du Danemark et de leur sauvage industrie. Ces dépôts sont nombreux dans les îles danoises et sur la côte orientale du Jutland.

C'était curieux ; mais un incident qui n'était pas dans le programme nous inspira plus d'intérêt encore.

La ville que nous avions traversée avant de nous embarquer, Rœskild, nous avait accueillis avec la même hospitalité que Copenhague, et il en fut ainsi dans les autres villes où nous portâmes nos pas durant les excursions suivantes ; réceptions des municipalités, *lunchs*, les populations réunies sur notre passage avec des acclamations de bienvenue et d'adieu, les rues pavoisées de bannières, parmi lesquelles le drapeau français était toujours associé aux drapeaux scandinaves; nous avons été de tout cela plus reconnaissants qu'étonnés, prévenus comme nous l'étions de ce qu'était l'esprit des villes danoises. Mais ce qui nous attendait à notre débarquement à Soelager était pour nous tout à fait imprévu. De toutes parts accoururent à nous des espèces de petits chars, de petites voitures découvertes, attelées chacune de deux petits chevaux vifs et robustes, d'une race qui semble quelque chose d'intermédiaire entre nos bretons et nos ardennais. C'étaient les paysans des environs qui venaient nous offrir leurs attelages pour nous conduire aux *kiœkken mœddings*.

Ces braves gens étaient flattés de l'intérêt que des étrangers, et particulièrement des Français, portaient aux souvenirs et aux monuments de leur pays, et s'étaient spontanément concertés pour nous faire *galanterie*, comme disent les Danois lettrés des villes. Les paysans, eux, n'entendaient pas plus le français que nous le danois, et nous ne pouvions les remercier que par un cordial serrement de main.

On ne trouverait pas facilement ailleurs, chez les habitants des campagnes, un pareil élan et un pareil procédé. Cela me donna beaucoup à penser sur les paysans danois. En Danemark, comme dans une partie de la Suède, les hommes politiques se plaignent que cette classe si nombreuse des petits propriétaires de campagne, récemment émancipés et investis des droits électoraux, se préoccupe trop exclusivement des intérêts matériels, n'a pas assez l'intelligence des intérêts nationaux et favorise involontairement les ennemis de la Scandinavie, en se prêtant peu aux efforts et aux sacrifices nécessaires pour assurer l'avenir.

Ces populations, longtemps comprimées, sont très-préoccupées d'assurer et d'accroître leur bien-être ; mais il y a parmi elles des symptômes qui doivent donner bon espoir. Les hommes qui agissent comme je viens de le dire à notre occasion, et qui, dans beaucoup de localités, appellent en se cotisant des professeurs pour leur faire des cours d'adultes, à l'usage des jeunes gens l'hiver, et l'été à l'usage des jeunes filles; des cours à tendance littéraire, et non pas seulement de notions usuelles; ces hommes-là ne sont pas fermés aux intérêts moraux, et l'on ne saurait douter que, en s'éclairant comme ils cherchent à le faire, ils n'arrivent à accepter et à servir l'idée qui seule peut sauver les peuples scandinaves.

Cette idée, nous en rencontrâmes, le soir, la personnification sous les voûtes de la belle cathédrale de Roeskild, éclairée *à giorno* en l'honneur du congrès. Dans les chapelles sont rangés les monuments funéraires des rois de Danemark; à l'entrée du chœur, qui domine la nef, près d'un splendide retable aux mille figures peintes ou dorées, une belle et fière statue de femme est couchée sur une tombe de marbre blanc; c'est Marguerite Valdemar, sur la tête de qui furent réunies, par l'union de Calmar, les trois couronnes scandinaves. Cette union échoua une première fois pour n'avoir point été fondée sous les auspices de la liberté. Établie par une femme, elle pourrait bien se rétablir, sous d'autres conditions, au nom d'une autre femme.

Je ferai grâce à nos lecteurs de la description des dolmens que nous visitâmes dans d'autres expéditions. Ces grottes funéraires, en Danemark, très-analogues à celles de la Bretagne et du reste de la France, sont encore, pour la plupart, enveloppées de tumulus, et l'ont été toutes. Beaucoup sont encore entourées d'une ou de plusieurs enceintes en pierres levées; nous disons *enceintes* plutôt que cercles, parce que la forme n'en est pas toujours circulaire. Une particularité qui distingue le Danemark des autres contrées à monuments mégalithiques, c'est qu'on n'y voit de pierres levées que celles qui forment des enceintes, ou qui entourent ou surmontent les dolmens; il n'y a point là de ces grands *menhirs*, isolés, groupés ou alignés, qui ont, dans les anciennes Gaules continentales et insulaires, un aspect si imposant.

Les nombreux tumulus où se rencontrent les restes et les armes des hommes de l'âge du bronze, sont en général plus petits que les tumulus à dolmens; et ceux-ci, à leur tour, n'égalent pas les plus grands de la Bretagne, de la France septentrionale et de l'Irlande. Les tumulus de l'âge du fer, c'est-à-dire des Scandinaves, sont parfois, au contraire, de très-grandes dimensions.

Une nature gracieuse et pittoresque encadre heureusement ces monuments antiques. Le nord-est de l'île de Sjœland est plus accidenté que la contrée entre Korsœr et Copenhague, et c'est là surtout que se rencontrent ces magnifiques bois de hêtres qui sont l'orgueil des Danois, entourent les lacs de leurs puissants ombrages, et descendent parfois du haut des collines jusqu'au bord de la mer, comme dans cette charmante résidence de Klampenborg, où nous accueillit l'hospitalité de M. Hage. La plus vaste de ces forêts est celle dont l'extrémité enveloppe l'élégant château royal de Frédéricksborg, ravagé il y a quelques années par un incendie, et rétabli sur le plan ancien par une souscription nationale; un des mille traits qui attestent l'attachement de ce peuple à ses souvenirs.

Les beautés naturelles de la Sjœland ont leur vrai

couronnement à Helsingor, où se terminèrent nos courses. Du haut de la maîtresse tour de ce château de Kroneborg, où Shakespeare a placé la scène de *Hamlet*, on a autour de soi un des plus grandioses spectacles de l'Europe. On a sous les pieds l'entrée du Sund, où s'entrecroisent incessamment des navires sans nombre venant de la Baltique et de la mer du Nord ; on a derrière soi les collines boisées et les plages fertiles de l'île danoise ; devant soi, en face de la ville danoise de Helsingor, la ville suédoise de Helsingborg, si près qu'on croit, pour ainsi dire, toucher son énorme donjon. Le Sund n'a guère là plus de trois kilomètres de large. Il s'élargit presque aussitôt vers le sud, pendant qu'au nord s'ouvre le Cattegat et fuient au loin les côtes de Suède, jusqu'au haut promontoire qui arrête la vue vers le nord-ouest.

De ce beau lieu, d'où l'on plane sur deux royaumes scandinaves, on répète involontairement, en songeant aux destinées de ces peuples, le *to be or not to be*, l'être ou ne pas être de *Hamlet*.

Le congrès tirait à sa fin, à notre grand regret à tous. Le gouvernement danois, sans intervenir en aucune façon dans son organisation parfaitement libre, l'avait considéré comme une affaire nationale ; la session, ouverte par une séance royale, se termina par un banquet officiel au palais de Christiansborg, banquet précédé, la veille, par la représentation d'un ballet tout de circonstance, une pantomime archéologique, où le maître de ballets, un Français d'origine, M. Bournonville, avait fort ingénieusement mis en scène les anciens *rois de mer*, les héros scandinaves et leurs coutumes, et les dieux du Valhalla. Je dois constater que le brillant paradis d'Odin, quoiqu'il ne soit pas tout à fait orthodoxe au point de vue de nos ancêtres, a eu un grand succès auprès des hôtes gaulois.

Du festin de Christiansborg, nous passâmes, le lendemain soir, au cercle des étudiants, puis, le troisième jour, à une fête donnée par toute la société de Copenhague au poëte et conteur populaire Andersen.

Ce qui eût été ailleurs dissonance étrange et violent contraste n'était là que diversité piquante. Une même pensée, là, relie ces groupes si divers, et, si les convenances officielles du palais de Christiansborg ne permettaient pas aux toasts de s'y épanouir dans la même liberté qu'au cercle de Holmens-Canal ou qu'au restaurant Vincent, les conversations particulières n'y différaient guère.

Nous souhaiterions fort à nos étudiants de Paris un établissement analogue à celui dans lequel nous avons fait connaissance avec cette brave jeunesse danoise, si intelligente et si patriote, et entendu ces beaux airs nationaux qu'elle chante avec tant d'âme et tant de goût. Les étudiants de Copenhague se sont bâti, de leurs deniers, un vrai palais de la jeunesse, dont les vastes salles, pourvues de tout ce qui peut leur être agréable ou utile, sont leur rendez-vous habituel. Les avantages de toute nature qu'offre une telle création se comprennent d'eux-mêmes. Il va sans dire qu'elle n'était possible que sous un régime de liberté.

La fête donnée à M. Andersen avait pour but de célébrer le cinquantième aniversaire du jour où l'écrivain, dont tout enfant danois répète le nom et lit les charmants contes populaires, est arrivé, pauvre enfant de la campagne, dans cette capitale qui honore aujourd'hui sa verte vieillesse. Tout est affaire politique et nationale en Danemark, et la fête du poëte populaire, comme les réunions de savants, aboutit à évoquer la mémoire des frères absents et opprimés, et à invoquer la justice de l'Europe.

Il n'est pas permis de quitter Copenhague sans donner un souvenir à deux monuments d'un haut intérêt, l'un pour la science, l'autre pour l'art : le musée de zoologie et le musée Thorvaldsen. On retrouve dans le premier, que dirige l'éminent secrétaire perpétuel de la Société royale des sciences, M. Steenstrup, l'excellente ordonnance qui signale les musées sous la direction de M. Worsaaë. Aucun musée d'histoire naturelle ne me semble avoir un local aussi heureusement distribué.

Dans le vaste rez-de-chaussée qui réunit les squelettes des grands animaux disparus, j'ai eu de nouveau la preuve d'un fait intéressant d'histoire naturelle, qui m'avait été déjà démontré à Lund, où j'étais retourné visiter notre doyen, M. Nilsson, et M. le comte Hamilton, un des zélés et éclairés propagateurs de l'idée scandinave. J'avais vu à Lund le squelette d'un puissant animal qui m'était inconnu, à côté de celui de l'aurochs, de ce taureau sauvage à bosse et à crinière, habitant de la primitive Europe, qui n'existe plus que dans la forêt de Bialistock, en Lithuanie, et qui a paru vivant à notre Jardin d'acclimatation du bois de Boulogne dans ces dernières années.

Depuis longtemps, d'après les Allemands, nous prenions l'aurochs, ce bison d'Europe plus grand, moins lourd et mieux proportionné que le bison d'Amérique, pour l'*urus* des *Commentaires* de César. Il y avait déjà lieu d'en douter ; car César nous parle de l'*urus* comme n'existant plus qu'outre Rhin, dans la grande forêt Hercynie, tandis que, huit siècles après, Charlemagne chassait encore l'aurochs dans nos Ardennes. Aujourd'hui le doute n'est plus possible ; l'*urus*, ou du moins son gigantesque squelette, se retrouve maintenant dans le nord. Ce formidable animal, aux cornes immenses, se rapproche beaucoup plus que l'aurochs, par ses formes, de notre bœuf domestique, et n'est autre que le *bos primigenius* des paléontologistes.

D'autres débris curieux et étranges nous attestent, dans le même musée, la très-réelle existence d'un être fantastique et terrible bien connu dans les légendes des mers du Nord, et près duquel nos géants et nos ogres sont de pauvres inventions. Le légendaire *kraken*, ce poulpe prodigieux qui, d'un seul de ses cent bras, prenait un navire par la pointe du grand mât et le plongeait jusqu'au fond de l'abîme, n'a été que l'amplification poétique d'animaux qui vivent dans les profondeurs de l'océan, et dont la pieuvre des *Travailleurs de la mer* n'est, par contre, qu'un faible diminutif. Des fragments du corps gélatineux de ces animaux et de leurs bras aux énormes suçoirs, qu'on voit au musée de Copenhague, indiquent des bras pour le moins de douze à quinze pieds de long, et M. Steenstrup ne doute pas qu'il n'en existe d'incomparablement plus grands.

Passer de ces monstres au musée Thorvaldsen, d'une réalité hideuse à l'idéal, c'est bien ce qui s'appelle sauter les transitions. Ce n'est pas le lieu d'entreprendre d'analyser le génie et de décrire l'œuvre de ce grand sculpteur, un des modernes qui ont le mieux senti les anciens. Par sa mâle simplicité et sa fière élégance il s'est montré entre tous leur digne et libre disciple. Ce que je veux louer ici, c'est la pensée qu'a eue le Danemark de réunir dans un musée spécial l'œuvre entière d'un maître illustre, soit originaux, soit modèles, dessins, moulages, etc., etc., en sorte que, d'un coup d'œil, on puisse embrasser toute sa carrière. On est parvenu à le rendre ainsi populaire dans la pleine acception du mot ; le peuple de la ville et de la campagne se presse, chaque dimanche, dans le musée Thorvaldsen, et se forme de la sorte à goûter l'art qui semblait le plus étranger au Nord, l'art plastique par excellence. Le protestantisme scandinave est, sous ce rapport, plus large que celui de l'Angleterre, et ne croit pas profaner le dimanche en ouvrant ce jour-là aux classes laborieuses les sources du beau et les dépôts des hautes connaissances.

Il fallait enfin quitter Copenhague après ces journées si actives et si bien remplies, qui avaient passé comme un éclair ; quitter ces hommes et ces lieux qui nous laisseront d'ineffaçables souvenirs, ces hommes de science qui nous avaient tant appris, ces hommes politiques dont il est impossible de ne point partager et les patriotiques douleurs et les espérances. Lié d'avance avec le loyal, le généreux et infatigable M. Rosenberg, je ne me sens pas uni par des sentiments moins durables à des hommes tels que M. Orla Lehmann, cet esprit si ouvert, si actif, si vivant ; M. l'évêque Monrad, si digne de tout respect et de toute sympathie ; MM. Fenger, Krieger et maints autres. J'ai aussi à payer un tribut de reconnaissance au ministre qui vient de quitter la direction de l'instruction publique,

M. Hansen, pour les notions qu'il a bien voulu me communiquer sur les florissantes écoles danoises, et la presse libérale française me permettra d'envoyer en son nom un salut fraternel à des représentants de la presse du Nord, tels que MM. Ploug, du *Fædrelandet*, et Bille, du *Dagbladet*, toujours sur la brèche pour la défense du principe des nationalités.

La brièveté de notre séjour et le tourbillon où nous avions vécu m'ont laissé le regret de n'avoir pu me mettre en rapport avec d'autres personnes qui ont honorablement figuré dans les événements contemporains, et qu'il m'eût importé de connaître. Nous quittâmes donc cette noble ville, si sympathique à la France, et où une cruelle déception, celle de 1864, n'a point altéré ce sentiment : une circonstance particulière, il n'est que juste de le constater, a contribué à l'entretenir; c'est que la France a été très-dignement représentée en Danemark depuis de longues années. Il n'est que trop commun de voir notre diplomatie flotter, pour ainsi dire, à la surface des pays étrangers; on apprécie trop peu, chez nous, combien il importe qu'elle y prenne racine, comme il est arrivé ici; nos rivaux y voient plus clair.

De Copenhague j'allai me rembarquer à Korsoer, non pour Kiel, par où j'étais venu, mais pour Nyborg et l'île de Fionie; je traversai le grand Belt, presque égal en largeur au Sund entre Copenhague et Malmoë, et, du port de Nyborg, j'allai visiter, dans l'intérieur de la Fionie, la vieille ville universitaire d'Odensée; j'avais à y retrouver un des hommes les plus distingués du Danemark, et comme savant et comme politique, M. le professeur Sick, qui a joué un rôle considérable au parlement danois du temps de Frédéric VII, et qui eût peut-être évité de grand maux à son pays si l'on eût écouté les conseils de sa sagacité.

Je franchis, le lendemain, le petit Belt, l'étroit canal qui sépare l'île de Fionie de la presqu'île du Jutland, par un vrai soleil d'Italie. Autour du bateau à vapeur flottaient les anémones marines, ces brillantes fleurs vivantes de la mer, singuliers animaux gélatineux qui ressemblent à de grandes anémones d'un jaune-orangé tendre. Je saluai, en passant à Frédéricia, le colosse du soldat danois, ce patriotique monument qui rappelle les premiers exploits et les premières victoires de cette lutte où le Danemark a fini par succomber sous le nombre; puis je me dirigeai sur Veile, charmante petite ville située au fond d'un des fiords les plus pittoresques du Danemark, et d'où des guides aussi obligeants qu'érudits me conduisirent, à travers une très-belle vallée, des collines aux bois épais et de grands plateaux, jusqu'à Jelling.

Là s'élèvent deux vastes tumulus en terre, sous l'un desquels ont été ensevelis, au dixième siècle, le roi Gorm le Vieux et sa femme Thyra. L'usage des tertres funéraires s'est conservé dans le Nord jusqu'après l'époque de l'établissement des Normands en France. A l'intérieur du tumulus du roi Gorm, au lieu d'un dolmen, on rencontre une chambre au plancher et aux parois de chêne. A la cime du tertre funèbre, comme sur nos tumulus celtiques, s'élevait autrefois une grande pierre. On l'a transportée, il y a deux siècles, dans le cimetière d'une petite église construite entre les deux tumulus.

Cette pierre et une autre voisine sont couvertes de

figures symboliques et de runes. Sur une des faces de la grande pierre, un dragon et un serpent enlacés; sur l'autre face, une figure grossièrement sculptée du Christ, les bras étendus, une auréole autour de la tête. Le Christ est placé dans cet encadrement de serpents entrelacés qu'on voit communément sur les pierres runiques; singulière association des images du christianisme naissant avec ces vieux signes de la religion d'Odin. C'est ainsi que, dans les pays celtiques, en Irlande surtout, on voit, sur nombre de *menhirs*, la croix surmonter les cercles ou disques des druides.

Jelling présente comme un abrégé des antiquités du Nord. A quelques centaines de mètres des deux tumulus scandinaves apparaît une ligne d'autres tertres funéraires dont les uns contiennent des dolmens, les autres de petites chambres sépulcrales où l'on trouve du bronze.

Ces monuments funèbres sont extrêmement nombreux sur les confins du Jutland et du Slesvig, nom qui me rappelle de l'étude de l'antiquité aux tristes réalités du présent. Pour reprendre par Hambourg la route de France, je passai du pays libre au pays qui frémit sous le joug étranger. Il ne m'a pas été possible de traverser cette malheureuse contrée sans revenir sur cette question si grave du Slesvig et sur le rôle qui me semble devoir être celui de la France vis-à-vis des Etats scandinaves et de l'Allemagne.

III

Conclusion.

Dans les précédents chapitres, nous avons essayé de donner quelque idée de la physionomie du Danemark et de la Suède; nous avons parlé des monuments de leur passé, et effleuré leur présent. Quel avenir leur est réservé? Ce n'est pas là pour nous une question de curiosité ni même de pure sympathie, car une étroite solidarité lie de plus en plus entre elles les nations européennes.

Nous avons indiqué maintes fois la solution, nécessaire à nos yeux, des destinées politiques des États scandinaves. Devant les grandes concentrations de peuples qui se sont opérées en Europe, les Scandinaves, trop faibles en nombre pour former une agglomération de premier ordre, doivent au moins s'unir en un groupe secondaire, afin de peser de quelque poids dans le monde et de maintenir leur indépendance. Il ne s'agit pas de l'absorption de deux de leurs petits peuples par le troisième, et les craintes manifestées chez eux à cet égard par certains patriotes exclusifs nous paraissent très-mal fondées.

La Suède, plus forte que la Norvége, ne l'a nullement absorbée depuis que ces deux pays sont associés sous un même prince ; la Norvége a parfaitement maintenu son autonomie ; à plus forte raison ce qui ne s'est pas fait entre deux serait impossible entre trois, quand le Danemark sera de l'union. Il y en aurait toujours deux sur trois qui s'entendraient pour s'opposer à ce que l'autre obtînt la domination.

Il s'agit donc d'une association, d'une fédération multiple à l'intérieur, une vis-à-vis du dehors.

Par quels moyens s'opérera-t-elle ? Ce n'est pas à un étranger à intervenir dans ces délicates matières ; cependant il n'est pas difficile d'entrevoir par quelle voie on pourrait aller à la solution du problème. Il faudrait sans doute des efforts, des résolutions généreuses, des sacrifices patriotiques, en haut comme en bas; mais bien des indices en autorisent l'espérance.

Une grande puissance a intérêt à empêcher l'union scandinave, la Russie, qui aspire à mettre la main sur les *fiords*, les golfes bien abrités du nord de la Norvége, et à dominer l'entrée de la Baltique. La France, elle, a un intérêt évident à favoriser cette union, mais un intérêt nullement égoïste, européen autant que français, et, on peut le dire, anglais autant que français. Ici il n'y a point de prise aux passions jalouses qui ont si constamment et si déplorablement égaré les gouvernants anglais dans tout ce qui regarde la Pologne; l'union scandinave ne donnerait aucun avantage exclusif à la France.

L'Allemagne n'a pas non plus d'intérêt contraire; l'Allemagne, non! mais la Prusse ?

Là est la grande, la terrible question.

Cette question se résume, à l'heure qu'il est, en un point qui pourrait sembler de bien peu d'importance à une politique matérialiste, qui ne tiendrait compte que des chiffres de population et des lieues carrées.

Quelle sera la frontière de la Prusse et du Danemark?

A qui appartiendront deux cent mille âmes, ou guère plus, qui peuplent le Slesvig du Nord ?

Deux cent mille âmes humaines, c'est bien peu de chose devant ces agglomérations de trente et quarante millions que forment aujourd'hui les grands États !

Oui ; mais ces deux cent mille concentrent en eux tous les droits et tous les principes du monde moderne ; ils représentent essentiellement, avec la plus éclatante évidence, le principe de nationalité et le droit qu'ont les peuples de disposer d'eux-mêmes. Et, avec ce droit philosophique qui est au-dessus de toutes les conventions humaines, ils représentent également le droit positif, le droit des traités, des conventions internationales, violé, comme l'autre droit, dans leurs personnes.

Petit pays ! petite population ! mais grande question ; qui la sonde jusqu'au fond y trouve l'avenir de l'Europe, la question de paix ou de guerre, plus engagés peut-être qu'en Orient même.

On sait sur quoi porte le débat. Le Slesvig a été conquis par les armées de la Prusse et de l'Autriche, unies un moment en 1864 pour accabler le Danemark, avant de se disputer les dépouilles danoises et l'empire de l'Allemagne en 1866. La Prusse, restée maîtresse du Slesvig, s'est engagée, par le traité qui a terminé sa guerre contre l'Autriche, à laisser les habitants du Slesvig septentrional, de la portion du Slesvig de langue danoise, maîtres de disposer de leur sort.

La Prusse n'a point jusqu'ici acquitté sa parole. Elle retient violemment sous sa domination cette population qui ne cesse de manifester, sous toutes les formes, son inébranlable volonté de retourner au Danemark, sa patrie.

La France, qui est intervenue au traité de 1866, peut bien, en fait, ne pas poser de *casus belli* à la Prusse pour la non-exécution du traité, mais elle ne reconnaîtra jamais en droit l'occupation prussienne. Il reste donc toujours là, comme on dit, un point noir.

Si l'on y regarde de près, le point noir grossit et devient un énorme nuage noir.

Voici ce que nous voulons dire. Il n'y a pas seulement, dans l'affaire du Slesvig, une grande question morale, mais une question politique capitale. Selon que la Prusse rend ou garde le Slesvig, il y a là deux directions politiques contraires, avec des conséquences incalculables.

La Prusse, en 1867, lorsqu'elle a évacué Luxembourg, a montré par là qu'elle ne voulait point de guerre *actuelle* avec la France. Si elle évacuait le Slesvig du Nord, elle montrerait qu'elle ne veut point de guerre du tout en Europe; qu'elle veut se consacrer tout entière à son œuvre *allemande*, à l'œuvre de l'unification pacifique de l'Allemagne (nous ne discutons pas ici les formes ni les conditions); qu'elle ne demande à la France que de ne pas intervenir dans les transactions libres des populations allemandes, qui tendent à l'unité, mais non à l'absorption dans une monarchie militaire; cela voudrait dire que la Prusse se ferait purement allemande et entrerait véritablement dans la voie de la liberté au dedans comme de la paix au dehors. Ce serait le signal de ce désarmement, de cette transformation des armées, tant souhaités.

Dans le cas contraire, que voudrait dire la confiscation définitive du Slesvig? Le Slesvig-nord par lui-même importe peu à la Prusse, qui n'en a pas besoin pour réaliser son projet d'un canal de la Baltique à la mer du Nord; les positions militaires de Dybbel et d'Als, situées sur terre purement danoise, sont, comme nous l'avons dit ailleurs, purement offensives, *un pistolet braqué sur le cœur du Danemark*. Si la Prusse y tient, c'est qu'elle a des vues ultérieures; c'est qu'elle garde une politique prussienne et non allemande, une politique d'empire et non de nationalité, une politique d'invasion et de conquêtes à l'extérieur; c'est qu'elle n'attend qu'une occasion, une situation embarrassée de la France (car on s'est habitué à compter que l'Angleterre laissera tout faire), pour se jeter sur le Danemark et sur la Hollande.

La guerre européenne, la France et l'Allemagne s'entre-déchirant, le progrès pacifique indéfiniment ajourné, seraient au bout de cette seconde politique, car il n'est point d'embarras intérieur capable d'empêcher la France de déborder hors d'elle-même comme un fleuve qui rompt ses digues, le jour où la Prusse entreprendrait hors de l'Allemagne de nouvelles conquêtes.

Nous n'aurions pas la niaiserie d'attendre qu'après avoir dévoré le Danemark et la Hollande, elle vînt nous demander l'Alsace et la Lorraine!.....

Que doit donc faire la France devant un tel inconnu? —Se faire une politique extérieure qui ne soit plus celle d'un homme (on en a vu les conséquences), mais celle de la nation. Cette politique, qu'elle doit imposer à son gouvernement, doit être l'alliance et la défense des petits États subsistants qui sont de vrais corps politiques, des sociétés libres : Suisse, Belgique, Hollande, États scandinaves; alliance impliquant la renonciation à toute extension territoriale; alliance défensive contre une Allemagne traînée à la remorque d'une Prusse conquérante, ou, dans le cas contraire, grande alliance européenne s'associant une Allemagne pacifique, et faisant un corps européen en face de la Russie.

Est-il nécessaire de dire que c'est la seconde solution qui doit être l'objet de tous les vœux des amis du progrès et de la liberté? . . . .
. . . .

OCTOBRE 1871.

Nous avons laissé subsister ce que nous écrivions il y a deux ans; le courant des choses nous faisait dès lors dériver de la science vers la politique, et nous entraînait à terminer par des vues sur les crises contemporaines un ensemble d'études entreprises sur un passé lointain. Les pages qui précèdent sont pleines encore de nos dernières aspirations vers un idéal longtemps poursuivi, vers une pacifique fédération, un ordre européen où l'unité fût résultée de la riche variété des divers génies nationaux associés dans un harmonieux accord. Nous concevions une Sainte-Alliance des peuples fondée sur la conciliation de la France et de l'Allemagne!

L'idéal s'est englouti dans une affreuse réalité. Le mal, comme il arrive trop souvent sur cette terre, a dépassé les plus lugubres prévisions. Nous étions préoccupé des dangers que la Russie pouvait faire courir à l'Europe dans un avenir plus ou moins éloigné; et un bien autre péril, effroyable, immense, était sur nos têtes. — Nous plaignions le Slesvig, la province danoise asservie par l'inique violence de l'étranger; et, quelques mois après, la France devait voir arracher de son flanc un Slesvig français de quinze cent mille âmes, enchaîné au même joug que le danois par le même conquérant. — Nous jugions impossible que la France laissât dévorer le Danemark et la Hollande, pour avoir à défendre ensuite l'Alsace et la Lorraine; et, par une démence sans exemple dans l'histoire, le gouvernement de la France, au lieu de se préparer à défendre le Danemark et la Hollande, a livré à l'étranger l'Alsace et la Lorraine, en attirant soudainement sur la France, désarmée et surprise, un ennemi toujours prêt pour la guerre et pour la conquête.

Cette race des Aryas occidentaux dont nous recherchions tout à l'heure les origines, cette famille européenne dont nous rêvions l'heureuse harmonie, la voilà divisée contre elle-même pour un temps dont nulle prévoyance humaine ne saurait entrevoir le terme : nous voilà retombés d'une ère de progrès pacifique dans un âge de fer, et réduits, pour nous sauver et nous relever, à rappeler à notre aide les farouches vertus de nos aïeux. Le terrible axiome des sacrifices humains nous revient malgré nous en mémoire :

« *C'est pour le bien des vivants que Dieu a suscité*
« *l'universel combat et le meurtre mutuel qui sont et se*
« *renouvellent incessamment parmi eux.* »

Et, pourtant, la vieille sagesse celtique dont nous avons évoqué les monuments nous a laissé d'autres maximes, qui prédisent au monde un autre avenir :

I. — Trois choses diminuent de jour en jour, l'opposition contre elles croissant de plus en plus : la haine, l'injustice et l'ignorance ;

II. — Trois choses se renforcent de jour en jour, la tendance vers elles devenant toujours plus grande : l'amour, la science et la justice ;

III. — Trois choses décroissent continuellement : l'obscurité, l'erreur et la mort ;

IV. — Trois choses s'accroissent continuellement : la lumière, la vérité et la vie. — Ces choses finiront par prédominer sur toutes les autres, et alors le mal sera détruit.

FIN

TABLE DES MATIÈRES

Avertissement.. 1
I. — Les races brunes et les races blondes........... 2
II. — Le pays de Galles, notes de voyage :
I. — Le British Museum. — Stone Henge et Salisbury. — La route de South Wales. — Merthyr Tydfyl..... 25
II. — Mœurs galloises. — Traditions. — Le Menaï. — Le Snowdon. — Anglesey........................ 36
III. — L'Eisteddfod.............................. 48
III — Les antiquités irlandaises, notes de voyage :
I. — Oxford. — Le pays de Galles. — Ab Ithel....... 63
II. — Dublin. — Trinity-College et les documents irlandais...................................... 69
III. — Les annales d'Irlande. — Les Némédiens. — Les Fir-Bolgs. — Les Tuatha-Dé-Danann. — Les Milésiens 75
IV. — Les héros finiens — Poésie et mythologie ossianiques.................................... 87
V. — Origines chrétiennes. — Les alphabets irlandais; le druidique et le chrétien; l'*ogham* et le gréco-celtique.. 94
VI. — Le musée de Trinity-College. — L'*Irish Royal Academy* et le Musée celtique.................. 101
VII. — Les Tours Rondes. — Courses dans les provinces. — Le Centre, le Sud et l'Ouest. — Killarney, Cork, Galway.. 111
VIII. — Races brunes et races blondes. — L'Ulster. — Tara.. 122

IX. — Les Cairns des Dananiens. — New Grange et Dowth. — Comparaison avec Kivik.... 127
X. — Monuments chrétiens. — Monasterboyce. — Glendalough ou les Sept-Eglises.... 141
Le Tir-na-n-og.... 154
Le chant de Columb-Kill.... 155
IV. — Les antiquités bretonnes :
I. — Les monuments celtiques. — La région de l'ouest, du Mans à Vannes.... 159
II. — La grande nécropole du Morbihan.... 168
III. — Ages primitifs. — Les autels. — La lande de Trégune.... 189
IV. — Ages primitifs. — Les autels. — Le Finistère. — Le Roch-Moloch et Ker-Rohou.... 197
V. — Numismatique gauloise.... 209
VI. — De l'origine des monuments mégalithiques.... 223
VII. — Notes sur la mythologie celtique.... 269
VIII. — Étude sur le mystère des bardes de l'île de Bretagne.... 289
IX. — Le Nord scandinave :
I. — La Suède.... 369
II. — Le congrès archéologique et les musées de Copenhague.... 386
III. — Conclusion.... 417

Paris. — Typ. Pillet fils aîné, rue des Grands-Augustins, 5.

Paris. — Imprimerie Pillet fils aîné, 5, rue des Grands-Augustins.

Printed in Dunstable, United Kingdom

91219916R00251